应用型本科高校“十四五”规划数学精品教材

线性代数
——基于Python实现

◎主　编　贾　佳　康顺光　牛　旭
◎副主编　苏会卫　张艳波　王春利

华中科技大学出版社
http://www.hustp.com
中国·武汉

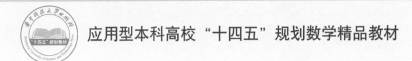

内 容 简 介

全书内容包括行列式、矩阵、线性方程组、向量空间、矩阵的特征值与特征向量以及二次型，书中融入了基于 Python 实现的数学实验以及数学历史和数学文化教育等内容。同时为了便于教师授课和学生自主学习，本书各章节均配有小结和习题。

本书结构严谨，逻辑性强，解释清晰，例题丰富，习题数量、难度适中，可作为高等院校“线性代数”课程的教材，亦可供理科、工科、经管类等各专业的学生和相关领域技术人员作为参考书使用。

图书在版编目(CIP)数据

线性代数：基于 Python 实现/贾佳，康顺光，牛旭主编. —武汉：华中科技大学出版社，2022.7
ISBN 978-7-5680-8425-3

Ⅰ. ①线… Ⅱ. ①贾… ②康… ③牛… Ⅲ. ①线性代数-高等学校-教材 Ⅳ. ①O151.2

中国版本图书馆 CIP 数据核字(2022)第 121087 号

线性代数——基于 Python 实现
Xianxing Daishu——Jiyu Python Shixian

贾 佳 康顺光 牛 旭 **主编**

策划编辑：陈培斌
责任编辑：庹北麟
封面设计：原色设计
责任监印：周治超
出版发行：华中科技大学出版社(中国・武汉) 电话：(027)81321913
武汉市东湖新技术开发区华工科技园 邮编：430223
录 排：武汉市洪山区佳年华文印部
印 刷：武汉开心印印刷有限公司
开 本：787mm×1092mm 1/16
印 张：12.25 插页：1
字 数：268 千字
版 次：2022 年 7 月第 1 版第 1 次印刷
定 价：38.00 元

华中出版

本书若有印装质量问题，请向出版社营销中心调换
全国免费服务热线：400-6679-118 竭诚为您服务

前　言

“线性代数”课程是高校的一门重要基础理论课，它对提高学生的科学文化素质具有重要意义，可以为学生学习后续课程，从事科学研究工作，以及进一步获得现代科学知识奠定必要的数学基础。

本书内容翔实，通俗易懂，编写时力求在有限的时间里，向学生传授尽可能多的有用的数学知识，使学生对数学的基本特点、方法、思想、历史及其在社会与文化中的应用与地位有大致的认识，获得合理的、适应未来发展需要的知识结构，为他们将来对数学的进一步了解与实际应用打下坚实的基础。本书主要适用于一般普通院校开设“线性代数”课程的本、专科专业，也可作为自学教材使用。

本教材主要具有以下几个特点。

1. 遵循教师的教学规律，同时便于学生自主学习，在保证知识体系完整的前提下，融入适当的数学历史和数学文化，以提升学生的综合素质。

2. 便于学生自主复习和归纳总结，重点突出，注重解释，在每章节后均有小结。

3. 根据循序渐进的学习原则，对各章节的基本概念、基本理论、基本方法作了深入浅出的介绍，并配备了不同难度的例题及习题，适合不同层次的学生学习。

4. 基于 Python 语言编写了与教材同步配套的数学实验内容，可以加强学生的实际动手能力，增强学生学以致用的意识；相对于其他数学实验语言，本书采用的 Python 是一门更易学、更严谨的程序设计语言，免费开源，它能让用户编写出更易读、易维护的代码。

本书由贾佳、康顺光、牛旭担任主编，苏会卫、张艳波、王春利为副主编。全书共 5 章，其中第 5 章作为选学内容，在学时有限的情况下，可以酌情增减，不影响整体内容的学习和授课。第 1 章由张艳波、莫丽娜编写；第 2 章由孙杰华、吴勇编写；第 3 章由牛旭、赵颖编写；第 4 章由颜嵩林、戴伟编写；第 5 章由屈国荣、莫铄编写；实验由康顺光、苏会卫编写。全书由贾佳、康顺光审阅，由牛旭、王春利排版校对。本书的编写参阅了国内外一些优秀教材，从中吸取了先进的经验。本书受到桂林旅游学院专业建设资金资助和华中科技大学出版社的支持和帮助，在此一并表示感谢！

限于编者的水平，书中不当之处在所难免，恳请同仁和读者批评、指正，以便本书不断完善。

编　者

2022 年 3 月 31 日

目　　录

第1章　行列式……………………………………………………………………（1）
1.1　二阶、三阶行列式 …………………………………………………………（1）
1.2　n阶行列式 ………………………………………………………………（3）
1.3　行列式的性质……………………………………………………………（8）
1.4　行列式按行(列)展开 ……………………………………………………（16）
1.5　克莱姆法则 ………………………………………………………………（20）
实验一　Python语言入门 ……………………………………………………（24）
实验二　基于Python语言的行列式计算 ……………………………………（32）
小结…………………………………………………………………………………（34）
习题一………………………………………………………………………………（35）
【拓展阅读】行列式的由来…………………………………………………………（38）
第2章　矩阵 ………………………………………………………………………（40）
2.1　矩阵的概念 ………………………………………………………………（40）
2.2　几种特殊的矩阵 …………………………………………………………（41）
2.3　矩阵的运算 ………………………………………………………………（43）
2.4　分块矩阵 …………………………………………………………………（50）
2.5　逆矩阵 ……………………………………………………………………（54）
2.6　矩阵的初等变换 …………………………………………………………（57）
2.7　矩阵的秩 …………………………………………………………………（65）
实验三　基于Python语言的矩阵运算 ………………………………………（68）
小结…………………………………………………………………………………（74）
习题二………………………………………………………………………………（75）
【拓展阅读】矩阵的产生与发展……………………………………………………（81）
第3章　线性方程组 ………………………………………………………………（82）
3.1　线性方程组的消元解法 …………………………………………………（82）
3.2　n维向量空间 ……………………………………………………………（90）
3.3　向量间的线性关系 ………………………………………………………（92）
3.4　向量组的秩………………………………………………………………（100）
3.5　线性方程组解的结构……………………………………………………（104）
3.6　应用举例…………………………………………………………………（112）

实验四　基于 Python 语言的向量组相关性判定与求解 …… (120)
实验五　基于 Python 语言的线性方程组的求解 …… (125)
小结 …… (131)
习题三 …… (132)
【拓展阅读】线性方程组的发展 …… (136)
第 4 章　矩阵的特征值与特征向量 …… (138)
4.1　矩阵的特征值与特征向量 …… (138)
4.2　相似矩阵 …… (146)
4.3　实对称矩阵的特征值和特征向量 …… (151)
4.4　应用举例 …… (158)
实验六　基于 Python 语言的矩阵特征值与特征向量求解 …… (162)
小结 …… (167)
习题四 …… (168)
【拓展阅读】名人简介 …… (171)
第 5 章　二次型 …… (173)
5.1　二次型及其矩阵表示 …… (173)
5.2　化二次型为标准形 …… (176)
5.3　惯性定理与正定二次型 …… (179)
实验七　基于 Python 语言的二次型正交标准化与正定性判定 …… (182)
小结 …… (185)
习题五 …… (187)
【拓展阅读】二次型理论发展简史 …… (189)
参考文献 …… (191)

第1章　行　列　式

行列式是线性代数中的一个基本概念,线性方程组的求解直接导致行列式的诞生,行列式理论活跃在数学的各个分支中.

1.1　二阶、三阶行列式

一、二阶行列式

对于一个二元线性方程组:

$$\begin{cases} a_{11}x_1+a_{12}x_2=b_1, \\ a_{21}x_1+a_{22}x_2=b_2. \end{cases} \tag{1.1}$$

通过消元法,当 $a_{11}a_{22}-a_{12}a_{21}\neq 0$ 时,可求得方程组(1.1)的唯一解为

$$x_1=\frac{a_{22}b_1-a_{12}b_2}{a_{11}a_{22}-a_{12}a_{21}},x_2=\frac{a_{11}b_2-a_{21}b_1}{a_{11}a_{22}-a_{12}a_{21}}.$$

为了方便,我们用记号 $\begin{vmatrix} a_{11} & a_{12} \\ a_{21} & a_{22} \end{vmatrix}$ 表示代数和 $a_{11}a_{22}-a_{12}a_{21}$,称为二阶行列式,即

$$\begin{vmatrix} a_{11} & a_{12} \\ a_{21} & a_{22} \end{vmatrix}=a_{11}a_{22}-a_{12}a_{21}. \tag{1.2}$$

二阶行列式表示的代数和,可以用画线(见图 1.1)的方法记忆,如果把 a_{11},a_{22} 的连线称为二阶行列式的主对角线,a_{12},a_{21} 的连线称为次对角线,则二阶行列式的值等于主对角线上元素的乘积减去次对角线上元素的乘积.这种算法称为二阶行列式的对角线法则.

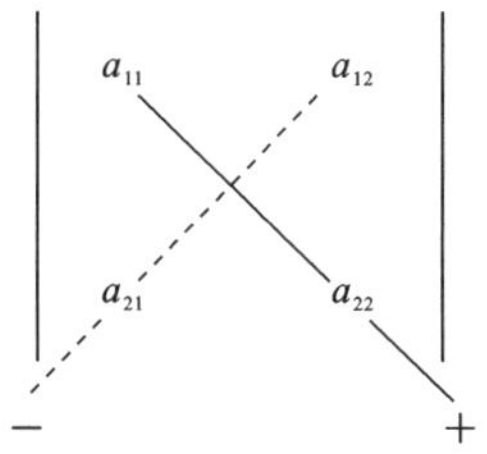

图 1.1　二阶行列式的对角线法则

例 1　计算行列式 $\begin{vmatrix} 4 & -2 \\ 3 & 3 \end{vmatrix}$.

解　$\begin{vmatrix} 4 & -2 \\ 3 & 3 \end{vmatrix}=4\times 3-(-2)\times 3=18.$

例 2　用行列式解方程组$\begin{cases} x_1-x_2=5, \\ 2x_1+3x_2=20. \end{cases}$

解　由(1.1)方程组解的形式知

$$D_1=\begin{vmatrix} 5 & -1 \\ 20 & 3 \end{vmatrix}=3\times5-(-1)\times20=35,\quad D_2=\begin{vmatrix} 1 & 5 \\ 2 & 20 \end{vmatrix}=1\times20-2\times5=10,$$

$$D=\begin{vmatrix} 1 & -1 \\ 2 & 3 \end{vmatrix}=5.$$

所以

$$x_1=\frac{D_1}{D}=7,\quad x_2=\frac{D_2}{D}=2.$$

二、三阶行列式

我们用记号

$$\begin{vmatrix} a_{11} & a_{12} & a_{13} \\ a_{21} & a_{22} & a_{23} \\ a_{31} & a_{32} & a_{33} \end{vmatrix}$$

表示代数和

$$a_{11}a_{22}a_{33}+a_{12}a_{23}a_{31}+a_{13}a_{21}a_{32}-a_{11}a_{23}a_{32}-a_{12}a_{21}a_{33}-a_{13}a_{22}a_{31},$$

称其为三阶行列式,即

$$D=\begin{vmatrix} a_{11} & a_{12} & a_{13} \\ a_{21} & a_{22} & a_{23} \\ a_{31} & a_{32} & a_{33} \end{vmatrix}$$

$$=a_{11}a_{22}a_{33}+a_{12}a_{23}a_{31}+a_{13}a_{21}a_{32}-a_{11}a_{23}a_{32}-a_{12}a_{21}a_{33}-a_{13}a_{22}a_{31}. \tag{1.3}$$

三阶行列式表示的代数和,也可以用画线(图 1.2)的方法记忆,其中各实线联结的不同行不同列三个元素的乘积是代数和中的正项,各虚线联结的不同行不同列三个元素的乘积是代数和中的负项,这种方法称为三阶行列式的**对角线法则**.

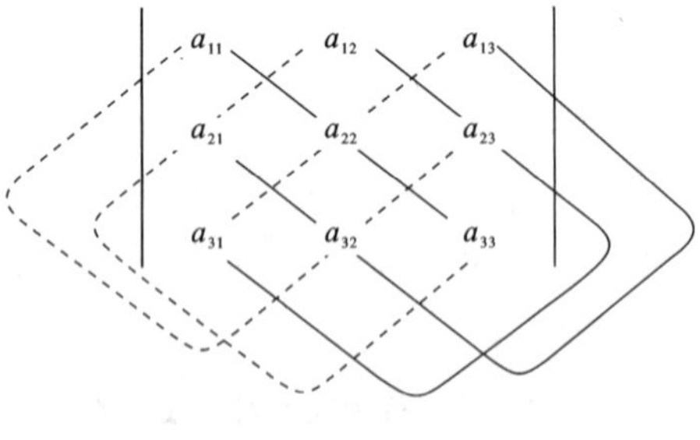

图 1.2　三阶行列式的对角线法则

例 3　计算行列式$\begin{vmatrix} 1 & -2 & -1 \\ 0 & 3 & 2 \\ 3 & 1 & -1 \end{vmatrix}$.

解 $\begin{vmatrix} 1 & -2 & -1 \\ 0 & 3 & 2 \\ 3 & 1 & -1 \end{vmatrix} = 1\times3\times(-1)+(-2)\times2\times3+(-1)\times0\times1$

$$-1\times2\times1-(-2)\times0\times(-1)-(-1)\times3\times3$$

$$=-8.$$

例 4 当 k 取何值时,方程

$$\begin{vmatrix} k & 1 & -1 \\ 1 & k & -1 \\ 2 & -1 & k \end{vmatrix}=0?$$

解 方程左端的三阶行列式

$$D=k^3-2+1-k-k+2k=k^3-1.$$

由于 $D=k^3-1=0$,求得 $k=1$.

1.2 n 阶行列式

一、排列与逆序

由 $1,2,\cdots,n$ 组成的有序数组,称为一个 n 级**排列**.

例如,有序数组 12 及 21 都是 2 级排列;有序数组 312 是一个 3 级排列,排列总数为 $3!=6$ 个.

定义 1.1 在一个 n 级排列中,如果两个数(称为数对)中前面的数大于后面的数,那么称这两个数构成一个逆序.一个排列中逆序的总数,称为它的**逆序数**,记为

$$N(i_1i_2\cdots i_n).$$

例如,排列 213 中,数 2 和 1 构成逆序,共有 1 个逆序,即 $N(213)=1$.

定义 1.2 逆序数是奇数的排列称为**奇排列**,是偶数的排列称为**偶排列**.

例如,由 1,2,3 这 3 个数组成的 3 级排列共有 $3!=6$ 种,其排列情况见表 1-1.

表 1-1 由数 1,2,3 组成的排列情况

排 列	逆 序	逆 序 数	排列的奇偶性
123	无	0	偶排列
132	32	1	奇排列
213	21	1	奇排列
231	21,31	2	偶排列
312	31,32	2	偶排列
321	21,31,32	3	奇排列

例 1　求排列 32514 的逆序数.

解　在排列 32514 中,3 排在首位,相应的逆序数为 0;

2 排第二位,前面有个数(3)比 2 大,相应的逆序数为 1;

5 排第三位,是最大数,相应的逆序数为 0;

1 排第四位,前面有三个数(3、2、5)比 1 大,相应的逆序数为 3;

4 排最后一位,前面有一个数(5)比 4 大,相应的逆序数为 1;

因此,这个排列的逆序数 $N(32514)=0+1+0+3+1=5$.

定义 1.3　在一个排列中,如果将某两个数对调,其余的数不动,这种对排列的变换称为对换,将相邻两数对换,称为相邻对换.

例如,对排列 21354 中的 1 和 4 施以对换后得到排列 24351.

定理 1.1　任意一个排列经过一个对换后奇偶性改变.

证明　(1) 首先讨论相邻对换的情形,设排列为 $AijB$,其中 A,B 表示除 i,j 两个数外其余的数,经过对换(i,j),变为排列 $AjiB$. 比较上面两个排列中的逆序,显然,A,B 中数的次序没有改变,并且 i,j 与 A,B 中数的次序也没有改变,仅仅是 i 与 j 的次序改变了,因此,新排列仅比原排列增加了一个逆序(当 $i<j$ 时)或减少了一个逆序(当 $i>j$ 时),所以它们的奇偶性相反.

(2) 再讨论一般情形,设原排列为 $Aik_1k_2\cdots k_sjB$,经过对换(i,j),变为新排列 $Ajk_1k_2\cdots k_siB$,将原排列中的数 i 依次与 $k_1,k_2,\cdots,k_s,j$ 作 $s+1$ 次相邻对换,变为 $Ak_1k_2\cdots k_sjiB$,再将 j 依次与 $k_s,\cdots,k_2,k_1$ 作 s 次相邻对换得到新排列,即新排列可以由原排列经过 $2s+1$ 次相邻对换得到. 由(1)的结论可知它改变了奇数次奇偶性,所以它与原排列的奇偶性相反.

定理 1.2　n 个数码($n>1$)共有 $n!$ 个 n 级排列,其中奇偶排列各占一半.

二、n 阶行列式的定义

观察二阶行列式和三阶行列式

$$\begin{vmatrix} a_{11} & a_{12} \\ a_{21} & a_{22} \end{vmatrix}=a_{11}a_{22}-a_{12}a_{21},$$

$$\begin{vmatrix} a_{11} & a_{12} & a_{13} \\ a_{21} & a_{22} & a_{23} \\ a_{31} & a_{32} & a_{33} \end{vmatrix}=a_{11}a_{22}a_{33}+a_{12}a_{23}a_{31}+a_{13}a_{21}a_{32}-a_{11}a_{23}a_{32}-a_{12}a_{21}a_{33}-a_{13}a_{22}a_{31}.$$

(1) 二阶行列式表示所有不同行不同列的两个元素乘积的代数和. 两个元素的乘积可以表示为 $a_{1j_1}a_{2j_2}$,j_1j_2 为 2 级排列. 当 j_1j_2 取遍了 2 级排列(12,21)时,即得到二阶行列式的所有项(不包括符号),共为 $2!=2$ 项.

(2) 三阶行列式表示所有位于不同行不同列的 3 个元素乘积的代数和. 3 个元素的乘积

可以表示为 $a_{1j_1}a_{2j_2}a_{3j_3}$，$j_1j_2j_3$ 为 3 级排列. 当 $j_1j_2j_3$ 取遍了 3 级排列时，即得到三阶行列式的所有项(不包括符号)，共为 3! =6 项.

(3) 每一项的符号规则是：当这一项中元素的行标按自然数顺序排列后，如果对应的列标构成的排列是偶排列则取正号，是奇排列则取负号. 如在上述二阶行列式中，当 $N(j_1j_2)$ 为偶数时取正号，为奇数时取负号，在上述三阶行列式中，当 $N(j_1j_2j_3)$ 为偶数时取正号，为奇数时取负号.

根据这个规律，可给出 n 阶行列式的定义.

定义 1.4 用 n^2 个元素 $a_{ij}(i,j=1,2,\cdots,n)$ 组成的记号

$$\begin{vmatrix} a_{11} & a_{12} & \cdots & a_{1n} \\ a_{21} & a_{22} & \cdots & a_{2n} \\ \vdots & \vdots & & \vdots \\ a_{n1} & a_{n2} & \cdots & a_{nn} \end{vmatrix},$$

称为 n 阶行列式，其中横排称为行，纵排称为列. 它表示所有取自不同行不同列的 n 个元素乘积的代数和，各项的符号规则是：当这一项中元素的行标按自然数顺序排列后，如果对应的列标构成的排列是偶排列则取正号，是奇排列则取负号. 因此，这一定义可以写成

$$\begin{vmatrix} a_{11} & a_{12} & \cdots & a_{1n} \\ a_{21} & a_{22} & \cdots & a_{2n} \\ \vdots & \vdots & & \vdots \\ a_{n1} & a_{n2} & \cdots & a_{nn} \end{vmatrix} = \sum_{j_1j_2\cdots j_n} (-1)^{N(j_1j_2\cdots j_n)} a_{1j_1}a_{2j_2}\cdots a_{nj_n}. \tag{1.4}$$

其中 $\sum\limits_{j_1j_2\cdots j_n}$ 表示对所有的 n 级排列求和(n!项的代数和)，$j_1j_2\cdots j_n$ 取遍 n 级排列.

例如，四阶行列式

$$D=\begin{vmatrix} a_{11} & a_{12} & a_{13} & a_{14} \\ a_{21} & a_{22} & a_{23} & a_{24} \\ a_{31} & a_{32} & a_{33} & a_{34} \\ a_{41} & a_{42} & a_{43} & a_{44} \end{vmatrix}$$

所表示的代数和有 4! =24 项.

例如，$a_{11}a_{22}a_{33}a_{44}$ 行标排列为 1234，元素取自不同行；列标排列为 1234，元素取自不同列；且逆序数 $N(1234)=0$，即元素乘积 $a_{11}a_{22}a_{33}a_{44}$ 前面应冠以正号，所以 $a_{11}a_{22}a_{33}a_{44}$ 为 D 的一项.

再如，$a_{14}a_{23}a_{31}a_{42}$ 行标排列为 1234，元素取自不同行；列标排列为 4312，元素取自不同列；且逆序数 $N(4312)=5$，即 4312 为奇排列，所以元素乘积 $a_{14}a_{23}a_{31}a_{42}$ 前面应冠以负号，即 $-a_{14}a_{23}a_{31}a_{42}$ 为 D 的一项. 很显然 $a_{11}a_{24}a_{33}a_{44}$ 有两个元素取自第四列，所以它不是 D 的一项.

例 2 计算 n 阶行列式

$$D=\begin{vmatrix} a_{11} & 0 & 0 & \cdots & 0 \\ a_{21} & a_{22} & 0 & \cdots & 0 \\ a_{31} & a_{32} & a_{33} & \cdots & 0 \\ \vdots & \vdots & \vdots & & \vdots \\ a_{n1} & a_{n2} & a_{n3} & \cdots & a_{nn} \end{vmatrix}$$

的值,其中 $a_{ii}\neq 0(i=1,2,\cdots,n)$.

解 记行列式的一般项为

$$(-1)^{N(j_1j_2\cdots j_n)}a_{1j_1}a_{2j_2}\cdots a_{nj_n}.$$

D 中一共有 $n!$ 项乘积项,但是每一个乘积项只要有一个元素为 0,则该乘积项就为 0. 现在考察有哪些项不为 0. 由于第一行除 a_{11} 以外,其余都为 0,因此考虑 $j_1=1$,一般项中第二个元素 a_{2j_2} 取自第二行,第二行中有 a_{21} 和 a_{22} 不为 0,所以第二个元素只能取 a_{22},从而 $j_2=2$,同理可得 $j_3=3,j_4=4,\cdots,j_n=n$. 因此,D 中只有 $(-1)^{N(12\cdots n)}a_{11}a_{22}\cdots a_{nn}$ 这一项不为 0,其他项均为 0. 由于 $N(12\cdots n)=0$,因此这一项应取正号,于是可得

$$D=\begin{vmatrix} a_{11} & 0 & 0 & \cdots & 0 \\ a_{21} & a_{22} & 0 & \cdots & 0 \\ a_{31} & a_{32} & a_{33} & \cdots & 0 \\ \vdots & \vdots & \vdots & & \vdots \\ a_{n1} & a_{n2} & a_{n3} & \cdots & a_{nn} \end{vmatrix}=a_{11}a_{22}a_{33}\cdots a_{nn}.$$

我们称上面形式的行列式为**下三角形行列式**.

同理可得**上三角形行列式**

$$D=\begin{vmatrix} a_{11} & a_{12} & a_{13} & \cdots & a_{1n} \\ 0 & a_{22} & a_{23} & \cdots & a_{2n} \\ 0 & 0 & a_{33} & \cdots & a_{3n} \\ \vdots & \vdots & \vdots & & \vdots \\ 0 & 0 & 0 & \cdots & a_{nn} \end{vmatrix}=a_{11}a_{22}a_{33}\cdots a_{nn}.$$

其中 $a_{ii}\neq 0(i=1,2,\cdots,n)$.

特殊情况如**对角形行列式**如下:

$$D=\begin{vmatrix} a_{11} & 0 & 0 & \cdots & 0 \\ 0 & a_{22} & 0 & \cdots & 0 \\ 0 & 0 & a_{33} & \cdots & 0 \\ \vdots & \vdots & \vdots & & \vdots \\ 0 & 0 & 0 & \cdots & a_{nn} \end{vmatrix}=a_{11}a_{22}a_{33}\cdots a_{nn}.$$

其中 $a_{ii}\neq 0(i=1,2,\cdots,n)$.

行列式中从左上角到右下角的对角线称为**主对角线**.

由上面三个公式可得到结论：n 阶上(下)三角形行列式及对角形行列式的值均等于主对角线上 n 个元素的乘积.

由行列式定义不难得出：一个行列式若有一行(或一列)中的元素皆为零，则此行列式必为零.

n 阶行列式定义中决定各项符号的规则还可由下面的结论来代替.

定理 1.3 n 阶行列式 $D=|a_{ij}|$ 的一般项可以记为

$$(-1)^{N(i_1i_2\cdots i_n)+N(j_1j_2\cdots j_n)}a_{i_1j_1}a_{i_2j_2}\cdots a_{i_nj_n}. \tag{1.5}$$

其中 $i_1i_2\cdots i_n$ 与 $j_1j_2\cdots j_n$ 均为 n 级排列.

证明 由于 $i_1i_2\cdots i_n$ 与 $j_1j_2\cdots j_n$ 都是 n 级排列，因此，式(1.5)中的 n 个元素是取自 D 的不同的行不同的列.

如果交换式(1.5)中两个元素 $a_{i_sj_s}$ 与 $a_{i_tj_t}$，则其行标排列由 $i_1\cdots i_s\cdots i_t\cdots i_n$ 换为 $i_1\cdots i_t\cdots i_s\cdots i_n$，由定理 1.1 可知其逆序数奇偶性亦改变. 列标排列由 $j_1\cdots j_s\cdots j_t\cdots j_n$ 换为 $j_1\cdots j_t\cdots j_s\cdots j_n$，其逆序数奇偶性亦改变. 但对换后两下标排列逆序数之和的奇偶性则不改变，即

$$(-1)^{N(i_1\cdots i_s\cdots i_t\cdots i_n)+N(j_1\cdots j_s\cdots j_t\cdots j_n)}=(-1)^{N(i_1\cdots i_t\cdots i_s\cdots i_n)+N(j_1\cdots j_t\cdots j_s\cdots j_n)}.$$

所以交换式(1.5)中元素的位置，其符号不改变. 这样我们总可以经过有限次交换式(1.5)中元素的位置，使其行标 $i_1i_2\cdots i_n$ 换为自然数顺序排列. 设此时列标排列变为 $k_1k_2\cdots k_n$，则式(1.5)变为

$$(-1)^{N(12\cdots n)+N(k_1k_2\cdots k_n)}a_{1k_1}a_{2k_2}\cdots a_{nk_n}=(-1)^{N(k_1k_2\cdots k_n)}a_{1k_1}a_{2k_2}\cdots a_{nk_n}.$$

上式结果说明 D 的一般项也可以记为式(1.5)的形式.

例 3 判断 5 阶行列式中的 $a_{15}a_{43}a_{32}a_{54}a_{21}$ 这项前面的符号.

解 由定理 1.3 可知，$a_{15}a_{43}a_{32}a_{54}a_{21}$ 与 $a_{15}a_{21}a_{32}a_{43}a_{54}$ 符号相同. 在 $a_{15}a_{43}a_{32}a_{54}a_{21}$ 中，行标排列为 14352，逆序数 $N(14352)=4$；列标排列为 53241，逆序数 $N(53241)=8$. 它的逆序数之和为 12，则该项的符号为正. 在 $a_{15}a_{21}a_{32}a_{43}a_{54}$ 中，行标排列为 12345，逆序数 $N(12345)=0$；列标排列为 51234，逆序数 $N(51234)=4$. 它的逆序数之和为 4，说明 $a_{15}a_{43}a_{32}a_{54}a_{21}$ 的符号为正.

例 4 用行列式定义计算行列式

$$\begin{vmatrix} 2 & 0 & 0 & 0 \\ 0 & 0 & 3 & 0 \\ 0 & 1 & 0 & 0 \\ 0 & 0 & 0 & 4 \end{vmatrix}.$$

解 用 (i,j) 表示行列式中第 i 行第 j 列交叉点处元素的位置，考察给定行列式的非零项.

可取(1,1)、(2,3)、(3,2)、(4,4)这四个位置上的元素所构成的项. $N(1324)=1$ 为奇数,故该项前应冠以负号,而其他项至少含有一个零元素，故

$$\begin{vmatrix} 2 & 0 & 0 & 0 \\ 0 & 0 & 3 & 0 \\ 0 & 1 & 0 & 0 \\ 0 & 0 & 0 & 4 \end{vmatrix}=(-1)^1\times2\times3\times1\times4=-24.$$

1.3 行列式的性质

将行列式 D 的行与列互换后得到的行列式,称为 D 的转置行列式,记为 D^{T} 或 D', 即

$$D=\begin{vmatrix} a_{11} & a_{12} & \cdots & a_{1n} \\ a_{21} & a_{22} & \cdots & a_{2n} \\ \vdots & \vdots & & \vdots \\ a_{n1} & a_{n2} & \cdots & a_{nn} \end{vmatrix},$$

记

$$D^{\mathrm{T}}=\begin{vmatrix} b_{11} & b_{12} & \cdots & b_{1n} \\ b_{21} & b_{22} & \cdots & b_{2n} \\ \vdots & \vdots & & \vdots \\ b_{n1} & b_{n2} & \cdots & b_{nn} \end{vmatrix}.$$

其中 $b_{ij}=a_{ji}(i,j=1,2,\cdots,n)$.

性质 1 将行列式转置,行列式的值不变,即 $D^{\mathrm{T}}=D$.

证明 按行列式的定义,

$$D^{\mathrm{T}}=\sum_{i_1i_2\cdots i_n}(-1)^{N(i_1i_2\cdots i_n)}b_{1i_1}b_{2i_2}\cdots b_{ni_n}=\sum_{i_1i_2\cdots i_n}(-1)^{N(i_1i_2\cdots i_n)}a_{i_11}a_{i_22}\cdots a_{i_nn}=D.$$

因此,D 与 D^{T} 具有相同的行列式,即 $D=D^{\mathrm{T}}$.

性质 1 也说明行列式的行和列具有对称性.

性质 2 交换行列式的两行(列),行列式的值变号.第 i 行(或列)与第 j 行(或列)交换,记作 $r_i\leftrightarrow r_j$(或 $c_i\leftrightarrow c_j$).

证明 设

$$D=\begin{vmatrix} a_{11} & a_{12} & \cdots & a_{1n} \\ \vdots & \vdots & & \vdots \\ a_{i1} & a_{i2} & \cdots & a_{in} \\ \vdots & \vdots & & \vdots \\ a_{s1} & a_{s2} & \cdots & a_{sn} \\ \vdots & \vdots & & \vdots \\ a_{n1} & a_{n2} & \cdots & a_{nn} \end{vmatrix}\begin{matrix} \\ \\ (i\text{ 行}) \\ \\ (s\text{ 行}) \\ \\ \\ \end{matrix},$$

交换 D 的第 i 行与第 s 行，得到行列式

$$D_1=\begin{vmatrix} a_{11} & a_{12} & \cdots & a_{1n} \\ \vdots & \vdots & & \vdots \\ a_{s1} & a_{s2} & \cdots & a_{sn} \\ \vdots & \vdots & & \vdots \\ a_{i1} & a_{i2} & \cdots & a_{in} \\ \vdots & \vdots & & \vdots \\ a_{n1} & a_{n2} & \cdots & a_{nn} \end{vmatrix} \begin{matrix} \\ \\ (i\text{ 行}) \\ \\ (s\text{ 行}) \\ \\ \\ \end{matrix}.$$

记 D 的一般项中 n 个元素的乘积为 $a_{1j_1}a_{2j_2}\cdots a_{nj_n}$，它的元素在 D 中位于不同的行、不同的列，因而在 D_1 中也位于不同的行、不同的列，所以 $a_{1j_1}a_{2j_2}\cdots a_{nj_n}$ 也是 D_1 的一般项的 n 个元素的乘积. 由于 D_1 是交换 D 的第 i 行与第 s 行得到的，而各元素所在的列并没有改变，所以它在 D 中的符号为

$$(-1)^{N(1\cdots i\cdots s\cdots n)+N(j_1\cdots j_i\cdots j_s\cdots j_n)}.$$

在 D_1 中的符号则为

$$(-1)^{N(1\cdots s\cdots i\cdots n)+N(j_1\cdots j_i\cdots j_s\cdots j_n)}.$$

由于排列 $1\cdots i\cdots s\cdots n$ 与排列 $1\cdots s\cdots i\cdots n$ 的奇偶性相反，所以

$$(-1)^{N(1\cdots i\cdots s\cdots n)+N(j_1\cdots j_i\cdots j_s\cdots j_n)}=-(-1)^{N(1\cdots s\cdots i\cdots n)+N(j_1\cdots j_i\cdots j_s\cdots j_n)}$$

因而 D_1 中的每一项都是 D 的相应项的相反数，所以 $D_1=-D$.

推论 如果行列式中有两行(列)的对应元素相同，则此行列式的值为零.

因为将行列式 D 中具有相同元素的两行互换其结果仍是 D，但由性质 2 可知其结果应为 $-D$，因此 $D=-D$，所以 $D=0$.

性质 3 用数 k 乘行列式的某一行(列)，等于以数 k 乘此行列式. 即如果设 $D=|a_{ij}|$，则

$$D_1=\begin{vmatrix} a_{11} & a_{12} & \cdots & a_{1n} \\ \vdots & \vdots & & \vdots \\ ka_{i1} & ka_{i2} & \cdots & ka_{in} \\ \vdots & \vdots & & \vdots \\ a_{n1} & a_{n2} & \cdots & a_{nn} \end{vmatrix}=k\begin{vmatrix} a_{11} & a_{12} & \cdots & a_{1n} \\ \vdots & \vdots & & \vdots \\ a_{i1} & a_{i2} & \cdots & a_{in} \\ \vdots & \vdots & & \vdots \\ a_{n1} & a_{n2} & \cdots & a_{nn} \end{vmatrix}=kD.$$

第 i 行(或列)乘 k，记作 $r_i\times k$(或 $c_i\times k$).

证明 因为行列式 D_1 的一般项为

$$(-1)^{N(j_1j_2\cdots j_n)}a_{1j_1}\cdots(ka_{ij_i})\cdots a_{nj_n}=k[(-1)^{N(j_1j_2\cdots j_n)}a_{1j_1}\cdots a_{ij_i}\cdots a_{nj_n}].$$

上面等号右端方括号内是 D 的一般项，所以 $D_1=kD$.

由性质 1 可知，这对列的情形也成立. 同样，行列式的其他性质都只对行的情形加以证明就够了.

推论 1　如果行列式某行(列)的所有元素有公因子,则公因子可以提到行列式外面. 第 i 行(或列)提出公因子 k,记作 $r_i \div k$(或 $c_i \div k$).

推论 2　如果行列式有两行(列)的对应元素成比例,则行列式的值等于零.

因为由推论 1 可将行列式中这两行(列)的比例系数提到行列式外面,则余下的行列式有两行(列)对应元素相同,由性质 2 可知此行列式的值等于零,所以原行列式的值等于零.

性质 4　如果行列式的某一行(列)的每一个元素都写成两个数的和,则此行列式可以写成两个行列式的和,这两个行列式分别以这两个数为所在行(列)对应位置的元素,其他位置的元素与原行列式相同, 即若设

$$D=\begin{vmatrix} a_{11} & a_{12} & \cdots & a_{1n} \\ \vdots & \vdots & & \vdots \\ b_{i1}+c_{i1} & b_{i2}+c_{i2} & \cdots & b_{in}+c_{in} \\ \vdots & \vdots & & \vdots \\ a_{n1} & a_{n2} & \cdots & a_{nn} \end{vmatrix},$$

$$D_1=\begin{vmatrix} a_{11} & a_{12} & \cdots & a_{1n} \\ \vdots & \vdots & & \vdots \\ b_{i1} & b_{i2} & \cdots & b_{in} \\ \vdots & \vdots & & \vdots \\ a_{n1} & a_{n2} & \cdots & a_{nn} \end{vmatrix},\quad D_2=\begin{vmatrix} a_{11} & a_{12} & \cdots & a_{1n} \\ \vdots & \vdots & & \vdots \\ c_{i1} & c_{i2} & \cdots & c_{in} \\ \vdots & \vdots & & \vdots \\ a_{n1} & a_{n2} & \cdots & a_{nn} \end{vmatrix},$$

则 $D=D_1+D_2$.

证明　因为 D 的一般项是

$$\begin{aligned} &(-1)^{N(j_1 j_2 \cdots j_n)} a_{1j_1} \cdots (b_{ij_i}+c_{ij_i}) \cdots a_{nj_n} \\ &=(-1)^{N(j_1 j_2 \cdots j_n)} a_{1j_1} \cdots b_{ij_i} \cdots a_{nj_n} + (-1)^{N(j_1 j_2 \cdots j_n)} a_{1j_1} \cdots c_{ij_i} \cdots a_{nj_n}. \end{aligned}$$

上面等号右端第一项是 D_1 的一般项,第二项是 D_2 的一般项,所以 $D=D_1+D_2$.

推论　如果将行列式某一行(列)的每个元素都写成 m 个数(m 为大于 2 的整数)的和,则此行列式可以写成 m 个行列式的和.

性质 5　将行列式某一行(列)的所有元素同乘以数 k 后加于另一行(列)对应位置的元素上,行列式的值不变. 以数 k 乘第 i 行(列)再加到第 j 行(列)上,记作 r_j+kr_i(或 c_j+kc_i).

证明　设

$$D=\begin{vmatrix} a_{11} & a_{12} & \cdots & a_{1n} \\ \vdots & \vdots & & \vdots \\ a_{i1} & a_{i2} & \cdots & a_{in} \\ \vdots & \vdots & & \vdots \\ a_{s1} & a_{s2} & \cdots & a_{sn} \\ \vdots & \vdots & & \vdots \\ a_{n1} & a_{n2} & \cdots & a_{nn} \end{vmatrix} \begin{matrix} \\ \\ (i\text{ 行}) \\ \\ (s\text{ 行}) \\ \\ \\ \end{matrix},$$

以数 k 乘 D 的第 s 行各元素后加于第 i 行的对应元素上,得

$$D_1=\begin{vmatrix} a_{11} & a_{12} & \cdots & a_{1n} \\ \vdots & \vdots & & \vdots \\ a_{i1}+ka_{s1} & a_{i2}+ka_{s2} & \cdots & a_{in}+ka_{sn} \\ \vdots & \vdots & & \vdots \\ a_{s1} & a_{s2} & \cdots & a_{sn} \\ \vdots & \vdots & & \vdots \\ a_{n1} & a_{n2} & \cdots & a_{nn} \end{vmatrix} \begin{matrix} \\ \\ (i\text{ 行}) \\ \\ (s\text{ 行}) \\ \\ \\ \end{matrix}.$$

由性质 4 以及性质 3 的推论 2 可得

$$D_1=\begin{vmatrix} a_{11} & a_{12} & \cdots & a_{1n} \\ \vdots & \vdots & & \vdots \\ a_{i1} & a_{i2} & \cdots & a_{in} \\ \vdots & \vdots & & \vdots \\ a_{s1} & a_{s2} & \cdots & a_{sn} \\ \vdots & \vdots & & \vdots \\ a_{n1} & a_{n2} & \cdots & a_{nn} \end{vmatrix}+\begin{vmatrix} a_{11} & a_{12} & \cdots & a_{1n} \\ \vdots & \vdots & & \vdots \\ ka_{s1} & ka_{s2} & \cdots & ka_{sn} \\ \vdots & \vdots & & \vdots \\ a_{s1} & a_{s2} & \cdots & a_{sn} \\ \vdots & \vdots & & \vdots \\ a_{n1} & a_{n2} & \cdots & a_{nn} \end{vmatrix}$$

$$=D+0=D.$$

利用行列式的性质计算行列式,可以使计算简化,下面举例说明.

例 1 计算行列式

$$D=\begin{vmatrix} 2 & -3 & 21 \\ 3 & -5 & 34 \\ -5 & 1 & -50 \end{vmatrix}.$$

解 根据性质 3、性质 4、性质 5 可得

$$D=\begin{vmatrix} 2 & -3 & 21 \\ 3 & -5 & 34 \\ -5 & 1 & -50 \end{vmatrix}=\begin{vmatrix} 2 & -3 & 20 \\ 3 & -5 & 30 \\ -5 & 1 & -50 \end{vmatrix}+\begin{vmatrix} 2 & -3 & 1 \\ 3 & -5 & 4 \\ -5 & 1 & 0 \end{vmatrix}$$

$$=0+\begin{vmatrix} 2 & -3 & 1 \\ -5 & 7 & 0 \\ -5 & 1 & 0 \end{vmatrix}$$

$$=-\begin{vmatrix} 2 & -3 & 1 \\ -5 & 7 & 0 \\ \frac{30}{7} & 0 & 0 \end{vmatrix}$$

$$=30.$$

例 2　证明奇数阶反对称行列式的值为零.

反对称行列式为下列形式的行列式：

$$\begin{vmatrix} 0 & a_{12} & a_{13} & \cdots & a_{1n} \\ -a_{12} & 0 & a_{23} & \cdots & a_{2n} \\ -a_{13} & -a_{23} & 0 & \cdots & a_{3n} \\ \vdots & \vdots & \vdots & & \vdots \\ -a_{1n} & -a_{2n} & -a_{3n} & \cdots & 0 \end{vmatrix}.$$

其特点是元素 $a_{ij}=-a_{ji}$（当 $i\neq j$ 时），$a_{ii}=0$（当 $i=j$ 时）.

证明　设

$$D=\begin{vmatrix} 0 & a_{12} & a_{13} & \cdots & a_{1n} \\ -a_{12} & 0 & a_{23} & \cdots & a_{2n} \\ -a_{13} & -a_{23} & 0 & \cdots & a_{3n} \\ \vdots & \vdots & \vdots & & \vdots \\ -a_{1n} & -a_{2n} & -a_{3n} & \cdots & 0 \end{vmatrix},$$

利用行列式性质 1 及性质 3 的推论 1，有

$$D=\begin{vmatrix} 0 & a_{12} & a_{13} & \cdots & a_{1n} \\ -a_{12} & 0 & a_{23} & \cdots & a_{2n} \\ -a_{13} & -a_{23} & 0 & \cdots & a_{3n} \\ \vdots & \vdots & \vdots & & \vdots \\ -a_{1n} & -a_{2n} & -a_{3n} & \cdots & 0 \end{vmatrix}$$

$$=\begin{vmatrix} 0 & -a_{12} & -a_{13} & \cdots & -a_{1n} \\ a_{12} & 0 & -a_{23} & \cdots & -a_{2n} \\ a_{13} & a_{23} & 0 & \cdots & -a_{3n} \\ \vdots & \vdots & \vdots & & \vdots \\ a_{1n} & a_{2n} & a_{3n} & \cdots & 0 \end{vmatrix}$$

$$=(-1)^n\begin{vmatrix} 0 & a_{12} & a_{13} & \cdots & a_{1n} \\ -a_{12} & 0 & a_{23} & \cdots & a_{2n} \\ -a_{13} & -a_{23} & 0 & \cdots & a_{3n} \\ \vdots & \vdots & \vdots & & \vdots \\ -a_{1n} & -a_{2n} & -a_{3n} & \cdots & 0 \end{vmatrix}$$

$$=(-1)^nD.$$

当 n 为奇数时有 $D=-D$，即 $D=0$.

例 3 证明

$$\begin{vmatrix} a_1+b_1 & b_1+c_1 & c_1+a_1 \\ a_2+b_2 & b_2+c_2 & c_2+a_2 \\ a_3+b_3 & b_3+c_3 & c_3+a_3 \end{vmatrix}=2\begin{vmatrix} a_1 & b_1 & c_1 \\ a_2 & b_2 & c_2 \\ a_3 & b_3 & c_3 \end{vmatrix}.$$

证明 由性质 4 可知

$$\begin{vmatrix} a_1+b_1 & b_1+c_1 & c_1+a_1 \\ a_2+b_2 & b_2+c_2 & c_2+a_2 \\ a_3+b_3 & b_3+c_3 & c_3+a_3 \end{vmatrix}=\begin{vmatrix} a_1 & b_1+c_1 & c_1+a_1 \\ a_2 & b_2+c_2 & c_2+a_2 \\ a_3 & b_3+c_3 & c_3+a_3 \end{vmatrix}+\begin{vmatrix} b_1 & b_1+c_1 & c_1+a_1 \\ b_2 & b_2+c_2 & c_2+a_2 \\ b_3 & b_3+c_3 & c_3+a_3 \end{vmatrix}$$

$$=\begin{vmatrix} a_1 & b_1 & c_1+a_1 \\ a_2 & b_2 & c_2+a_2 \\ a_3 & b_3 & c_3+a_3 \end{vmatrix}+\begin{vmatrix} a_1 & c_1 & c_1+a_1 \\ a_2 & c_2 & c_2+a_2 \\ a_3 & c_3 & c_3+a_3 \end{vmatrix}$$

$$+\begin{vmatrix} b_1 & b_1 & c_1+a_1 \\ b_2 & b_2 & c_2+a_2 \\ b_3 & b_3 & c_3+a_3 \end{vmatrix}+\begin{vmatrix} b_1 & c_1 & c_1+a_1 \\ b_2 & c_2 & c_2+a_2 \\ b_3 & c_3 & c_3+a_3 \end{vmatrix}$$

$$=\begin{vmatrix} a_1 & b_1 & c_1 \\ a_2 & b_2 & c_2 \\ a_3 & b_3 & c_3 \end{vmatrix}+\begin{vmatrix} a_1 & b_1 & a_1 \\ a_2 & b_2 & a_2 \\ a_3 & b_3 & a_3 \end{vmatrix}+\begin{vmatrix} a_1 & c_1 & c_1 \\ a_2 & c_2 & c_2 \\ a_3 & c_3 & c_3 \end{vmatrix}$$

$$+\begin{vmatrix} a_1 & c_1 & a_1 \\ a_2 & c_2 & a_2 \\ a_3 & c_3 & a_3 \end{vmatrix}+0+\begin{vmatrix} b_1 & c_1 & c_1 \\ b_2 & c_2 & c_2 \\ b_3 & c_3 & c_3 \end{vmatrix}+\begin{vmatrix} b_1 & c_1 & a_1 \\ b_2 & c_2 & a_2 \\ b_3 & c_3 & a_3 \end{vmatrix}$$

$$=\begin{vmatrix} a_1 & b_1 & c_1 \\ a_2 & b_2 & c_2 \\ a_3 & b_3 & c_3 \end{vmatrix}+\begin{vmatrix} b_1 & c_1 & a_1 \\ b_2 & c_2 & a_2 \\ b_3 & c_3 & a_3 \end{vmatrix}=2\begin{vmatrix} a_1 & b_1 & c_1 \\ a_2 & b_2 & c_2 \\ a_3 & b_3 & c_3 \end{vmatrix}.$$

计算行列式时，常用行列式的性质，把它化为三角形行列式来计算. 例如，化为上三角形行列式的步骤是：如果第一列第一个元素为 0，先将第一行与其他行交换，使第一列第一个元素不为 0；然后把第一行分别乘以适当的数加到其他各行，使第一列除第一个元素外其余元素全为 0；再用同样的方法处理除去第一行和第一列后余下的低一阶行列式；依次做下去，直至使它成为上三角形行列式，这时主对角线上元素的乘积就是行列式的值.

例 4 计算行列式

$$D=\begin{vmatrix} 2 & -4 & 0 & 6 \\ 1 & 0 & -1 & 2 \\ -2 & 2 & 2 & -5 \\ 2 & -2 & -1 & 7 \end{vmatrix}.$$

解

$$D=\begin{vmatrix}2&-4&0&6\\1&0&-1&2\\-2&2&2&-5\\2&-2&-1&7\end{vmatrix}\xlongequal{r_1\leftrightarrow r_2}-\begin{vmatrix}1&0&-1&2\\2&-4&0&6\\-2&2&2&-5\\2&-2&-1&7\end{vmatrix}$$

$$\xlongequal[r_4+(-2)r_1]{\substack{r_2+(-2)r_1\\r_3+2r_1}}-\begin{vmatrix}1&0&-1&2\\0&-4&2&2\\0&2&0&-1\\0&-2&1&3\end{vmatrix}=-2\begin{vmatrix}1&0&-1&2\\0&-2&1&1\\0&2&0&-1\\0&-2&1&3\end{vmatrix}$$

$$\xlongequal[r_4+(-1)r_2]{r_3+r_2}-2\begin{vmatrix}1&0&-1&2\\0&-2&1&1\\0&0&1&0\\0&0&0&2\end{vmatrix}=(-2)\times1\times(-2)\times1\times2=8.$$

例 5　计算行列式

$$D=\begin{vmatrix}a&b&b&b&b&b\\b&a&b&b&b&b\\b&b&a&b&b&b\\b&b&b&a&b&b\\b&b&b&b&a&b\\b&b&b&b&b&a\end{vmatrix}.$$

解　利用行列式的性质可得

$$D=\begin{vmatrix}a&b&b&b&b&b\\b&a&b&b&b&b\\b&b&a&b&b&b\\b&b&b&a&b&b\\b&b&b&b&a&b\\b&b&b&b&b&a\end{vmatrix}\xlongequal[i=2,3,4,5,6]{r_1+r_i}\begin{vmatrix}a+5b&a+5b&a+5b&a+5b&a+5b&a+5b\\b&a&b&b&b&b\\b&b&a&b&b&b\\b&b&b&a&b&b\\b&b&b&b&a&b\\b&b&b&b&b&a\end{vmatrix}$$

$$=(a+5b)\begin{vmatrix}1&1&1&1&1&1\\b&a&b&b&b&b\\b&b&a&b&b&b\\b&b&b&a&b&b\\b&b&b&b&a&b\\b&b&b&b&b&a\end{vmatrix}$$

$$\xlongequal[i=2,3,4,5,6]{r_i+(-b)r_1}(a+5b)\begin{vmatrix}1&1&1&1&1&1\\0&a-b&0&0&0&0\\0&0&a-b&0&0&0\\0&0&0&a-b&0&0\\0&0&0&0&a-b&0\\0&0&0&0&0&a-b\end{vmatrix}=(a+5b)(a-b)^5.$$

例 6 计算 n 阶行列式

$$\begin{vmatrix}x&a&a&\cdots&a&a\\a&x&a&\cdots&a&a\\a&a&x&\cdots&a&a\\\vdots&\vdots&\vdots&&\vdots&\vdots\\a&a&a&\cdots&x&a\\a&a&a&\cdots&a&x\end{vmatrix}.$$

解 $$D=\begin{vmatrix}x&a&a&\cdots&a&a\\a&x&a&\cdots&a&a\\a&a&x&\cdots&a&a\\\vdots&\vdots&\vdots&&\vdots&\vdots\\a&a&a&\cdots&x&a\\a&a&a&\cdots&a&x\end{vmatrix}$$

$$\xlongequal[j=2,\cdots,n]{c_1+c_j}\begin{vmatrix}x+(n-1)a&a&a&\cdots&a&a\\x+(n-1)a&x&a&\cdots&a&a\\x+(n-1)a&a&x&\cdots&a&a\\\vdots&\vdots&\vdots&&\vdots&\vdots\\x+(n-1)a&a&a&\cdots&x&a\\x+(n-1)a&a&a&\cdots&a&x\end{vmatrix}$$

$$\xlongequal[i=2,\cdots,n]{r_i+(-1)r_1}\begin{vmatrix}x+(n-1)a&a&a&\cdots&a&a\\0&x-a&0&\cdots&0&0\\0&0&x-a&\cdots&0&0\\\vdots&\vdots&\vdots&&\vdots&\vdots\\0&0&0&\cdots&x-a&0\\0&0&0&\cdots&0&x-a\end{vmatrix}$$

$$=[x+(n-1)a](x-a)^{n-1}.$$

1.4　行列式按行(列)展开

定义 1.5　在 n 阶行列式 $D=|a_{ij}|$ 中划去元素 a_{ij} 所在的第 i 行和第 j 列后，余下的 $n-1$ 阶行列式，称为 D 中元素 a_{ij} 的**余子式**，记为 M_{ij}，即

$$M_{ij}=\begin{vmatrix} a_{11} & \cdots & a_{1,j-1} & a_{1,j+1} & \cdots & a_{1n} \\ \vdots & & \vdots & \vdots & & \vdots \\ a_{i-1,1} & \cdots & a_{i-1,j-1} & a_{i-1,j+1} & \cdots & a_{i-1,n} \\ a_{i+1,1} & \cdots & a_{i+1,j-1} & a_{i+1,j+1} & \cdots & a_{i+1,n} \\ \vdots & & \vdots & \vdots & & \vdots \\ a_{n1} & \cdots & a_{n,j-1} & a_{n,j+1} & \cdots & a_{nn} \end{vmatrix}. \tag{1.6}$$

a_{ij} 的余子式 M_{ij} 前添加符号 $(-1)^{i+j}$，称为 a_{ij} 的**代数余子式**，记为 A_{ij}，即

$$A_{ij}=(-1)^{i+j}M_{ij}. \tag{1.7}$$

例如，三阶行列式

$$D=\begin{vmatrix} a_{11} & a_{12} & a_{13} \\ a_{21} & a_{22} & a_{23} \\ a_{31} & a_{32} & a_{33} \end{vmatrix}$$

中，a_{32} 的代数余子式是

$$A_{32}=(-1)^{3+2}M_{32}=-\begin{vmatrix} a_{11} & a_{13} \\ a_{21} & a_{23} \end{vmatrix},$$

a_{13} 的代数余子式是

$$A_{13}=(-1)^{1+3}M_{13}=\begin{vmatrix} a_{21} & a_{22} \\ a_{31} & a_{32} \end{vmatrix}.$$

定理 1.4　n 阶行列式 $D=|a_{ij}|$ 等于它的任意一行(列)的各元素与其对应代数余子式乘积之和，即

$$D=a_{i1}A_{i1}+a_{i2}A_{i2}+\cdots+a_{in}A_{in}\quad (i=1,2,\cdots,n),$$

或

$$D=a_{1j}A_{1j}+a_{2j}A_{2j}+\cdots+a_{nj}A_{nj}\quad (j=1,2,\cdots,n).$$

证明　(1) 首先讨论 D 的第一行中的元素除 $a_{11}\neq 0$ 外，其余元素均为零的特殊情形，即

$$D=\begin{vmatrix} a_{11} & 0 & \cdots & 0 \\ a_{21} & a_{22} & \cdots & a_{2n} \\ \vdots & \vdots & & \vdots \\ a_{n1} & a_{n2} & \cdots & a_{nn} \end{vmatrix},$$

因为 D 的每一项都含有第一行中的元素，但第一行中仅有 $a_{11}\neq 0$，所以 D 仅含有下面形式的项

$$(-1)^{N(1j_2\cdots j_n)}a_{11}a_{2j_2}\cdots a_{nj_n}=a_{11}\left[(-1)^{N(j_2\cdots j_n)}a_{2j_2}\cdots a_{nj_n}\right],$$

等号右端方括号内正是 M_{11} 的一般项，所以 $D=a_{11}M_{11}$，再由 $A_{11}=(-1)^{1+1}M_{11}=M_{11}$，得到 $D=a_{11}A_{11}$.

(2) 其次讨论行列式 D 中第 i 行的元素除 $a_{ij}\neq 0$ 外，其余元素均为零的情形，即

$$D=\begin{vmatrix} a_{11} & \cdots & a_{1,j-1} & a_{1,j} & a_{1,j+1} & \cdots & a_{1n} \\ \vdots & & \vdots & \vdots & \vdots & & \vdots \\ a_{i-1,1} & \cdots & a_{i-1,j-1} & a_{i-1,j} & a_{i-1,j+1} & \cdots & a_{i-1,n} \\ 0 & \cdots & 0 & a_{ij} & 0 & \cdots & 0 \\ a_{i+1,1} & \cdots & a_{i+1,j-1} & a_{i+1,j} & a_{i+1,j+1} & \cdots & a_{i+1,n} \\ \vdots & & \vdots & \vdots & \vdots & & \vdots \\ a_{n1} & \cdots & a_{n,j-1} & a_{nj} & a_{n,j+1} & \cdots & a_{nn} \end{vmatrix}.$$

将 D 的第 i 行依次与第 $i-1,\cdots,2,1$ 各行交换后，再将第 j 列依次与第 $j-1,\cdots,2,1$ 各列交换，共经过 $i+j-2$ 次交换，得

$$D=(-1)^{i+j-2}\begin{vmatrix} a_{ij} & 0 & \cdots & 0 & 0 & \cdots & 0 \\ a_{1j} & a_{11} & \cdots & a_{1,j-1} & a_{1,j+1} & \cdots & a_{1n} \\ \vdots & \vdots & & \vdots & \vdots & & \vdots \\ a_{i-1,j} & a_{i-1,1} & \cdots & a_{i-1,j-1} & a_{i-1,j+1} & \cdots & a_{i-1,n} \\ a_{i+1,j} & a_{i+1,1} & \cdots & a_{i+1,j-1} & a_{i+1,j+1} & \cdots & a_{i+1,n} \\ \vdots & \vdots & & \vdots & \vdots & & \vdots \\ a_{nj} & a_{n1} & \cdots & a_{n,j-1} & a_{n,j+1} & \cdots & a_{nn} \end{vmatrix}$$

$$=(-1)^{i+j}a_{ij}M_{ij}=a_{ij}A_{ij}.$$

(3) 最后讨论一般情形

$$D=\begin{vmatrix} a_{11} & a_{12} & \cdots & a_{1n} \\ \vdots & \vdots & & \vdots \\ a_{i1}+0+\cdots+0 & 0+a_{i2}+\cdots+0 & \cdots & 0+\cdots+0+a_{in} \\ \vdots & \vdots & & \vdots \\ a_{n1} & a_{n2} & \cdots & a_{nn} \end{vmatrix},$$

由 1.3 性质 4 的推论及上述(2)的结论，可得

$$D=\begin{vmatrix} a_{11} & a_{12} & \cdots & a_{1n} \\ \vdots & \vdots & & \vdots \\ a_{i1} & 0 & \cdots & 0 \\ \vdots & \vdots & & \vdots \\ a_{n1} & a_{n2} & \cdots & a_{nn} \end{vmatrix}+\begin{vmatrix} a_{11} & a_{12} & \cdots & a_{1n} \\ \vdots & \vdots & & \vdots \\ 0 & a_{i2} & \cdots & 0 \\ \vdots & \vdots & & \vdots \\ a_{n1} & a_{n2} & \cdots & a_{nn} \end{vmatrix}+\cdots+\begin{vmatrix} a_{11} & a_{12} & \cdots & a_{1n} \\ \vdots & \vdots & & \vdots \\ 0 & 0 & \cdots & a_{in} \\ \vdots & \vdots & & \vdots \\ a_{n1} & a_{n2} & \cdots & a_{nn} \end{vmatrix}$$

$$=a_{i1}A_{i1}+a_{i2}A_{i2}+\cdots+a_{in}A_{in}.$$

显然这一结果对任意的 $i(i=1,2,\cdots,n)$ 均成立.

同理可证将 D 按列展开的情形.

定理 1.5　n 阶行列式 $D=|a_{ij}|$ 的某一行(列)元素与另一行(列)对应元素的代数余子式乘积的和等于零,即

$$a_{i1}A_{s1}+a_{i2}A_{s2}+\cdots+a_{in}A_{sn}=0 \quad (i\neq s),$$

或

$$a_{1j}A_{1t}+a_{2j}A_{2t}+\cdots+a_{nj}A_{nt}=0 \quad (j\neq t).$$

证明　设将行列式 D 中第 s 行的元素换为第 i 行$(i\neq s)$的对应元素,得到有两行相同的行列式 D_1,由 1.3 性质 2 推论得知 $D_1=0$,再将 D_1 按 s 行展开,则

$$D_1=a_{i1}A_{s1}+a_{i2}A_{s2}+\cdots+a_{in}A_{sn}=0 \quad (i\neq s),$$

同理,可证 D_1 按列展开的情形.

综合上面两个定理的结论,得到

$$\sum_{j=1}^{n}a_{ij}A_{sj}=\begin{cases}D & i=s\\ 0 & i\neq s\end{cases}, \tag{1.8}$$

$$\sum_{i=1}^{n}a_{ij}A_{it}=\begin{cases}D & j=t\\ 0 & j\neq t\end{cases}. \tag{1.9}$$

例 1　分别按第一行与第二列展开行列式

$$D=\begin{vmatrix}-1 & 0 & -2\\ 1 & 1 & 3\\ 2 & 3 & 1\end{vmatrix}.$$

解　(1) 按第一行展开,

$$D=(-1)\times(-1)^{1+1}\begin{vmatrix}1 & 3\\ 3 & 1\end{vmatrix}+0\times(-1)^{1+2}\begin{vmatrix}1 & 3\\ 2 & 1\end{vmatrix}+(-2)\times(-1)^{1+3}\begin{vmatrix}1 & 1\\ 2 & 3\end{vmatrix}$$

$$=(-1)\times(-8)+0+(-2)\times 1=6.$$

(2) 按第二列展开,

$$D=0\times(-1)^{1+2}\begin{vmatrix}1 & 3\\ 2 & 1\end{vmatrix}+1\times(-1)^{2+2}\begin{vmatrix}-1 & -2\\ 2 & 1\end{vmatrix}+3\times(-1)^{3+2}\begin{vmatrix}-1 & -2\\ 1 & 3\end{vmatrix}$$

$$=0+1\times 3+3\times(-1)\times(-1)=3+3=6.$$

例 2　计算下面的行列式

$$D=\begin{vmatrix}1 & 2 & 3 & 4\\ 1 & 1 & 0 & 2\\ 4 & -1 & -1 & 0\\ 2 & 2 & 0 & -2\end{vmatrix}.$$

解　先利用行列式性质计算得到

$$D=\begin{vmatrix} 13 & -1 & 0 & 4 \\ 1 & 1 & 0 & 2 \\ 4 & -1 & -1 & 0 \\ 2 & 2 & 0 & -2 \end{vmatrix},$$

将 D 按第三列展开，则应有

$$D=a_{13}A_{13}+a_{23}A_{23}+a_{33}A_{33}+a_{43}A_{43},$$

其中 $a_{13}=0, a_{23}=0, a_{33}=-1, a_{43}=0$，因为

$$A_{33}=(-1)^{3+3}\begin{vmatrix} 13 & -1 & 4 \\ 1 & 1 & 2 \\ 2 & 2 & -2 \end{vmatrix}=-84.$$

所以

$$D=(-1)\times(-84)=84.$$

例 3 讨论当 a 为何值时，

$$\begin{vmatrix} 1 & 2 & 3 & 4 \\ 1 & a & 5 & 3 \\ 0 & 0 & a & 9 \\ 0 & 0 & 1 & a \end{vmatrix}\neq 0.$$

解 因为

$$\begin{vmatrix} 1 & 2 & 3 & 4 \\ 1 & a & 5 & 3 \\ 0 & 0 & a & 9 \\ 0 & 0 & 1 & a \end{vmatrix}\xlongequal{r_2+(-1)r_1}\begin{vmatrix} 1 & 2 & 3 & 4 \\ 0 & a-2 & 2 & -1 \\ 0 & 0 & a & 9 \\ 0 & 0 & 1 & a \end{vmatrix}=\begin{vmatrix} a-2 & 2 & -1 \\ 0 & a & 9 \\ 0 & 1 & a \end{vmatrix}=(a-2)(a^2-9).$$

所以，当 $a\neq 2$ 且 $a\neq 3$ 且 $a\neq -3$ 时，$\begin{vmatrix} 1 & 2 & 3 & 4 \\ 1 & a & 5 & 3 \\ 0 & 0 & a & 9 \\ 0 & 0 & 1 & a \end{vmatrix}\neq 0.$

例 4 已知 $D=\begin{vmatrix} 1 & 2 & 3 & 4 \\ 1 & 1 & 0 & -5 \\ -1 & 3 & 1 & 3 \\ 2 & -4 & -1 & -3 \end{vmatrix}$，计算 $A_{11}+A_{12}+A_{13}+A_{14}$.

解 $A_{11}+A_{12}+A_{13}+A_{14}=\begin{vmatrix} 1 & 1 & 1 & 1 \\ 1 & 1 & 0 & -5 \\ -1 & 3 & 1 & 3 \\ 2 & -4 & -1 & -3 \end{vmatrix}=\begin{vmatrix} 1 & 1 & 1 & 1 \\ 1 & 1 & 0 & -5 \\ -2 & 2 & 0 & 2 \\ 1 & -1 & 0 & 0 \end{vmatrix}$

$$=1\times(-1)^{1+3}\begin{vmatrix}1&1&-5\\-2&2&2\\1&-1&0\end{vmatrix}=4.$$

1.5　克莱姆法则

我们已经知道二元一次方程组

$$\begin{cases}a_{11}x_1+a_{12}x_2=b_1,\\a_{21}x_1+a_{22}x_2=b_2,\end{cases}$$

当 $a_{11}a_{22}-a_{12}a_{21}\neq 0$ 时，其解为

$$x_1=\frac{\begin{vmatrix}b_1&a_{12}\\b_2&a_{22}\end{vmatrix}}{\begin{vmatrix}a_{11}&a_{12}\\a_{21}&a_{22}\end{vmatrix}},\quad x_2=\frac{\begin{vmatrix}a_{11}&b_1\\a_{21}&b_2\end{vmatrix}}{\begin{vmatrix}a_{11}&a_{12}\\a_{21}&a_{22}\end{vmatrix}}.$$

设

$$\begin{vmatrix}a_{11}&a_{12}\\a_{21}&a_{22}\end{vmatrix}=D\neq 0,D_1=\begin{vmatrix}b_1&a_{12}\\b_2&a_{22}\end{vmatrix},D_2=\begin{vmatrix}a_{11}&b_1\\a_{21}&b_2\end{vmatrix},$$

则有

$$x_j=\frac{D_j}{D}\quad(j=1,2).$$

已知三元一次方程组

$$\begin{cases}a_{11}x_1+a_{12}x_2+a_{13}x_3=b_1,\\a_{21}x_1+a_{22}x_2+a_{23}x_3=b_2,\\a_{31}x_1+a_{32}x_2+a_{33}x_3=b_3,\end{cases}$$

当 $D\neq 0$ 时，其解为 $x_j=\dfrac{D_j}{D}$ $(j=1,2,3)$. 其中

$$D=\begin{vmatrix}a_{11}&a_{12}&a_{13}\\a_{21}&a_{22}&a_{23}\\a_{31}&a_{32}&a_{33}\end{vmatrix},\quad D_1=\begin{vmatrix}b_1&a_{12}&a_{13}\\b_2&a_{22}&a_{23}\\b_3&a_{32}&a_{33}\end{vmatrix},$$

$$D_2=\begin{vmatrix}a_{11}&b_1&a_{13}\\a_{21}&b_2&a_{23}\\a_{31}&b_3&a_{33}\end{vmatrix},\quad D_3=\begin{vmatrix}a_{11}&a_{12}&b_1\\a_{21}&a_{22}&b_2\\a_{31}&a_{32}&b_3\end{vmatrix}.$$

下面证明含有 n 个方程的 n 元线性方程组的解与二元、三元线性方程组的解有相同的法则，这个法则称为**克莱姆法则**.

含有 n 个方程的 n 元线性方程组的一般形式为

$$\begin{cases}a_{11}x_1+a_{12}x_2+\cdots+a_{1n}x_n=b_1,\\a_{21}x_1+a_{22}x_2+\cdots+a_{2n}x_n=b_2,\\\qquad\qquad\vdots\\a_{n1}x_1+a_{n2}x_2+\cdots+a_{nn}x_n=b_n,\end{cases}\tag{1.10}$$

它的系数 $a_{ij}(i,j=1,2,\cdots,n)$构成行列式

$$D=\begin{vmatrix}a_{11}&a_{12}&\cdots&a_{1n}\\a_{21}&a_{22}&\cdots&a_{2n}\\\vdots&\vdots&&\vdots\\a_{n1}&a_{n2}&\cdots&a_{nn}\end{vmatrix}.\tag{1.11}$$

其称为方程组(1.10)的**系数行列式**.

定理 1.6(克莱姆法则) 线性方程组(1.10)的系数行列式 $D\neq 0$ 时,有且仅有唯一解

$$x_j=\frac{D_j}{D}\ (j=1,2,\cdots,n),\tag{1.12}$$

其中 $D_j(j=1,2,\cdots,n)$是将系数行列式中第 j 列元素 $a_{1j},a_{2j},\cdots,a_{nj}$ 对应地换为方程组的常数项 $b_1,b_2,\cdots,b_n$ 后得到的行列式.

证明 先证解的存在性.

以行列式 D 的第 $j(j=1,2,\cdots,n)$列的代数余子式 $A_{1j},A_{2j},\cdots,A_{nj}$ 分别乘方程组(1.10)的第 $1,2,\cdots,n$ 个方程,然后相加,得

$$(a_{11}A_{1j}+a_{21}A_{2j}+\cdots+a_{n1}A_{nj})x_1+\cdots+(a_{1j}A_{1j}+a_{2j}A_{2j}+\cdots+a_{nj}A_{nj})x_j+\cdots$$
$$+(a_{1n}A_{1j}+a_{2n}A_{2j}+\cdots+a_{nn}A_{nj})x_n=b_1A_{1j}+b_2A_{2j}+\cdots+b_nA_{nj}.$$

由定理 1.4 可知,x_j 的系数等于 D,$x_s(s\neq j)$的系数等于零,等号右端等于 D 中第 j 列元素以常数项 $b_1,b_2,\cdots,b_n$ 替换后的行列式 D_j,即

$$Dx_j=D_j\quad(j=1,2,\cdots,n)\tag{1.13}$$

如果方程组(1.10)有解,则其解必满足方程组(1.13),而当 $D\neq 0$ 时,方程组(1.13)有形式为式(1.12)的解

$$x_j=\frac{D_j}{D}\quad(j=1,2,\cdots,n).$$

再证解的唯一性.

$$x_1D=\begin{vmatrix}x_1&-1&0&\cdots&0\\0&a_{11}&a_{12}&\cdots&a_{1n}\\0&a_{21}&a_{22}&\cdots&a_{2n}\\\vdots&\vdots&\vdots&&\vdots\\0&a_{n1}&a_{n2}&\cdots&a_{nn}\end{vmatrix}\xlongequal[j=2,3,\cdots,n+1]{c_1+x_{j-1}c_j}\begin{vmatrix}0&-1&0&\cdots&0\\b_1&a_{11}&a_{12}&\cdots&a_{1n}\\b_2&a_{21}&a_{22}&\cdots&a_{2n}\\\vdots&\vdots&\vdots&&\vdots\\b_n&a_{n1}&a_{n2}&\cdots&a_{nn}\end{vmatrix}=D_1,$$

所以，$x_1=\frac{D_1}{D}$，同理 $x_j=\frac{D_j}{D}\ (j=2,3,\cdots,n)$.

因此，当方程组(1.10)的系数行列式 $D\neq 0$ 时，有且仅有唯一解

$$x_j=\frac{D_j}{D}\quad (j=1,2,\cdots,n).$$

例 1 解线性方程组

$$\begin{cases}2x_1-2x_2+2x_3-4x_4=4,\\ 2x_1-x_3+4x_4=4,\\ 3x_1+2x_2+x_3=-1,\\ -x_1+2x_2-x_3+2x_4=-4.\end{cases}$$

解 计算行列式

$$D=\begin{vmatrix}2&-2&2&-4\\2&0&-1&4\\3&2&1&0\\-1&2&-1&2\end{vmatrix}=-4\neq 0,\quad D_1=\begin{vmatrix}4&-2&2&-4\\4&0&-1&4\\-1&2&1&0\\-4&2&-1&2\end{vmatrix}=-4,$$

$$D_2=\begin{vmatrix}2&4&2&-4\\2&4&-1&4\\3&-1&1&0\\-1&-4&-1&2\end{vmatrix}=8,\quad D_3=\begin{vmatrix}2&-2&4&-4\\2&0&4&4\\3&2&-1&0\\-1&2&-4&2\end{vmatrix}=0,$$

$$D_4=\begin{vmatrix}2&-2&2&4\\2&0&-1&4\\3&2&1&-1\\-1&2&-1&-4\end{vmatrix}=-2.$$

所以 $x_1=\frac{D_1}{D}=1,x_2=\frac{D_2}{D}=-2,x_3=\frac{D_3}{D}=0,x_4=\frac{D_4}{D}=\frac{1}{2}$是所给方程组的解.

例 2 医院里营养师为病人配制的一份菜肴由蔬菜、鱼和炖汤组成，这份菜肴须含 1200cal 热量，30 g 蛋白质和 300 mg 维生素 C，已知三种食物每 100 g 中有关营养的含量如表 1-2 所示，试求所配菜肴中每种食物的数量.

表 1-2 三种食物每 100 g 中有关营养的含量

营养	蔬菜	鱼肉	炖汤
热量/cal	60	300	600
蛋白质/g	3	9	9
维生素 C/mg	90	60	30

解 设所配菜肴中蔬菜、鱼肉和炖汤的数量分别为 x_1, x_2, x_3 百克，根据题意，建立方程组

$$\begin{cases}60x_1+300x_2+600x_3=1200,\\3x_1+9x_2+9x_3=30,\\90x_1+60x_2+30x_3=300.\end{cases}$$

通过克莱姆法则，可以得到方程组的解

$$x_1=\frac{20}{11},\quad x_2=\frac{20}{11},\quad x_3=\frac{10}{11}.$$

如果线性方程组(1.10)的常数项均为零，即

$$\begin{cases}a_{11}x_1+a_{12}x_2+\cdots+a_{1n}x_n=0,\\a_{21}x_1+a_{22}x_2+\cdots+a_{2n}x_n=0,\\\qquad\vdots\\a_{n1}x_1+a_{n2}x_2+\cdots+a_{nn}x_n=0\end{cases}\tag{1.14}$$

则称其为**齐次线性方程组**.

显然，齐次线性方程组(1.14)一定有零解 $x_j=0(j=1,2,\cdots,n)$. 对于齐次线性方程组除零解外是否还有非零解，可由以下定理判定.

定理 1.7 如果齐次线性方程组(1.14)的系数行列式 $D\neq0$，则它仅有零解.

证明 因为 $D\neq0$，根据克莱姆法则，方程组(1.14)有唯一解 $x_j=\frac{D_j}{D}(j=1,2,\cdots,n)$，又由于行列式 $D_j(j=1,2,\cdots,n)$ 中有一列的元素全为零，因而 $D_j=0(j=1,2,\cdots,n)$，所以齐次线性方程组(1.14)仅有零解，即

$$x_j=\frac{D_j}{D}=0\quad(j=1,2,\cdots,n).$$

这个定理也可以说成：如果齐次线性方程组(1.14)有非零解，则它的系数行列式 $D=0$. 以后还可以证明：如果 $D=0$，则方程组(1.14)有非零解.

例 3 判定齐次线性方程组

$$\begin{cases}x_1+x_2+2x_3+3x_4=0,\\x_1+2x_2+3x_3-x_4=0,\\3x_1-x_2-x_3-2x_4=0,\\2x_1+3x_2-x_3-x_4=0\end{cases}$$

是否仅有零解.

解 因为
$$D=\begin{vmatrix}1&1&2&3\\1&2&3&-1\\3&-1&-1&-2\\2&3&-1&-1\end{vmatrix}=-153\neq0,$$

所以方程组仅有零解.

例 4　当 λ 取何值时，齐次线性方程组

$$\begin{cases}\lambda x_1+x_2+x_3=0,\\ x_1+\lambda x_2+x_3=0,\\ x_1+x_2+\lambda x_3=0\end{cases}$$

有非零解？

解　本题考查克莱姆法则的推论及含参数的行列式的计算.

系数行列式

$$D=\begin{vmatrix}\lambda & 1 & 1\\ 1 & \lambda & 1\\ 1 & 1 & \lambda\end{vmatrix}=(\lambda+2)(\lambda-1)^2,$$

故当 $\lambda=-2$ 或 $\lambda=1$ 时，$D=0$，此时齐次线性方程组有非零解.

实验一　Python 语言入门

实 验 目 的

1. 掌握实验环境的构建.
2. 掌握 Jupyter Notebook 的使用方法.
3. 掌握基本的 Python 语法.
4. 了解模块与包及其导入方法.

实 验 内 容

一、安装 Anaconda

Anaconda 是 Python 的发行版，内置了各种用于数值计算的外部软件包，可以轻松地创建和调整 Python 编码的环境，为使用 Python 进行数学实验大大降低了使用门槛.

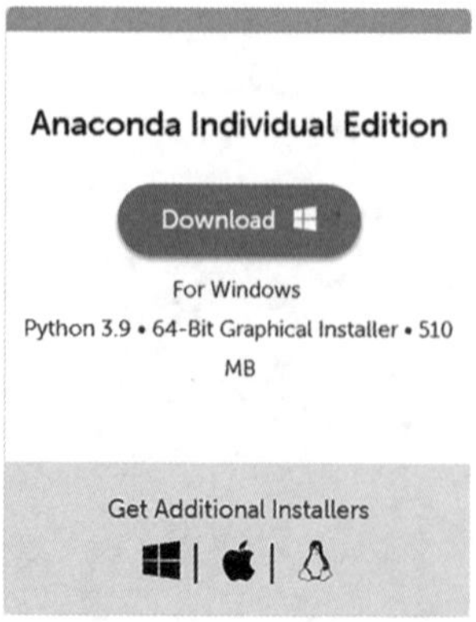

实验图 1.1　下载 Anaconda **对话框**

第 1 步：下载 Anaconda

Anaconda 的主页：https://www.anaconda.com/.

Anaconda 可用于 Windows、macOS 和 Linux 操作系统. 进入 Anaconda 网站，单击“Get Started”按钮，点击“Download Anaconda installers”进入 Anaconda 下载页面，在本页面的“Anaconda Individual Edition”对话框，如实验图 1.1 所示，单击 Download 按钮进行下载，Anaconda 安装程序将根据操作系统类型和 64 位/32 位之间的差异自动确定版本.

注意要结合自己的系统下载,建议自己也确认目前的软件环境是否合适. 在 Windows 上下载 exe 文件,在 macOS 上下载 pkg 文件,在 Linux 上下载 Shell 脚本.

第 2 步:安装 Anaconda

如果使用的是 Windows 或 macOS 系统,双击下载的安装程序文件,然后按照安装程序的说明进行安装. 可以将所有设置保留为默认设置(即省略该过程). 如果是 Linux 系统,请启动终端,切换到相应的目录,然后执行 Shell 脚本. 以下是 64 位 Ubuntu 的安装过程.

[终端]

```
$ bash./Anaconda3- (日期)- Linux- x8664.sh
```

以上命令将启动交互式安装程序,请按照说明进行安装. 安装后,请确保导出以下路径,以防万一(路径备份).

[终端]

```
$ export PATH= /home/用户名/anaconda3/bin:$ PATH
```

以上,安装就完成了. 同时安装 Python 相关文件,以及名为 Anaconda Navigator 的桌面应用程序.

第 3 步:启动 Anaconda Navigator

现在,启动 Anaconda Navigator. 对于 Windows,从"开始"菜单中选择 Anaconda3→Anaconda Navigator 命令. 对于 macOS,从 Application 文件夹启动 Anaconda－Navigator. app. 对于 Linux,则可以使用以下命令从终端启动 Anaconda Navigator.

[终端]

```
$ anaconda- navigator
```

启动之后,Anaconda Navigator 界面如实验图 1. 2 所示.

Jupyter Notebook 可以在此界面中启动,为本实验的主要平台.

第 4 步:安装 NumPy **和** SymPy

为了执行本书中描述的代码,需要安装名为 NumPy 和 SymPy 的软件包. 首先,检查是否安装了这些软件包. Anaconda 可能已经默认安装了这些软件包.

在 Anaconda Navigator 的首页中单击 Environments,如实验图 1. 3 所示.

在 Environments 界面的中央顶部有一个下拉菜单,在这里选择 Not installed(参照实验图 1. 4 中步骤 a),注意不要选择 Installed. 然后在右侧的搜索框中输入 numpy 进行搜索(参照实验图 1. 4 中步骤 b). 如果没有安装 NumPy,则搜索结果将显示 numpy. 请按如实验图1. 4 的步骤 c 所示选中 numpy 左边的复选框,然后单击右下角的 Apply 按钮,如实验图 1. 4 的步骤 d 所示,即可安装 NumPy.

如果已成功安装 NumPy,则搜索结果不会显示 numpy.

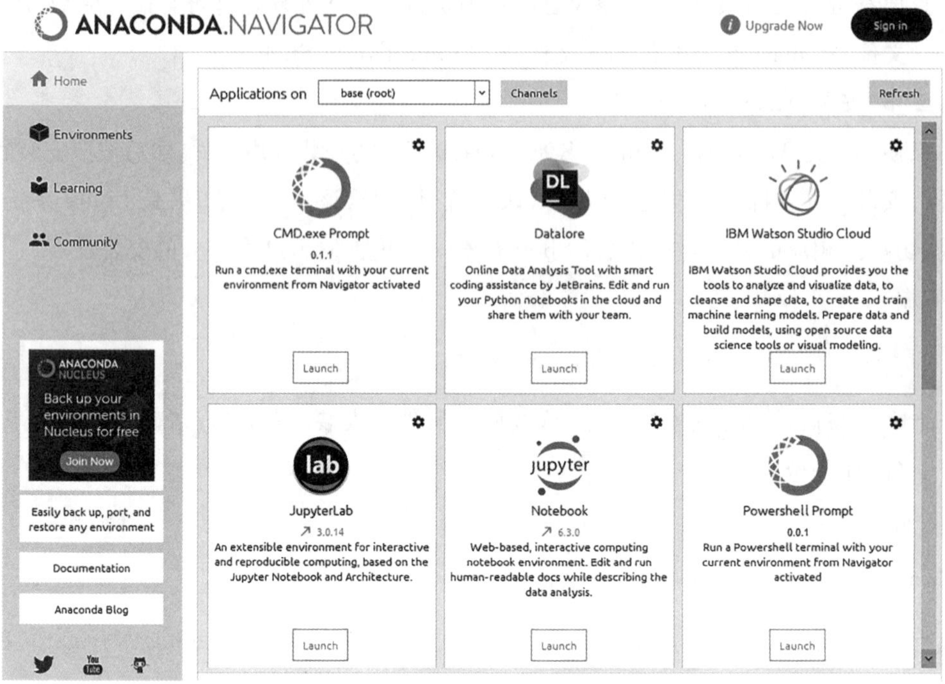

实验图 1.2　Anaconda Navigator 界面

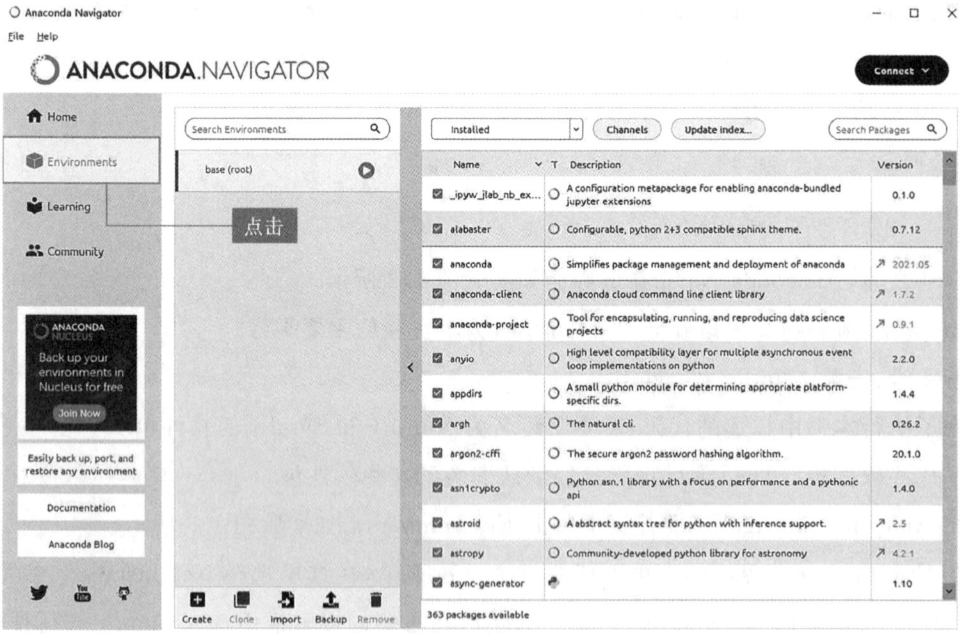

实验图 1.3　Environments 界面

对于 SymPy，同样输入 SymPy 进行搜索，如果 SymPy 出现在搜索结果中，则可参照类似操作进行安装.

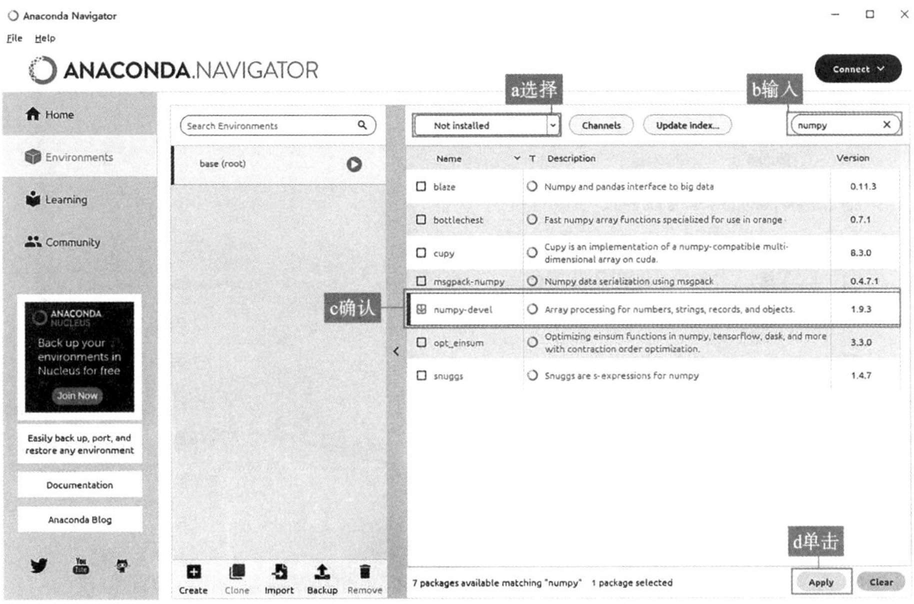

实验图 1.4 NumPy 未安装时的界面显示

二、Jupyter Notebook 的使用方法

Anaconda 中包含一个可在名为 Jupyter Notebook 的浏览器上运行的 Python 执行环境. Jupyter Notebook 可将 Python 的代码及其执行结果用语句和数学表达式保存到一个笔记本文件中. 另外,执行结果支持以图形形式展示.

本实验部分中使用的 Python 样本代码就是以 Jupyter Notebook 的格式保存的.

第 1 步:启动 Jupyter Notebook

在 Anaconda Navigator 的界面顶部,有一个 Jupyter Notebook 的 Launch 按钮,如实验图 1.5 所示. 如果按钮为 Install,则表明尚未安装 Jupyter Notebook,请单击此按钮进行安装.

实验图 1.5 Jupyter Notebook 启动界面

单击 Launch 按钮将自动启动 Web 浏览器,如实验图 1.6 所示.

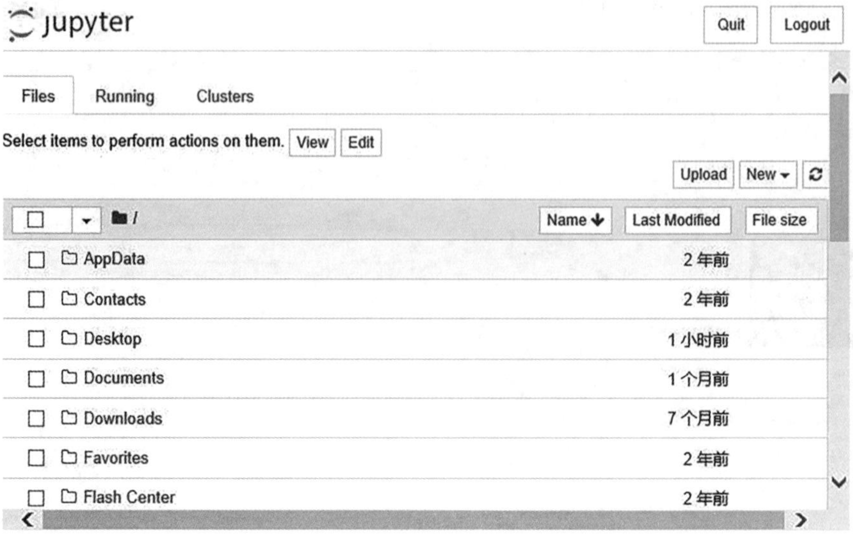

实验图 1.6　Jupyter Notebook 的控制面板

此界面称为 Jupyter Notebook 的控制面板. 可以在此界面上移动和创建文件夹以及创建笔记本文件. 启动时,将显示环境中主文件目录的内容.

实验图 1.7　创建一个新的笔记本文件

第 2 步:运行 Jupyter Notebook

由于 Jupyter Notebook 在浏览器上运行,因此操作方法不取决于环境. 现在,运行一个简单的 Python 程序来熟悉 Jupyter Notebook. 首先创建一个笔记本. 转到要创建笔记本的文件夹,然后从控制面板右上方的 New 菜单中选择 Python3(参照实验图 1.7 中的步骤 a、b).

这将创建一个新的笔记本,并将其显示在浏览器的新选项卡上(见实验图 1.8). 此笔记本是一个扩展名为"ipynb"的文件.

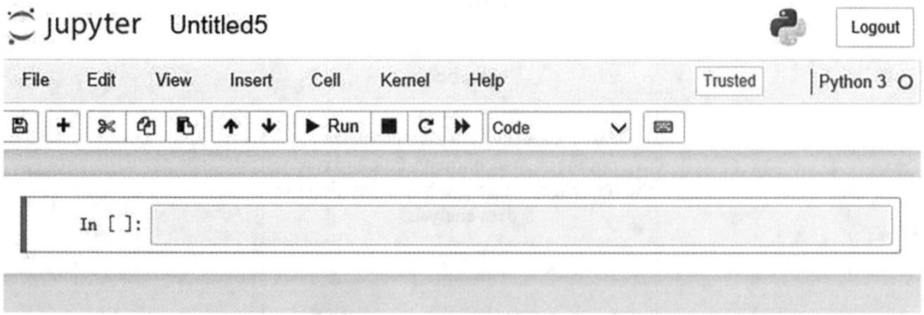

实验图 1.8　新的笔记本文件

菜单、工具栏等位于笔记本文件界面的顶部，可以对笔记本文件执行各种操作. 创建笔记本文件后，会发现笔记本文件被默认命名为 Untitled，可以通过单击该名称或从菜单中选择 File→Rename 来重命名该文件. 可以将其更改为自己喜欢的名称，如 mynotebook. Python 代码位于笔记本文件中称为单元格的位置. 单元格是屏幕上显示的空白矩形.

第 3 步：在代码和标记之间切换

单元格类型包括代码(Code)和标记. 默认情况下，单元格类型为 Code，但如果单元格类型不是 Code，则可以使用菜单中的 Cell→Cell Type→Code 将单元格模式更改为 Code.

在 Code 单元格中，可以编写和执行 Python 代码，如上例所示，也可以通过菜单中的 Cell→Cell Type→Markdown 将单元格类型更改为 Markdown. 在 Markdown 单元格中，可以用 Markdown 格式编写句子，也可以用 LaTeX 格式编写公式，这个不是数学实验需要的内容，不做具体介绍，读者想要详细了解这方面内容可以自己查阅相关资料.

第 4 步：编程初试

1. 输出

在 Python 语言中，实现数据输出的方式有两种：一是使用 print 函数，二是直接使用变量名查看变量的原始值.

(1) print 函数

print 函数：打印输出数据，其语法结构如下.

```
print(<expr>)
```

如果要输出多个表达式，其语法结构如下：

```
print(<expr 1>,<expr 2>,... ,<expr n>)
```

下面，尝试在单元格中编写以下 Python 代码.

In
```
print("Hello World!")
```

编写代码后，按 Shift+Enter 组合键(如果是 macOS 系统，则按 Shift+Return 组合键). 单元格下面会显示如下结果.

Out
```
Hello World!
```

可以在 Jupyter Notebook 上执行第一个 Python 代码. 请注意，当单元格位于底部时，按 Shift+Enter 组合键会自动将新单元格添加到原单元格下面，然后选定下方的单元格. 而按 Ctrl+Enter 组合键，即使单元格位于底部，程序也不会向下添加新的单元格. 在这种情况下，同一单元格仍处于选定状态.

In
```
print("Hello ","World!")
```

在语句 print("Hello","world!")中，逗号连接两个字符串，输出时，字母“o”和“w”中间有空格.

Out	Hello World!

(2) 直接使用变量名查看变量的原始值

在交互开发环境中,可以直接使用变量名查看变量的原始值,以达到输出数据的目的.

在单元格中,可以先给变量赋值,再输出,代码及结果如下:

In
```
a="Hello World!"
a
```

Out
```
'Hello World! '
```

或者,直接输出,代码及结果如下:

In
```
"Hello World!"
```

Out
```
'Hello World! '
```

第 5 步:保存和退出笔记本文件

笔记本文件通常被设置为自动保存,但也可以通过菜单中的 File→ Save and Checkpoint 手动保存. 当关闭显示笔记本文件的浏览器选项卡时,笔记本文件不会退出. 如果要退出笔记本文件,请从菜单中选择 File→ Close and Halt,这时才能关闭笔记本文件并自动关闭选项卡.

如果在未完成上述步骤的情况下关闭了选项卡,可以在 Running 选项卡(参照实验图 1.9 步骤 a)单击 Shutdown 关闭笔记本文件(参照实验图 1.9 步骤 b).

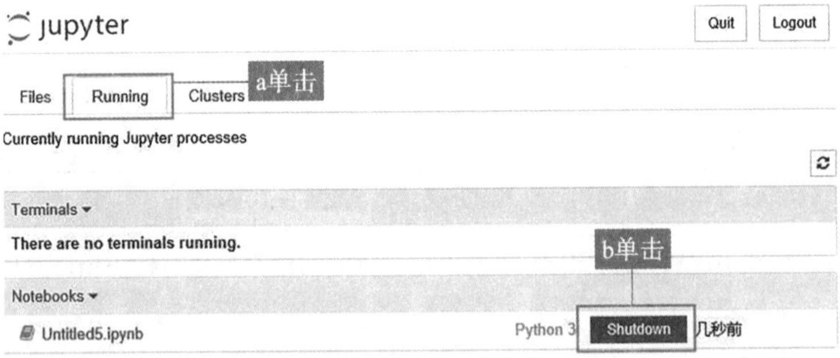

实验图 1.9　控制面板上的 running 选项卡

想要再次打开已完成的笔记本文件时,在控制面板上单击该笔记本文件即可.

三、模块与包

1. 模块与包的导入

在 Python 中,模块是实现某些特定功能的 Python 代码文件,文件扩展名为 py. 也可以把多个模块组织成多层次的文件,称之为包. 为了使 Python 应用更具扩展性,需要导入模块. 导入模块不仅可以使用模块中已经实现的代码功能,而且可以增强程序的结构性和可维护性.

另外,除了可以导入内置模块外,还可以导入第三方模块,使用第三方模块提供的功能. 例如,本书经常导入 NumPy 包和 SciPy 包中的线性代数模块 linalg 来求解问题. 下面,介绍导入对象的三种方式.

(1) import 模块名[as 别名]

使用"import 模块名[as 别名]"的方式将模块导入以后,使用其中的对象时,需要在对象之前加上模块名作为前缀,也就是必须以"模块名. 对象名"的形式进行访问. 如果模块名字很长,可以为导入的模块设置一个别名,然后使用"别名. 对象名"的方式来使用其中的对象.

(2) from 模块名 import 对象名[as 别名]

使用"from 模块名 import 对象名[as 别名]"的方式仅导入明确指定的对象,使用对象时不需要使用模块名作为前缀,可以减少程序员需要输入的代码量. 这种方式也可以适当提高代码运行速度,打包时可以减小文件的大小.

(3) from 模块名 import *

使用"from 模块名 import * "的方式可以一次导入模块中的所有对象,可以直接使用模块中的所有对象而不需要使用模块名作为前缀.

2. 科学计算包简介

(1) NumPy 包简介

NumPy(Numerical Python)是 Python 进行科学计算的基础包,是一个运行速度非常快的数学库. 它为 Python 带来了真正的多维数组功能. NumPy 中最重要的对象是 n 维数组 ndarray,它是整个包的核心对象,是描述相同类型元素的集合. ndarray 的结构并不复杂,但是功能却十分强大. NumPy 中所有的函数都是围绕 ndarray 对象进行处理的. 下面结合模块与包的导入举几个例子.

第一种导入方式:

In
```
import numpy
numpy. array ([[1,9],[4,9]])
```

这样就得到了正确的输出. 若模块名前不加前缀,将产生错误,提示 array 没有被定义. 为了输入的简便,有时还把导入的模块或者包的名称进行简记,例如 import numpy as np,as 后为包的名称的简记,这样在使用的时候可以做如下输入:

In
```
import numpy as np
np.array([[1,9],[4,9]])
```

第二种导入方式,不用加模块前缀:

In
```
from numpy import array
array ([[1,9],[4,9]])
```

或者用 * 号代替块中的所有对象,即

In
```
from numpy import *
array ([[1,9],[4,9]])
```

上述两种导入方式，输出结果均是如下正确的结果：

```
array([[1,9],
       [4,9]])
```

(2) SymPy 包简介

SymPy 是用于符号数学的 Python 扩展包，可以进行数学表达式的符号推导和演算. 本实验部分，矩阵都可以使用该包中的 matirx() 函数生成，具体见后边具体章节.

(3) SciPy 包简介

SciPy 是建立在 NumPy 扩展包基础上的数学算法和函数的集合，增加了众多的数学计算、科学计算和工程计算中常用的模块，其中就包括线性代数领域使用的 linalg 模块，在使用模块时需要单独导入. NumPy 和 SciPy 都提供了线性代数模块 linalg，scipy. linalg 模块中包含所有 numpy. linalg 模块中的函数，而且更加全面，使用方法一样.

实验二　基于 Python 语言的行列式计算

实 验 目 的

1. 熟悉 NumPy 包中 ndarray 模块的使用方法.
2. 熟练掌握 NumPy 包中 linalg 模块下的函数 det() 计算行列式.

实 验 内 容

1. ndarray 对象创建

首先需要创建数组才能对其进行运算和操作. 可以通过 numpy. array() 函数来创建数组，在 numpy. array() 函数中按照行输入每个元素，输入时使用如下规则：最外层是[　]，里层每行元素要在一个[　]内输入，并用逗号隔开，不同行所在的[　]之间也要用逗号隔开.

【示例 2.1】 创建一个三维数组.

在单元格中按如下操作：

In
```
from numpy import *
array ([[1,2,3],[4,5,6],[7,8,9]])
```

运行上述程序，命令窗口显示所得结果如下：

```
array([[1,2,3],
       [4,5,6],
       [7,8,9]])
```

2. 使用 det( )函数计算行列式

【示例 2.2】 计算 4 阶行列式 $\begin{vmatrix} 1 & 3 & 1 & 2 \\ 3 & 4 & 2 & -3 \\ -1 & -5 & 4 & 1 \\ 2 & 7 & 1 & -6 \end{vmatrix}$.

解 在单元格中按如下操作：

In

```
import numpy as np
arr=np.array([[1,3,1,2],[3,4,2,-3],[-1,-5,4,1],[2,7,1,-6]])
#使用 array 函数创建四阶行列式数表
A=np.linalg.det(arr)        #使用 det 函数计算行列式
print('行列式的值为:',A)    #显示出行列式的计算值
```

运行上述程序，命令窗口显示所得结果如下：

```
行列式的值为：279.00000000000017
```

【示例 2.3】 用克莱姆法则解线性方程组 $\begin{cases} 2x_1+3x_2+11x_3+5x_4=6, \\ x_1+x_2+5x_3+2x_4=2, \\ 2x_1+x_2+3x_3+4x_4=2, \\ x_1+x_2+3x_3+4x_4=2. \end{cases}$

解 在单元格中按如下操作：

In

```
import numpy as np
#创建系数行列式数表
arr= np.array([[2,3,11,5],[1,1,5,2],[2,1,3,4],[1,1,3,4]])
#创建各解对应分子行列式数表
arr1=np.array([[6,3,11,5],[2,1,5,2],[2,1,3,4],[2,1,3,4]])
arr2=np.array([[2,6,11,5],[1,2,5,2],[2,2,3,4],[1,2,3,4]])
arr3=np.array([[2,3,6,5],[1,1,2,2],[2,1,2,4],[1,1,2,4]])
arr4=np.array([[2,3,11,6],[1,1,5,2],[2,1,3,2],[1,1,3,2]])
D=np.linalg.det(arr)  #使用 det 函数求行列式
D1=np.linalg.det(arr1)
D2=np.linalg.det(arr2)
D3=np.linalg.det(arr3)
D4=np.linalg.det(arr4)
print('系数行列式 D 为:',D)
print('D1 为:',D1)
print('D2 为:',D2)
```

In

```
print ('D3为:',D3)
print ('D4为:',D4)
print('方程组的解 x1为:',D1/D)
print('方程组的解 x2为:',D2/D)
print('方程组的解 x3为:',D3/D)
print('方程组的解 x4为:',D4/D)
```

运行上述程序,命令窗口显示所得结果如下:

```
系数行列式 D为: 10.000000000000002
D1为:0.0
D2为:19.99999999999999
D3为:0.0
D4为:0.0
方程组的解 x1为:0.0
方程组的解 x2为:1.9999999999999987
方程组的解 x3为:0.0
方程组的解 x4为:0.0
```

实验训练

运用克莱姆法则方法求解下面的方程组:

$$\begin{cases} x_1-x_2-x_3=2, \\ 2x_1-x_2-3x_3=1, \\ 3x_1+2x_2-5x_3=0. \end{cases}$$

小　　结

行列式是学习线性代数时最先接触的概念之一. 其作为一个符号有其便利之处,是用来研究矩阵理论的一个简洁工具. 这章内容的主要特点就是概念多、定理多、符号多、运算规律多,内容相互纵横交错,知识前后紧密联系. 在学习过程中应充分理解概念,掌握定理的条件、结论、应用,熟悉符号意义,掌握各种运算规律、计算方法,并及时进行总结.

当单独研究行列式的时候,比较重要的是行列式的性质和计算. 我们可以通过定义来计算行列式. 行列式的计算包括具体行列式的计算和抽象行列式的计算,其中具体行列式的计算又有低阶行列式和 n 阶行列式两种类型. 根据定义,一个 n 阶的行列式有 $n!$ 项,其中有一半前面带正号,另一半前面带负号,每一项都由 n 个位于不同行不同列的因子相乘,所以当阶数较高时计算量是很大的. 一般情况下我们会利用行列式的性质,把一个行列式化为上下三角行列式来求解或者按行(列)展开定理通过降阶来计算行列式,具体展开公式为:

$$D=a_{i1}A_{i1}+a_{i2}A_{i2}+\cdots+a_{in}A_{in}\quad(i=1,2,\cdots,n);$$

$$D=a_{1j}A_{1j}+a_{2j}A_{2j}+\cdots+a_{nj}A_{nj}\quad(j=1,2,\cdots,n).$$

这两个公式分别称为行列式的按行展开式与按列展开式，展开式右端是某行(列)元素与它们的代数余子式乘积之和. 以后，我们把这种两两相乘再相加的运算叫作“组合”，组合运算是线性代数中常见的运算.

克莱姆法则通过行列式，以非常紧凑而整齐的形式揭示了线性方程组的解与系数的关系. 它适用于方程个数与未知数个数相等且系数行列式不等于零的线性方程组.

含有 n 个未知数、n 个有效方程的线性方程组可表示为：

$$\begin{cases}a_{11}x_1+a_{12}x_2+\cdots+a_{1n}x_n=b_1,\\a_{21}x_1+a_{22}x_2+\cdots+a_{2n}x_n=b_2,\\\qquad\qquad\vdots\\a_{n1}x_1+a_{n2}x_2+\cdots+a_{nn}x_n=b_n.\end{cases}$$

未知数的所有系数构成的行列式 $D=\begin{vmatrix}a_{11}&a_{12}&\cdots&a_{1n}\\a_{21}&a_{22}&\cdots&a_{2n}\\\vdots&\vdots&&\vdots\\a_{n1}&a_{n2}&\cdots&a_{nn}\end{vmatrix}$ 称方程组的系数行列式. 其系数行列式 $D\neq0$ 时，有且仅有唯一解 $x_j=\dfrac{D_j}{D}(j=1,2,\cdots,n)$. 克莱姆法则有如下重要结论：

(1) 非齐次线性方程组当系数行列式不等于零的时候有唯一解.

(2) 齐次线性方程组当系数行列式不等于零的时候有唯一零解.

(3) 非齐次线性方程组当系数行列式等于零的时候有两种可能:无穷解或无解.

(4) 齐次线性方程组当系数行列式等于零的时候只能有无穷多解.

重要术语及主题

行列式　对角线法则　全排列　逆序数　n 阶行列式　对换　奇排列　偶排列　转置行列式　三角行列式　对角行列式　反对角行列式　余子式　代数余子式　行列式按行(列)展开定理　克莱姆法则　n 阶齐次线性方程组　n 阶非齐次线性方程组

习 题 一

习题一解答

(A)

1. 计算下列行列式：

(1) $\begin{vmatrix}a&b&c\\b&c&a\\c&a&b\end{vmatrix}$；(2) $\begin{vmatrix}1&1&1\\a&b&c\\a^2&b^2&c^2\end{vmatrix}$；(3) $\begin{vmatrix}1&2&3\\3&1&2\\2&3&1\end{vmatrix}$；(4) $\begin{vmatrix}0&a&0\\b&0&c\\0&d&0\end{vmatrix}$.

2. 求下列排列的逆序数：

(1) 41253；　(2) 3712456；　(3) 36715284；　(4) $n(n-1)\cdots 21$.

3. 用行列式定义计算下列行列式：

(1) $\begin{vmatrix} 0 & 0 & \cdots & 0 & 1 \\ 0 & 0 & \cdots & 2 & 0 \\ \vdots & \vdots & & \vdots & \vdots \\ 0 & n-1 & \cdots & 0 & 0 \\ n & 0 & \cdots & 0 & 0 \end{vmatrix}$；(2) $\begin{vmatrix} 0 & 1 & 0 & \cdots & 0 \\ 0 & 0 & 2 & \cdots & 0 \\ \vdots & \vdots & \vdots & & \vdots \\ 0 & 0 & 0 & \cdots & n-1 \\ n & 0 & 0 & \cdots & 0 \end{vmatrix}$；

(3) $\begin{vmatrix} a_{11} & a_{12} & a_{13} & a_{14} & a_{15} \\ a_{21} & a_{22} & a_{23} & a_{24} & a_{25} \\ a_{31} & a_{32} & 0 & 0 & 0 \\ a_{41} & a_{42} & 0 & 0 & 0 \\ a_{51} & a_{52} & 0 & 0 & 0 \end{vmatrix}$；(4) $\begin{vmatrix} 1 & 0 & 0 & 0 \\ 0 & 2 & 0 & 0 \\ 0 & 1 & 3 & 1 \\ 1 & 0 & 0 & 5 \end{vmatrix}$；(5) $\begin{vmatrix} 1 & 1 & 1 & 0 \\ 0 & 1 & 0 & 1 \\ 0 & 1 & 1 & 1 \\ 0 & 0 & 1 & 0 \end{vmatrix}$.

4. 把下列行列式化为上三角形行列式，并计算其值：

(1) $\begin{vmatrix} -2 & 2 & -4 & 0 \\ 4 & -1 & 3 & 5 \\ 3 & 1 & -2 & -3 \\ 2 & 0 & 5 & 1 \end{vmatrix}$；　(2) $\begin{vmatrix} 0 & 4 & 5 & -1 & 2 \\ -5 & 0 & 2 & 0 & 1 \\ 7 & 2 & 0 & 3 & -4 \\ -3 & 1 & -1 & -5 & 0 \\ 2 & -3 & 0 & 1 & 3 \end{vmatrix}$.

5. 用行列式性质证明：

(1) $\begin{vmatrix} a_1+kb_1 & b_1+c_1 & c_1 \\ a_2+kb_2 & b_2+c_2 & c_2 \\ a_3+kb_3 & b_3+c_3 & c_3 \end{vmatrix} = \begin{vmatrix} a_1 & b_1 & c_1 \\ a_2 & b_2 & c_2 \\ a_3 & b_3 & c_3 \end{vmatrix}$；

(2) $\begin{vmatrix} b_1+c_1 & c_1+a_1 & a_1+b_1 \\ b_2+c_2 & c_2+a_2 & a_2+b_2 \\ b_3+c_3 & c_3+a_3 & a_3+b_3 \end{vmatrix} = 2\begin{vmatrix} a_1 & b_1 & c_1 \\ a_2 & b_2 & c_2 \\ a_3 & b_3 & c_3 \end{vmatrix}$；

(3) $\begin{vmatrix} y+z & z+x & x+y \\ x+y & y+z & z+x \\ z+x & x+y & y+z \end{vmatrix} = 2\begin{vmatrix} x & y & z \\ z & x & y \\ y & z & x \end{vmatrix}$；

(4) $\begin{vmatrix} a_{11} & a_{12} & 0 & 0 \\ a_{21} & a_{22} & 0 & 0 \\ * & * & b_{11} & b_{12} \\ * & * & b_{21} & b_{22} \end{vmatrix} = \begin{vmatrix} a_{11} & a_{12} \\ a_{21} & a_{22} \end{vmatrix} \cdot \begin{vmatrix} b_{11} & b_{12} \\ b_{21} & b_{22} \end{vmatrix}$（注：其中“ * ”为任意数）.

6. 计算下列行列式：

(1) $\begin{vmatrix} -a_1 & a_1 & 0 & \cdots & 0 & 0 \\ 0 & -a_2 & a_2 & \cdots & 0 & 0 \\ \vdots & \vdots & \vdots & & \vdots & \vdots \\ 0 & 0 & 0 & \cdots & -a_n & a_n \\ 1 & 1 & 1 & \cdots & 1 & 1 \end{vmatrix}$； (2) $\begin{vmatrix} 1 & a_1 & a_2 & \cdots & a_n \\ 1 & a_1+b_1 & a_2 & \cdots & a_n \\ 1 & a_1 & a_2+b_2 & \cdots & a_n \\ \vdots & \vdots & \vdots & & \vdots \\ 1 & a_1 & a_2 & \cdots & a_n+b_n \end{vmatrix}$；

(3) $\begin{vmatrix} x & y & 0 & \cdots & 0 & 0 \\ 0 & x & y & \cdots & 0 & 0 \\ \vdots & \vdots & \vdots & & \vdots & \vdots \\ 0 & 0 & 0 & \cdots & x & y \\ y & 0 & 0 & \cdots & 0 & x \end{vmatrix}$； (4) $\begin{vmatrix} 1 & 2 & 3 & \cdots & n \\ 2 & 3 & 4 & \cdots & 1 \\ 3 & 4 & 5 & \cdots & 2 \\ \vdots & \vdots & \vdots & & \vdots \\ n & 1 & 2 & \cdots & n-1 \end{vmatrix}$.

7. 求行列式 $\begin{vmatrix} -3 & 0 & 4 \\ 5 & 0 & 3 \\ 2 & -2 & 1 \end{vmatrix}$ 中元素 2 和 −2 的代数余子式.

8. 用克莱姆法则解下列线性方程组：

(1) $\begin{cases} 2x_1+3x_2+11x_3+5x_4=6, \\ x_1+x_2+5x_3+2x_4=2, \\ 2x_1+x_2+3x_3+4x_4=2, \\ x_1+x_2+3x_3+4x_4=2; \end{cases}$ (2) $\begin{cases} x_1+x_2+x_3+x_4=0, \\ x_2+x_3+x_4+x_5=0, \\ x_1+2x_2+3x_3=2, \\ x_2+2x_3+3x_4=-2, \\ x_3+2x_4+3x_5=2. \end{cases}$

9. k 取什么值时，齐次线性方程组 $\begin{cases} kx+y-z=0, \\ x+ky-z=0, \\ 2x-y+z=0 \end{cases}$ 仅有零解？

(B)

1. 排列 14536287 的逆序数为(　　).

A. 8　　B. 7　　C. 10　　D. 9

2. 下面几个构成 6 阶行列式的展开式的各项中，前面取“+”号的是(　　).

A. $a_{15}a_{23}a_{34}a_{42}a_{51}a_{66}$　　B. $a_{11}a_{26}a_{32}a_{44}a_{53}a_{65}$

C. $a_{21}a_{53}a_{16}a_{42}a_{64}a_{35}$　　D. $a_{51}a_{32}a_{13}a_{44}a_{25}a_{66}$

3. 行列式 $\begin{vmatrix} 4x & 2x & 1 & x \\ 2x+1 & x & 1 & 3 \\ 0 & 2 & 2x & 1 \\ 1 & 3 & 1 & x \end{vmatrix}$ 是(　　)次多项式.

A. 1　　B. 2　　C. 3　　D. 4

4. 四阶行列式 $\begin{vmatrix} a_1 & 0 & 0 & b_1 \\ 0 & a_2 & b_2 & 0 \\ 0 & b_3 & a_3 & 0 \\ b_4 & 0 & 0 & a_4 \end{vmatrix}$ 的值等于(　　).

A. $a_1a_2a_3a_4-b_1b_2b_3b_4$　　B. $a_1a_2a_3a_4+b_1b_2b_3b_4$

C. $(a_1a_2-b_1b_2)(a_3a_4-b_3b_4)$　　D. $(a_2a_3-b_2b_3)(a_1a_4-b_1b_4)$

5. 方程组 $\begin{cases} \lambda x_1+x_2+x_3=1, \\ x_1+\lambda x_2+x_3=1, \\ x_1+x_2+\lambda x_3=1 \end{cases}$ 有唯一解，则(　　).

A. $\lambda\neq-1$ 且 $\lambda\neq-2$　　B. $\lambda\neq1$ 且 $\lambda\neq-2$

C. $\lambda\neq1$ 且 $\lambda\neq2$　　D. $\lambda\neq-1$ 且 $\lambda\neq2$

6. 四阶行列式的第 1 行元素是 1,2,3,4，第 3 行元素的余子式是 2,−5,8,x，则 x 的值为(　　).

A. −4　　B. 9　　C. 4　　D. −9

7. 设行列式 $D=\begin{vmatrix} 0 & 2 & 4 & 0 \\ 4 & 1 & 1 & 2 \\ 0 & 2 & 0 & 0 \\ 13 & 7 & 9 & 6 \end{vmatrix}$，则第 4 行各元素余子式之和为(　　).

A. −48　　B. 48　　C. 47　　D. −47

【拓展阅读】

行列式的由来

作为高等代数的一个分支，行列式理论有着悠久的历史. 行列式概念最早出现于线性方程组的求解中，它最早是一种速记的表达式，现在已经是数学中一种非常有用的工具. 在东方，中国的《九章算术》大约成书于公元 1 世纪，其中“方程”一章，专门研究解线性方程组. 当时没有表示未知数的符号，而是用算筹将未知数的系数和常数项排列成一个长方阵，运用遍乘直除算法求解，这就是消元法. 宋元时期出现了天元术和四元术，这是中国古代数学代数符号化的一个进步. 元朝朱世杰(1249—1314)的《四元玉鉴》，已经可以解含 4 个未知数的高次方程组. 在我国关于天元术和方程式的著作中，《算学启蒙》和《杨辉算法》在日本经过广泛传播，影响很大. 日本关孝和(1642—1708)在《解伏题之法》中，构造行列式展开法以解决多元高次方程组的消元问题. 关孝和的解伏题之法是中国天元术、四元术代数传统的继续，核心是消元理论.

关孝和提出行列式算法后，日本一批数学家开始研究行列式．如井关知辰在《算法发挥》中第一次提出行列式可以按照某一行或某一列展开．久留岛义太关注3阶到6阶行列式的展开，特别是对5阶、6阶行列式，提出采用分块构造低阶小行列式，再按照行展开的方法．菅野元健也研究了行列式的展开，实际上提出了拉普拉斯展开法，但是给出的子行列式相乘的符号法则不正确，后来由加藤平左卫门指出此错误．

德国数学家莱布尼茨(1646—1716)的行列式思想主要体现在他与法国数学家洛必达(1661—1704)的通信和他自己未发表的手稿中．他首创了双标码记法．虽然他没有命名行列式，也没有及时发表他的思想，但是他仍然被尊称为西方行列式理论的鼻祖．同时代的日本数学家关孝和在其著作《解伏题元法》中则首次提出了行列式的概念与算法．

1750年，瑞士数学家克莱姆(1704—1752)在其著作《线性代数分析导引》中，对行列式的定义和展开法则给出了比较完整、明确的阐述，并给出了现在我们所称的解线性方程组的克莱姆法则．稍后，法国数学家贝祖(1730—1783)将确定行列式每一项符号的方法进行了系统化，利用系数行列式概念指出了如何判断一个齐次线性方程组有非零解．

总之，在很长一段时间内，行列式只是作为解线性方程组的一种工具被使用，并没有人意识到它可以独立于线性方程组之外，单独形成一门理论．

在行列式的发展史上，第一个对行列式理论做出连贯的逻辑的阐述，即把行列式理论与线性方程组求解相分离的人，是法国数学家范德蒙(1735—1796)．范德蒙自幼在父亲的指导下学习音乐，但对数学有浓厚的兴趣，后来成为法兰西科学院院士．他给出了用二阶子式和它们的余子式来展开行列式的法则．就对行列式来说，他是这门理论的奠基人．1772年，法国数学家拉普拉斯(1749—1827)在一篇论文中证明了范德蒙提出的一些规则，推广了他的展开行列式的方法，得到了我们熟知的拉普拉斯展开定理．

继范德蒙之后，在行列式的理论方面，又做出突出贡献的是法国大数学家柯西(1789—1857)．1815年，柯西从函数角度研究行列式，开启了行列式理论的新局面，其中主要成果之一是行列式的乘法定理．此外，他第一个把行列式的元素排成方阵，采用双足标记法，引进了行列式特征方程的术语，给出了相似行列式概念，改进了拉普拉斯的行列式展开定理，并给出了一个证明等．

继柯西之后，在行列式理论方面最多产的人就是德国数学家雅可比(1804—1851)．他引进了函数行列式，即“雅可比行列式”，指出函数行列式在多重积分的变量替换中的作用，给出了函数行列式的导数公式．雅可比的著名论文《论行列式的形成和性质》标志着行列式系统理论的建成．由于行列式在数学分析、几何学、线性方程组理论、二次型理论等多方面的应用，行列式理论在19世纪得到了很大发展，整个19世纪都有行列式的新成果涌现出来．除了大量关于一般行列式的定理之外，还有许多有关特殊行列式的定理被挖掘出来．

第2章　矩　　阵

矩阵是线性代数的主要研究对象之一，它是从实际问题中抽象出来的一个数学概念.矩阵在自然科学、工程技术、社会科学等各个领域都有着广泛的应用，在数学应用与研究中占有十分重要的位置，也是经济研究中处理线性经济模型的重要工具.

本章从一些实际例子出发，引出矩阵的概念，介绍一些特殊类型的矩阵、矩阵的运算及分块矩阵，进而介绍矩阵的初等变换、矩阵的逆矩阵及矩阵的秩.

2.1　矩阵的概念

本节主要从几个实际例子出发引出矩阵的定义.

引例1　设线性方程组

$$\begin{cases} 2x_1+x_2-x_3=2, \\ x_1+x_2-2x_3=4, \\ 3x_1+6x_2-9x_3=9. \end{cases}$$

这个方程组未知量的系数及常数项按方程组中的顺序组成一个矩形阵列：

$$\begin{matrix} 2 & 1 & -1 & 2 \\ 1 & 1 & -2 & 4 \\ 3 & 6 & -9 & 9 \end{matrix}$$

这个矩形阵列决定着给定方程组是否有解，以及如果有解，解是什么等问题，因此对这个阵列的研究就很有必要.

引例2　甲、乙企业生产3种产品，产品的产量(单位：件)如表2-1所示.

表2-1　甲、乙企业生产的产品及其产量

产　量		产　品		
		1	2	3
企业	甲	24	25	28
	乙	23	18	26

这个产值表实质上可以用如下简化的阵列表示：

$$\begin{matrix} 24 & 25 & 28 \\ 23 & 18 & 26 \end{matrix}$$

它具体描述了甲、乙两企业各种产品的产量.

由引例1、引例2可以看出，在处理实际问题时经常会将问题转化为这种矩形阵列形式. 为了研究问题的方便，我们从这种矩形阵列中抽象出矩阵的概念.

定义2.1　由 $m\times n$ 个数 $a_{ij}(i=1,2,\cdots,m;j=1,2,\cdots,n)$ 排列成一个 m 行 n 列的数表，称为一个 $m\times n$ 矩阵，记作

$$\begin{pmatrix} a_{11} & a_{12} & \cdots & a_{1n} \\ a_{21} & a_{22} & \cdots & a_{2n} \\ \vdots & \vdots & & \vdots \\ a_{m1} & a_{m2} & \cdots & a_{mn} \end{pmatrix} \text{ 或 } \begin{bmatrix} a_{11} & a_{12} & \cdots & a_{1n} \\ a_{21} & a_{22} & \cdots & a_{2n} \\ \vdots & \vdots & & \vdots \\ a_{m1} & a_{m2} & \cdots & a_{mn} \end{bmatrix}. \tag{2.1}$$

其中 a_{ij} 称为矩阵第 i 行第 j 列的元素.

一般情形下，我们用大写字母 $\boldsymbol{A},\boldsymbol{B},\boldsymbol{C},\cdots$ 表示矩阵. 为了标明矩阵的行数 m 和列数 n，可用 $\boldsymbol{A}_{m\times n}$ 表示，或记作 $(a_{ij})_{m\times n}$. 但1行 n 列或 n 行1列的矩阵，为了与后面章节的符号一致，有时也用小写字母 $\boldsymbol{a},\boldsymbol{b},\boldsymbol{x},\boldsymbol{y},\cdots$ 表示.

例如：$\boldsymbol{a}_i=(a_{i1}\quad a_{i2}\quad \cdots\quad a_{in})$，$\boldsymbol{b}=\begin{pmatrix} b_1 \\ b_2 \\ \vdots \\ b_m \end{pmatrix}$，$\boldsymbol{x}=\begin{pmatrix} x_1 \\ x_2 \\ \vdots \\ x_n \end{pmatrix}$ 等.

所有元素均为0的矩阵，称为**零矩阵**，记作 $\boldsymbol{O}$.

所有元素均为非负数的矩阵，称为**非负矩阵**.

如果矩阵 $\boldsymbol{A}=(a_{ij})$ 的行数与列数都等于 n，则称 $\boldsymbol{A}$ 为 n 阶矩阵或 n 阶方阵.

定义2.2　如果两个矩阵 $\boldsymbol{A},\boldsymbol{B}$ 有相同的行数与相同的列数，并且对应位置上的元素均相等，则称矩阵 $\boldsymbol{A}$ 与矩阵 $\boldsymbol{B}$ 相等，记为 $\boldsymbol{A}=\boldsymbol{B}$.

即如果 $\boldsymbol{A}=(a_{ij})_{m\times n}$，$\boldsymbol{B}=(b_{ij})_{m\times n}$ 且 $a_{ij}=b_{ij}(i=1,2,\cdots,m;j=1,2,\cdots,n)$，则 $\boldsymbol{A}=\boldsymbol{B}$.

2.2　几种特殊的矩阵

在使用矩阵解决问题时，我们经常会遇到以下几种特殊矩阵.

1. 对角矩阵

如果 n 阶矩阵 $\boldsymbol{A}=(a_{ij})$ 中的元素满足条件 $a_{ij}=0,i\neq j(i,j=1,2,\cdots,n)$，则称 $\boldsymbol{A}$ 为 n 阶**对角矩阵**，即

$$\boldsymbol{A}=\begin{pmatrix} a_{11} & & & \\ & a_{22} & & \\ & & \ddots & \\ & & & a_{nn} \end{pmatrix}. \tag{2.2}$$

(这种记法表示主对角线以外没有注明的元素均为零.)

2. 数量矩阵

如果 n 阶对角矩阵 $\boldsymbol{A}$ 中的元素 $a_{11}=a_{22}=\cdots=a_{nn}=a$ 时,则称 $\boldsymbol{A}$ 为 n 阶**数量矩阵**. 即

$$\boldsymbol{A}=\begin{pmatrix} a & & & \\ & a & & \\ & & \ddots & \\ & & & a \end{pmatrix}. \tag{2.3}$$

3. 单位矩阵

如果 n 阶数量矩阵 $\boldsymbol{A}$ 中的元素 $a=1$,则称 $\boldsymbol{A}$ 为 n 阶单位矩阵,记作 $\boldsymbol{E}_n$ 或 $\boldsymbol{I}_n$,有时简记为 $\boldsymbol{E}$ 或 $\boldsymbol{I}$,即

$$\boldsymbol{E}_n=\begin{pmatrix} 1 & & & \\ & 1 & & \\ & & \ddots & \\ & & & 1 \end{pmatrix} \tag{2.4}$$

4. 三角矩阵

如果 n 阶矩阵 $\boldsymbol{A}=(a_{ij})$中的元素满足条件

$$a_{ij}=0,\quad i>j \quad (i,j=1,2,\cdots,n),$$

则称 $\boldsymbol{A}$ 为 n 阶**上三角矩阵**, 即

$$\boldsymbol{A}=\begin{pmatrix} a_{11} & a_{12} & \cdots & a_{1n} \\ 0 & a_{22} & \cdots & a_{2n} \\ \vdots & \vdots & & \vdots \\ 0 & 0 & \cdots & a_{nn} \end{pmatrix}. \tag{2.5}$$

如果 n 阶矩阵 $\boldsymbol{B}=(b_{ij})$中的元素满足条件

$$b_{ij}=0,\quad i<j \quad (i,j=1,2,\cdots,n),$$

则称 $\boldsymbol{B}$ 为 n 阶**下三角矩阵**, 即

$$\boldsymbol{B}=\begin{pmatrix} b_{11} & 0 & \cdots & 0 \\ b_{21} & b_{22} & \cdots & 0 \\ \vdots & \vdots & & \vdots \\ b_{n1} & b_{n2} & \cdots & b_{nn} \end{pmatrix}. \tag{2.6}$$

5. 对称矩阵与反对称矩阵

如果 n 阶矩阵 $\boldsymbol{A}=(a_{ij})$满足 $a_{ij}=a_{ji}(i,j=1,2,\cdots,n)$,则称 $\boldsymbol{A}$ 为**对称矩阵**.

例如,

$$\begin{pmatrix} 0 & 2 \\ 2 & 0 \end{pmatrix},\begin{pmatrix} 1 & 0 & 3 \\ 0 & 2 & -1 \\ 3 & -1 & 4 \end{pmatrix}$$

均为对称矩阵.

如果 n 阶矩阵 $\boldsymbol{A}=(a_{ij})$ 满足 $a_{ij}=-a_{ji}(i,j=1,2,\cdots,n)$，则称 $\boldsymbol{A}$ 为**反对称矩阵**.

例如，

$$\boldsymbol{A}=\begin{pmatrix} 0 & 2 & 3 \\ -2 & 0 & 1 \\ -3 & -1 & 0 \end{pmatrix}$$

是三阶反对称矩阵. 它的特点是：主对角线元素全为 0，而关于主对角线对称的元素互为相反数.

2.3 矩阵的运算

矩阵定义了一些有理论意义和实际意义的运算，是理论研究和解决实际问题的有力工具. 本节介绍矩阵的加法、数与矩阵的乘法、矩阵乘法运算和矩阵的转置运算.

一、矩阵的加法和数与矩阵的乘法

定义 2.3 两个 m 行 n 列矩阵 $\boldsymbol{A}=(a_{ij})_{m\times n}$，$\boldsymbol{B}=(b_{ij})_{m\times n}$ 对应位置的元素相加得到的 m 行 n 列矩阵，称为矩阵 $\boldsymbol{A}$ 与矩阵 $\boldsymbol{B}$ 的和，记为 $\boldsymbol{A}+\boldsymbol{B}$，即

$$\boldsymbol{A}+\boldsymbol{B}=(a_{ij})_{m\times n}+(b_{ij})_{m\times n}=(a_{ij}+b_{ij})_{m\times n}. \tag{2.7}$$

例 1 将两种物资(单位：吨)从产地 1、2 运往三个销售点 Ⅰ、Ⅱ、Ⅲ，调运方案分别用矩阵 $\boldsymbol{A}$、$\boldsymbol{B}$ 表示如下：

$$\begin{matrix} & \text{Ⅰ} & \text{Ⅱ} & \text{Ⅲ} \end{matrix} \qquad\qquad \begin{matrix} & \text{Ⅰ} & \text{Ⅱ} & \text{Ⅲ} \end{matrix}$$

$$\boldsymbol{A}=\begin{pmatrix} 8 & 4 & 6 \\ 7 & 5 & 0 \end{pmatrix}\begin{matrix} 1 \\ 2 \end{matrix} \qquad \boldsymbol{B}=\begin{pmatrix} 3 & 7 & 6 \\ 2 & 5 & 9 \end{pmatrix}\begin{matrix} 1 \\ 2 \end{matrix}$$

求各产地运往各销售点的每种物资的总质量.

解 求各产地运往各销售点的两种物资的总质量，即求

$$\boldsymbol{A}+\boldsymbol{B}=\begin{pmatrix} 8+3 & 4+7 & 6+6 \\ 7+2 & 5+5 & 0+9 \end{pmatrix}=\begin{pmatrix} 11 & 11 & 12 \\ 9 & 10 & 9 \end{pmatrix},$$

其中 $\boldsymbol{A}+\boldsymbol{B}$ 中第 i 行第 j 列的元素 a_{ij} 表示从产地 $i(i=1,2)$ 运往销售点 $j(j=\text{Ⅰ},\text{Ⅱ},\text{Ⅲ})$ 的两种物资的总质量.

定义 2.4 以数 k 乘矩阵 $\boldsymbol{A}$ 的每一个元素所得到的矩阵，称为数 k 与矩阵 $\boldsymbol{A}$ 的积，记作 $k\boldsymbol{A}$. 若 $\boldsymbol{A}=(a_{ij})_{m\times n}$，则

$$k\boldsymbol{A}=k\,(a_{ij})_{m\times n}=(ka_{ij})_{m\times n}. \tag{2.8}$$

把矩阵 $\boldsymbol{A}=(a_{ij})_{m\times n}$ 中各元素变号得到的矩阵，称为 $\boldsymbol{A}$ 的**负矩阵**，记作 $-\boldsymbol{A}$. 即

$$-\boldsymbol{A}=(-a_{ij})_{m\times n}. \tag{2.9}$$

由上面定义的矩阵加法、数与矩阵的乘法,不难得到下面的运算律.

设 $\boldsymbol{A},\boldsymbol{B},\boldsymbol{C},\boldsymbol{O}$ 都是 $m\times n$ 矩阵,l,k 是常数,则

(1) $\boldsymbol{A}+\boldsymbol{B}=\boldsymbol{B}+\boldsymbol{A}$;

(2) $(\boldsymbol{A}+\boldsymbol{B})+\boldsymbol{C}=\boldsymbol{A}+(\boldsymbol{B}+\boldsymbol{C})$;

(3) $\boldsymbol{A}+\boldsymbol{O}=\boldsymbol{A}$;

(4) $\boldsymbol{A}+(-\boldsymbol{A})=\boldsymbol{O}$.

从(3),(4)可见,零矩阵 $\boldsymbol{O}$ 在矩阵加法运算中与数 0 在数的加法运算中有同样的性质.

(5) $k(\boldsymbol{A}+\boldsymbol{B})=k\boldsymbol{A}+k\boldsymbol{B}$;

(6) $(k+l)\boldsymbol{A}=k\boldsymbol{A}+l\boldsymbol{A}$;

(7) $(kl)\boldsymbol{A}=k(l\boldsymbol{A})$;

(8) $1\times\boldsymbol{A}=\boldsymbol{A}$.

由矩阵加法及负矩阵,可以定义矩阵减法:

$$\boldsymbol{A}-\boldsymbol{B}=\boldsymbol{A}+(-\boldsymbol{B}),$$

即,如果矩阵 $\boldsymbol{A}=(a_{ij})_{m\times n}$, $\boldsymbol{B}=(b_{ij})_{m\times n}$,则

$$\boldsymbol{A}-\boldsymbol{B}=\boldsymbol{A}+(-\boldsymbol{B})=(a_{ij})_{m\times n}+(-b_{ij})_{m\times n}=(a_{ij}-b_{ij})_{m\times n}. \tag{2.10}$$

例 2　已知

$$\boldsymbol{A}=\begin{pmatrix}1&2&3&1\\0&3&-2&1\\4&0&3&2\end{pmatrix},\quad \boldsymbol{B}=\begin{pmatrix}3&3&2&-1\\5&-3&0&1\\1&2&-5&0\end{pmatrix},$$

求 $3\boldsymbol{A}-2\boldsymbol{B}$.

解

$$\begin{aligned}3\boldsymbol{A}-2\boldsymbol{B}&=3\begin{pmatrix}1&2&3&1\\0&3&-2&1\\4&0&3&2\end{pmatrix}-2\begin{pmatrix}3&3&2&-1\\5&-3&0&1\\1&2&-5&0\end{pmatrix}\\&=\begin{pmatrix}3-6&6-6&9-4&3+2\\0-10&9+6&-6-0&3-2\\12-2&0-4&9+10&6-0\end{pmatrix}\\&=\begin{pmatrix}-3&0&5&5\\-10&15&-6&1\\10&-4&19&6\end{pmatrix}.\end{aligned}$$

例 3　设 $\boldsymbol{A}=(a_{ij})$ 为三阶矩阵,若已知 $|\boldsymbol{A}|=-2$,求 $||\boldsymbol{A}|\cdot\boldsymbol{A}|$.

解

$$|\boldsymbol{A}|\cdot\boldsymbol{A}=-2\boldsymbol{A}=\begin{pmatrix}-2a_{11}&-2a_{12}&-2a_{13}\\-2a_{21}&-2a_{22}&-2a_{23}\\-2a_{31}&-2a_{32}&-2a_{33}\end{pmatrix},$$

$$\left|\,|\boldsymbol{A}|\cdot\boldsymbol{A}\right|=\begin{vmatrix}-2a_{11} & -2a_{12} & -2a_{13}\\ -2a_{21} & -2a_{22} & -2a_{23}\\ -2a_{31} & -2a_{32} & -2a_{33}\end{vmatrix}=(-2)^3\begin{vmatrix}a_{11} & a_{12} & a_{13}\\ a_{21} & a_{22} & a_{23}\\ a_{31} & a_{32} & a_{33}\end{vmatrix}$$

$$=(-2)^3|\boldsymbol{A}|==(-2)^3\cdot(-2)=16.$$

二、矩阵的乘法

矩阵乘法的概念是人们从实际问题中抽象出来的，也是运用得比较多的一种运算.

首先看一个实例.

例 4 某地区有 4 个工厂，生产 3 种产品，矩阵 $\boldsymbol{A}$ 表示一年中各工厂生产各种产品的数量，矩阵 $\boldsymbol{B}$ 表示各种产品的单位价格（单位：元）及单位利润（单位：元），矩阵 $\boldsymbol{C}$ 表示各工厂的总收入及总利润.

$$\boldsymbol{A}=\begin{pmatrix}a_{11} & a_{12} & a_{13}\\ a_{21} & a_{22} & a_{23}\\ a_{31} & a_{32} & a_{33}\\ a_{41} & a_{42} & a_{43}\end{pmatrix},\quad \boldsymbol{B}=\begin{pmatrix}b_{11} & b_{12}\\ b_{21} & b_{22}\\ b_{31} & b_{32}\end{pmatrix},\quad \boldsymbol{C}=\begin{pmatrix}c_{11} & c_{12}\\ c_{21} & c_{22}\\ c_{31} & c_{32}\\ c_{41} & c_{42}\end{pmatrix}.$$

其中 $a_{ik}(i=1,2,3,4;k=1,2,3)$ 是第 i 个工厂生产第 k 种产品的数量，b_{k1} 及 $b_{k2}(k=1,2,3)$ 分别是第 k 种产品的单位价格及单位利润，c_{i1} 及 $c_{i2}(i=1,2,3,4)$ 分别是第 i 个工厂生产 3 种产品的总收入及总利润.

则矩阵 $\boldsymbol{A},\boldsymbol{B},\boldsymbol{C}$ 的元素之间有下列关系：

$$\begin{pmatrix}a_{11}b_{11}+a_{12}b_{21}+a_{13}b_{31} & a_{11}b_{12}+a_{12}b_{22}+a_{13}b_{32}\\ a_{21}b_{11}+a_{22}b_{21}+a_{23}b_{31} & a_{21}b_{12}+a_{22}b_{22}+a_{23}b_{32}\\ a_{31}b_{11}+a_{32}b_{21}+a_{33}b_{31} & a_{31}b_{12}+a_{32}b_{22}+a_{33}b_{32}\\ a_{41}b_{11}+a_{42}b_{21}+a_{43}b_{31} & a_{41}b_{12}+a_{42}b_{22}+a_{43}b_{32}\end{pmatrix}=\begin{pmatrix}c_{11} & c_{12}\\ c_{21} & c_{22}\\ c_{31} & c_{32}\\ c_{41} & c_{42}\end{pmatrix}$$

其中 $c_{ij}=a_{i1}b_{1j}+a_{i2}b_{2j}+a_{i3}b_{3j}(i=1,2,3,4;j=1,2)$. 即矩阵 $\boldsymbol{C}$ 中第 i 行第 j 列的元素等于矩阵 $\boldsymbol{A}$ 第 i 行元素与矩阵 $\boldsymbol{B}$ 第 j 列对应元素乘积的和.

我们将上面例题中矩阵之间的这种关系定义为矩阵的乘法.

定义 2.5 设矩阵 $\boldsymbol{A}=(a_{ik})_{m\times l}$ 的列数与矩阵 $\boldsymbol{B}=(b_{kj})_{l\times n}$ 的行数相同，则由元素

$$c_{ij}=a_{i1}b_{1j}+a_{i2}b_{2j}+\cdots+a_{il}b_{lj}=\sum_{k=1}^{l}a_{ik}b_{kj}\quad(i=1,2,\cdots,m;j=1,2,\cdots,n)\tag{2.11}$$

构成的 m 行 n 列矩阵 $\boldsymbol{C}=(c_{ij})_{m\times n}=\left(\sum\limits_{k=1}^{l}a_{ik}b_{kj}\right)_{m\times n}$，称为矩阵 $\boldsymbol{A}$ 与矩阵 $\boldsymbol{B}$ 的**乘积**，记为 $\boldsymbol{AB}$，即

$$\boldsymbol{C}=\boldsymbol{AB}.$$

由上述定义可知，做矩阵的乘法时要特别注意下述两点：

(1) 左矩阵 $\boldsymbol{A}$ 的列数要等于右矩阵 $\boldsymbol{B}$ 的行数，否则 $\boldsymbol{A}$ 与 $\boldsymbol{B}$ 不能相乘.

(2) 乘积矩阵 $\boldsymbol{C}$ 的元素 c_{ij} 等于左矩阵 $\boldsymbol{A}$ 的第 i 行与右矩阵 $\boldsymbol{B}$ 的第 j 列对应元素乘积之和，c_{ij} 的特征如下图所示：

$$\begin{pmatrix} \cdots & \cdots & \cdots \\ \cdots & c_{ij} & \cdots \\ \cdots & \cdots & \cdots \end{pmatrix} = \begin{pmatrix} \cdots & \cdots & \cdots & \cdots \\ a_{i1} & a_{i2} & \cdots & a_{il} \\ \cdots & \cdots & \cdots & \cdots \end{pmatrix} \begin{pmatrix} \cdots & b_{1j} & \cdots \\ \cdots & b_{2j} & \cdots \\ \vdots & \vdots & \vdots \\ \cdots & b_{lj} & \cdots \end{pmatrix}.$$

例 5 若 $\boldsymbol{A}=\begin{pmatrix} 0 & 1 \\ 1 & 0 \end{pmatrix}$，$\boldsymbol{B}=\begin{pmatrix} 1 & 2 \\ 3 & 4 \end{pmatrix}$，求 $\boldsymbol{AB}$.

解 $$\boldsymbol{AB}=\begin{pmatrix} 0 & 1 \\ 1 & 0 \end{pmatrix}\begin{pmatrix} 1 & 2 \\ 3 & 4 \end{pmatrix}=\begin{pmatrix} 0\times1+1\times3 & 0\times2+1\times4 \\ 1\times1+0\times3 & 1\times2+0\times4 \end{pmatrix}=\begin{pmatrix} 3 & 4 \\ 1 & 2 \end{pmatrix}.$$

就此例顺便求一下 $\boldsymbol{BA}$.

$$\boldsymbol{BA}=\begin{pmatrix} 1 & 2 \\ 3 & 4 \end{pmatrix}\begin{pmatrix} 0 & 1 \\ 1 & 0 \end{pmatrix}=\begin{pmatrix} 1\times0+2\times1 & 1\times1+2\times0 \\ 3\times0+4\times1 & 3\times1+4\times0 \end{pmatrix}=\begin{pmatrix} 2 & 1 \\ 4 & 3 \end{pmatrix}.$$

显然，$\boldsymbol{AB}\neq\boldsymbol{BA}$.

例 6 若 $\boldsymbol{A}=(5\quad 1\quad 0)$，$\boldsymbol{B}=\begin{pmatrix} 3 & 2 \\ -4 & 0 \\ -3 & 5 \end{pmatrix}$，求 $\boldsymbol{AB}$.

解 $$\boldsymbol{AB}=(5\quad 1\quad 0)\begin{pmatrix} 3 & 2 \\ -4 & 0 \\ -3 & 5 \end{pmatrix}=(5\times3+1\times(-4)+0\times(-3)\quad 5\times2+1\times0+0\times5)$$
$$=(11\quad 10).$$

$\boldsymbol{BA}$ 没有意义，因为 $\boldsymbol{B}$ 的列数不等于 $\boldsymbol{A}$ 的行数，$\boldsymbol{BA}$ 不可进行矩阵乘法运算.

例 7 若 $\boldsymbol{A}=\begin{pmatrix} 1 & 1 \\ 2 & 2 \end{pmatrix}$，$\boldsymbol{B}=\begin{pmatrix} 1 & -3 \\ -1 & 3 \end{pmatrix}$，求 $\boldsymbol{AB}$.

解 $$\boldsymbol{AB}=\begin{pmatrix} 1 & 1 \\ 2 & 2 \end{pmatrix}\begin{pmatrix} 1 & -3 \\ -1 & 3 \end{pmatrix}=\begin{pmatrix} 0 & 0 \\ 0 & 0 \end{pmatrix}.$$

例 8 已知 $\boldsymbol{A}=\begin{pmatrix} 1 & 1 \\ 0 & 1 \end{pmatrix}$，$\boldsymbol{B}=\begin{pmatrix} 1 & 0 \\ 0 & 1 \end{pmatrix}$，求 $\boldsymbol{AB}$ 与 $\boldsymbol{BA}$.

解 $$\boldsymbol{AB}=\begin{pmatrix} 1 & 1 \\ 0 & 1 \end{pmatrix}\begin{pmatrix} 1 & 0 \\ 0 & 1 \end{pmatrix}=\begin{pmatrix} 1 & 1 \\ 0 & 1 \end{pmatrix},$$
$$\boldsymbol{BA}=\begin{pmatrix} 1 & 0 \\ 0 & 1 \end{pmatrix}\begin{pmatrix} 1 & 1 \\ 0 & 1 \end{pmatrix}=\begin{pmatrix} 1 & 1 \\ 0 & 1 \end{pmatrix}.$$

例 9 若 $\boldsymbol{A}=\begin{pmatrix} 1 & 2 \\ 3 & 6 \end{pmatrix}$，$\boldsymbol{B}=\begin{pmatrix} 3 & 4 \\ -1 & 2 \end{pmatrix}$，$\boldsymbol{C}=\begin{pmatrix} 1 & 2 \\ 0 & 3 \end{pmatrix}$，求 $\boldsymbol{AB}$ 与 $\boldsymbol{AC}$.

解 $AC=\begin{pmatrix}1&2\\3&6\end{pmatrix}\begin{pmatrix}1&2\\0&3\end{pmatrix}=\begin{pmatrix}1&8\\3&24\end{pmatrix}$, $AB=\begin{pmatrix}1&2\\3&6\end{pmatrix}\begin{pmatrix}3&4\\-1&2\end{pmatrix}=\begin{pmatrix}1&8\\3&24\end{pmatrix}$,

即 $\boldsymbol{AB}=\boldsymbol{AC}$,但 $\boldsymbol{B}\neq\boldsymbol{C}$.

由例 6 至例 9 易得下面的结论:

(1) $\boldsymbol{AB}$ 与 $\boldsymbol{BA}$ 不一定都有意义,即任两个矩阵不一定都能做乘法运算.

(2) 一般地说,$\boldsymbol{AB}\neq\boldsymbol{BA}$,即矩阵乘法不满足交换律.

(3) 由 $\boldsymbol{AB}=\boldsymbol{O}$ 不能推出 $\boldsymbol{A}=\boldsymbol{O}$ 或 $\boldsymbol{B}=\boldsymbol{O}$,即两个非零矩阵的乘积可以是零矩阵.

(4) 由 $\boldsymbol{AB}=\boldsymbol{AC}$ 且 $\boldsymbol{A}\neq\boldsymbol{O}$,不能推出 $\boldsymbol{B}=\boldsymbol{C}$,即矩阵乘法不满足消去律.

以上是矩阵乘法与数的乘法的不同之处.另外,矩阵乘法与数的乘法也有些相似之处.

矩阵的乘法满足下列性质(设下列矩阵都可以进行有关运算):

(1) $(\boldsymbol{AB})\boldsymbol{C}=\boldsymbol{A}(\boldsymbol{BC})$; (结合律)

(2) $\boldsymbol{C}(\boldsymbol{A}+\boldsymbol{B})=\boldsymbol{CA}+\boldsymbol{CB}$; (左分配律)

(3) $(\boldsymbol{A}+\boldsymbol{B})\boldsymbol{C}=\boldsymbol{AC}+\boldsymbol{BC}$; (右分配律)

(4) $k(\boldsymbol{AB})=(k\boldsymbol{A})\boldsymbol{B}=\boldsymbol{A}(k\boldsymbol{B})$;

(5) $\boldsymbol{E}_m\boldsymbol{A}_{m\times n}=\boldsymbol{A}_{m\times n}\boldsymbol{E}_n=\boldsymbol{A}_{m\times n}$.

由矩阵乘法定义即可证得上述算式成立.

例 10 证明:如果 $\boldsymbol{CA}=\boldsymbol{AC},\boldsymbol{CB}=\boldsymbol{BC}$,则有 $(\boldsymbol{A}+\boldsymbol{B})\boldsymbol{C}=\boldsymbol{C}(\boldsymbol{A}+\boldsymbol{B})$,$(\boldsymbol{AB})\boldsymbol{C}=\boldsymbol{C}(\boldsymbol{AB})$

证明 因为 $\boldsymbol{CA}=\boldsymbol{AC},\boldsymbol{CB}=\boldsymbol{BC}$,故有

$$(\boldsymbol{A}+\boldsymbol{B})\boldsymbol{C}=\boldsymbol{AC}+\boldsymbol{BC}=\boldsymbol{CA}+\boldsymbol{CB}=\boldsymbol{C}(\boldsymbol{A}+\boldsymbol{B}),$$

$$(\boldsymbol{AB})\boldsymbol{C}=\boldsymbol{A}(\boldsymbol{BC})=\boldsymbol{A}(\boldsymbol{CB})=(\boldsymbol{AC})\boldsymbol{B}=(\boldsymbol{CA})\boldsymbol{B}=\boldsymbol{C}(\boldsymbol{AB}).$$

因为矩阵乘法不满足交换律,所以矩阵相乘时必须注意顺序,$\boldsymbol{AX}$ 称为用 $\boldsymbol{X}$ 右乘 $\boldsymbol{A}$,$\boldsymbol{XA}$ 称为用 $\boldsymbol{X}$ 左乘 $\boldsymbol{A}$.

三、线性方程组的矩阵表示

对于有 m 个方程、n 个未知数的线性方程组

$$\begin{cases}a_{11}x_1+a_{12}x_2+\cdots a_{1n}x_n=b_1,\\a_{21}x_1+a_{22}x_2+\cdots a_{2n}x_n=b_2,\\\qquad\vdots\\a_{m1}x_1+a_{m2}x_2+\cdots a_{mn}x_n=b_m,\end{cases}\tag{2.12}$$

如果记

$$\boldsymbol{A}=\begin{pmatrix}a_{11}&a_{12}&\cdots&a_{1n}\\a_{21}&a_{22}&\cdots&a_{2n}\\\vdots&\vdots&&\vdots\\a_{m1}&a_{m2}&\cdots&a_{mn}\end{pmatrix},\quad \boldsymbol{X}=\begin{pmatrix}x_1\\x_2\\\vdots\\x_n\end{pmatrix},\quad \boldsymbol{B}=\begin{pmatrix}b_1\\b_2\\\vdots\\b_m\end{pmatrix},$$

则线性方程组(2.12)可以写成矩阵形式

$$\boldsymbol{AX}=\boldsymbol{B}.$$

它与线性方程组(2.12)是一致的，只是形式不同而已．因此研究线性方程组(2.12)，只需研究矩阵形式的方程.

由矩阵表示的方程称为**矩阵方程**，如 $\boldsymbol{XA}=\boldsymbol{B}$，$\boldsymbol{AX}+\boldsymbol{B}=\boldsymbol{C}$ 等都是矩阵方程.

例 11 解矩阵方程 $\begin{pmatrix}2 & 1\\ 1 & 2\end{pmatrix}\boldsymbol{X}=\begin{pmatrix}1 & 2\\ -1 & 4\end{pmatrix}$，$\boldsymbol{X}$ 为二阶矩阵.

解 设 $\boldsymbol{X}=\begin{pmatrix}x_{11} & x_{12}\\ x_{21} & x_{22}\end{pmatrix}$，由题设有

$$\begin{pmatrix}2 & 1\\ 1 & 2\end{pmatrix}\begin{pmatrix}x_{11} & x_{12}\\ x_{21} & x_{22}\end{pmatrix}=\begin{pmatrix}2x_{11}+x_{21} & 2x_{12}+x_{22}\\ x_{11}+2x_{21} & x_{12}+2x_{22}\end{pmatrix}=\begin{pmatrix}1 & 2\\ -1 & 4\end{pmatrix},$$

即

$$\begin{cases}2x_{11}+x_{21}=1\\ x_{11}+2x_{21}=-1\\ 2x_{12}+x_{22}=2\\ x_{12}+2x_{22}=4\end{cases}.$$

解方程组得 $x_{11}=1$，$x_{21}=-1$，$x_{12}=0$，$x_{22}=2$，所以，$\boldsymbol{X}=\begin{pmatrix}1 & 0\\ -1 & 2\end{pmatrix}$.

四、矩阵的转置

下面我们研究矩阵的转置及其性质.

定义 2.6 将 $m\times n$ 矩阵 $\boldsymbol{A}$ 的行与列互换，得到的 $n\times m$ 矩阵，称为矩阵 $\boldsymbol{A}$ 的**转置矩阵**，记为 $\boldsymbol{A}^{\mathrm{T}}$ 或 $\boldsymbol{A}'$，即如果

$$\boldsymbol{A}=\begin{pmatrix}a_{11} & a_{12} & \cdots & a_{1n}\\ a_{21} & a_{22} & \cdots & a_{2n}\\ \vdots & \vdots & & \vdots\\ a_{m1} & a_{m2} & \cdots & a_{mn}\end{pmatrix},$$

则

$$\boldsymbol{A}^{\mathrm{T}}=\begin{pmatrix}a_{11} & a_{21} & \cdots & a_{m1}\\ a_{12} & a_{22} & \cdots & a_{m2}\\ \vdots & \vdots & & \vdots\\ a_{1n} & a_{2n} & \cdots & a_{mn}\end{pmatrix}.$$

例如，设 $\boldsymbol{x}=(x_1\quad x_2\quad \cdots\quad x_n)$，$\boldsymbol{y}=(y_1\quad y_2\quad \cdots\quad y_n)$，则

$$x^{\mathrm{T}}y=\begin{pmatrix}x_1\\x_2\\\vdots\\x_n\end{pmatrix}(y_1\quad y_2\quad\cdots\quad y_n)=\begin{pmatrix}x_1y_1&x_1y_2&\cdots&x_1y_n\\x_2y_1&x_2y_2&\cdots&x_2y_n\\\vdots&\vdots&&\vdots\\x_ny_1&x_ny_2&\cdots&x_ny_n\end{pmatrix}.$$

矩阵的转置运算有下列性质：

(1) $(\boldsymbol{A}^{\mathrm{T}})^{\mathrm{T}}=\boldsymbol{A}$；

(2) $(\boldsymbol{A}+\boldsymbol{B})^{\mathrm{T}}=\boldsymbol{A}^{\mathrm{T}}+\boldsymbol{B}^{\mathrm{T}}$；

(3) $(k\boldsymbol{A})^{\mathrm{T}}=k\boldsymbol{A}^{\mathrm{T}}$；

(4) $(\boldsymbol{AB})^{\mathrm{T}}=\boldsymbol{B}^{\mathrm{T}}\boldsymbol{A}^{\mathrm{T}}$.

证明 性质(1)、(2)、(3)显然成立，现证(4)成立.

设 $\boldsymbol{A}=(\boldsymbol{A}_{ik})_{m\times l}$，$\boldsymbol{B}=(b_{kj})_{l\times n}$，$\boldsymbol{AB}$ 是 $m\times n$ 矩阵，因此$(\boldsymbol{AB})^{\mathrm{T}}$ 是 $n\times m$ 矩阵，而 $\boldsymbol{B}^{\mathrm{T}}$ 是 $n\times l$ 矩阵，$\boldsymbol{A}^{\mathrm{T}}$ 是 $l\times m$ 矩阵，因此 $\boldsymbol{B}^{\mathrm{T}}\boldsymbol{A}^{\mathrm{T}}$ 也是 $n\times m$ 矩阵，所以矩阵$(\boldsymbol{AB})^{\mathrm{T}}$ 与矩阵 $\boldsymbol{B}^{\mathrm{T}}\boldsymbol{A}^{\mathrm{T}}$ 有相同的行数与相同的列数.

矩阵$(\boldsymbol{AB})^{\mathrm{T}}$ 第 j 行第 i 列的元素是 $\boldsymbol{AB}$ 第 i 行第 j 列的元素

$$\sum_{k=1}^{l}a_{ik}b_{kj}=a_{i1}b_{1j}+a_{i2}b_{2j}+\cdots+a_{il}b_{lj},$$

而矩阵 $\boldsymbol{B}^{\mathrm{T}}\boldsymbol{A}^{\mathrm{T}}$ 第 j 行第 i 列的元素，应为矩阵 $\boldsymbol{B}^{\mathrm{T}}$ 的第 j 行元素与矩阵 $\boldsymbol{A}^{\mathrm{T}}$ 的第 i 列对应元素乘积的和，即矩阵 $\boldsymbol{B}$ 的第 j 列元素与矩阵 $\boldsymbol{A}$ 的第 i 行对应元素乘积的和

$$\sum_{k=1}^{l}b_{kj}a_{ik}=b_{1j}a_{i1}+b_{2j}a_{i2}+\cdots+b_{lj}a_{il}.$$

于是得到矩阵$(\boldsymbol{AB})^{\mathrm{T}}$ 与矩阵 $\boldsymbol{B}^{\mathrm{T}}\boldsymbol{A}^{\mathrm{T}}$ 的对应元素均相等，所以矩阵$(\boldsymbol{AB})^{\mathrm{T}}$ 等于矩阵 $\boldsymbol{B}^{\mathrm{T}}\boldsymbol{A}^{\mathrm{T}}$.

五、方阵的幂

对于方阵 $\boldsymbol{A}$ 及自然数 k，$A^k=\underbrace{A\cdot A\cdot\cdots\cdot A}_{k个}$称为方阵 $\boldsymbol{A}$ 的 k 次幂.

方阵的幂有下列性质：

设 $\boldsymbol{A}$ 是方阵，k_1，k_2 是自然数，则

(1) $\boldsymbol{A}^{k_1}\boldsymbol{A}^{k_2}=\boldsymbol{A}^{k_1+k_2}$；

(2) $(\boldsymbol{A}^{k_1})^{k_2}=\boldsymbol{A}^{k_1k_2}$.

例 12 (1) 设 $\boldsymbol{A}=\begin{pmatrix}3&1\\1&-3\end{pmatrix}$，求 $\boldsymbol{A}^{50}$.

(2) 设 $\boldsymbol{a}=\begin{pmatrix}2\\1\\-3\end{pmatrix}$，$\boldsymbol{b}=\begin{pmatrix}1\\2\\4\end{pmatrix}$，$\boldsymbol{A}=\boldsymbol{ab}^{\mathrm{T}}$，求 $\boldsymbol{A}^{100}$.

解　(1) $\boldsymbol{A}^2=\begin{pmatrix}3&1\\1&-3\end{pmatrix}\begin{pmatrix}3&1\\1&-3\end{pmatrix}=\begin{pmatrix}10&0\\0&10\end{pmatrix}=10\boldsymbol{E}$，于是

$$\boldsymbol{A}^{50}=(\boldsymbol{A}^2)^{25}=(10\boldsymbol{E})^{25}=10^{25}\boldsymbol{E}.$$

(2)
$$\boldsymbol{A}^{100}=\underbrace{(\boldsymbol{a}\boldsymbol{b}^{\mathrm{T}})(\boldsymbol{a}\boldsymbol{b}^{\mathrm{T}})\cdots(\boldsymbol{a}\boldsymbol{b}^{\mathrm{T}})}_{100个}=\boldsymbol{a}\underbrace{(\boldsymbol{b}^{\mathrm{T}}\boldsymbol{a})(\boldsymbol{b}^{\mathrm{T}}\boldsymbol{a})\cdots(\boldsymbol{b}^{\mathrm{T}}\boldsymbol{a})}_{99个}\boldsymbol{b}^{\mathrm{T}},$$

因
$$\boldsymbol{b}^{\mathrm{T}}\boldsymbol{a}=(1\quad 2\quad 4)\begin{pmatrix}2\\1\\-3\end{pmatrix}=(-8),$$

故由上式可得，

$$\boldsymbol{A}^{100}=(-8)^{99}(\boldsymbol{a}\boldsymbol{b}^{\mathrm{T}})=-8^{99}\begin{pmatrix}2&4&8\\1&2&4\\-3&-6&-12\end{pmatrix}.$$

六、方阵的行列式

定义 2.7　n 阶方阵 $\boldsymbol{A}$ 保持各位置元素不变构成的 n 阶行列式，称为**方阵 $\boldsymbol{A}$ 的行列式**，记为 $|\boldsymbol{A}|$ 或 $\det\boldsymbol{A}$.

方阵行列式有如下的运算规律(设 $\boldsymbol{A}$、$\boldsymbol{B}$ 为 n 阶方阵，k 为常数)：

(1) $|\boldsymbol{A}^{\mathrm{T}}|=|\boldsymbol{A}|$；

(2) $|k\boldsymbol{A}|=k^n|\boldsymbol{A}|$；

(3) $|\boldsymbol{A}\boldsymbol{B}|=|\boldsymbol{A}||\boldsymbol{B}|$.

虽然矩阵乘法不满足交换律，但是由上述运算规律(3)可知，对任何 n 阶方阵 $\boldsymbol{A}$、$\boldsymbol{B}$，有

$$|\boldsymbol{A}\boldsymbol{B}|=|\boldsymbol{A}||\boldsymbol{B}|=|\boldsymbol{B}||\boldsymbol{A}|=|\boldsymbol{B}\boldsymbol{A}|.$$

同时由运算规律(3)可得，对任意正整数 m，有

$$|\boldsymbol{A}^m|=|\boldsymbol{A}|^m.$$

2.4　分块矩阵

在处理行数和列数较大的矩阵时，常采用分块法，即将一个矩阵分成若干个“子块”(子矩阵)，将大矩阵的运算转化成小矩阵的运算，使计算变得简单方便.

例如，$\boldsymbol{A}=\begin{pmatrix}1&0&0&3\\0&1&0&-1\\0&0&1&0\\0&0&0&1\end{pmatrix}$，如果令

$$\boldsymbol{E}_3=\begin{pmatrix}1&0&0\\0&1&0\\0&0&1\end{pmatrix},\quad \boldsymbol{A}_1=\begin{pmatrix}3\\-1\\0\end{pmatrix},\quad \boldsymbol{O}=(0\quad 0\quad 0),\quad \boldsymbol{A}_2=(1),$$

则

$$\boldsymbol{A}=\left(\begin{array}{ccc:c}1&0&0&3\\0&1&0&-1\\0&0&1&0\\ \hdashline 0&0&0&1\end{array}\right)=\begin{pmatrix}\boldsymbol{E}_3&\boldsymbol{A}_1\\\boldsymbol{O}&\boldsymbol{A}_2\end{pmatrix}.$$

像这样将一个矩阵分成若干块(称为子块或子阵),并以所分的子块为元素的矩阵称为分块矩阵.

给定一个矩阵,可以根据需要把它写成不同的分块矩阵.

如上例中的 $\boldsymbol{A}$,也可以按其他方法分块,如果令

$$\boldsymbol{E}_2=\begin{pmatrix}1&0\\0&1\end{pmatrix},\quad \boldsymbol{A}_3=\begin{pmatrix}0&3\\0&-1\end{pmatrix},\quad \boldsymbol{O}=\begin{pmatrix}0&0\\0&0\end{pmatrix},$$

则

$$\boldsymbol{A}=\left(\begin{array}{cc:cc}1&0&0&3\\0&1&0&-1\\ \hdashline 0&0&1&0\\0&0&0&1\end{array}\right)=\begin{pmatrix}\boldsymbol{E}_2&\boldsymbol{A}_3\\\boldsymbol{O}&\boldsymbol{E}_2\end{pmatrix}.$$

如果令 $\boldsymbol{\varepsilon}_1=\begin{pmatrix}1\\0\\0\\0\end{pmatrix}$,$\boldsymbol{\varepsilon}_2=\begin{pmatrix}0\\1\\0\\0\end{pmatrix}$,$\boldsymbol{\varepsilon}_3=\begin{pmatrix}0\\0\\1\\0\end{pmatrix}$,$\boldsymbol{\alpha}=\begin{pmatrix}3\\-1\\0\\1\end{pmatrix}$,则

$$\boldsymbol{A}=\left(\begin{array}{c:c:c:c}1&0&0&3\\0&1&0&1\\0&0&1&0\\0&0&0&1\end{array}\right)=(\boldsymbol{\varepsilon}_1\quad\boldsymbol{\varepsilon}_2\quad\boldsymbol{\varepsilon}_3\quad\boldsymbol{\alpha}).$$

分块矩阵可以把子块看作元素(数)来进行运算.

如果将矩阵 $\boldsymbol{A}_{m\times n}$ 分块为

$$\boldsymbol{A}=\begin{pmatrix}A_{11}&A_{12}&\cdots&A_{1t}\\A_{21}&A_{22}&\cdots&A_{2t}\\\vdots&\vdots&&\vdots\\A_{s1}&A_{s2}&\cdots&A_{st}\end{pmatrix}=(A_{pq}),$$

设 k 为常数,则 $k\boldsymbol{A}=k(A_{pq})=(kA_{pq})(p=1,2,\cdots,s;q=1,2,\cdots,t)$.

如果将矩阵 $\boldsymbol{A}_{m\times n}$,$\boldsymbol{B}_{m\times n}$ 分块为

$$\boldsymbol{A}_{m\times n}=(A_{pq})=\begin{pmatrix}A_{11}&A_{12}&\cdots&A_{1t}\\A_{21}&A_{22}&\cdots&A_{2t}\\\vdots&\vdots&&\vdots\\A_{s1}&A_{s2}&\cdots&A_{st}\end{pmatrix},$$

$$\boldsymbol{B}_{m\times n}=(B_{pq})=\begin{pmatrix}B_{11}&B_{12}&\cdots&B_{1t}\\B_{21}&B_{22}&\cdots&B_{2t}\\\vdots&\vdots&&\vdots\\B_{s1}&B_{s2}&\cdots&B_{st}\end{pmatrix},$$

其中对应子块 $\boldsymbol{A}_{pq}$ 与 $\boldsymbol{B}_{pq}$($p=1,2,\cdots,s;q=1,2,\cdots,t$)有相同的行数与相同的列数(同型),则

$$\boldsymbol{A}+\boldsymbol{B}=(A_{pq})+(B_{pq})=(A_{pq}+B_{pq}).$$

如果将矩阵 $\boldsymbol{A}_{m\times l}$,$\boldsymbol{B}_{l\times n}$ 分块为

$$\boldsymbol{A}_{m\times l}=(A_{pk})=\begin{pmatrix}A_{11}&A_{12}&\cdots&A_{1r}\\A_{21}&A_{22}&\cdots&A_{2r}\\\vdots&\vdots&&\vdots\\A_{s1}&A_{s2}&\cdots&A_{sr}\end{pmatrix},$$

$$\boldsymbol{B}_{l\times n}=(B_{kq})=\begin{pmatrix}B_{11}&B_{12}&\cdots&B_{1t}\\B_{21}&B_{22}&\cdots&B_{2t}\\\vdots&\vdots&&\vdots\\B_{r1}&B_{r2}&\cdots&B_{rt}\end{pmatrix},$$

其中对应子块 A_{pk} 与 B_{kq} 可以进行矩阵乘法,则

$$\boldsymbol{C}=\boldsymbol{AB}=(A_{pk})(B_{kq})=\left(\sum_{k=1}^{r}A_{pk}B_{kq}\right).$$

例 1　设矩阵 $\boldsymbol{A}=\begin{pmatrix}1&0&1&3\\0&1&2&4\\0&0&-1&0\\0&0&0&-1\end{pmatrix}$,$\boldsymbol{B}=\begin{pmatrix}1&2&0&0\\2&0&0&0\\6&3&1&0\\0&-2&0&1\end{pmatrix}$,用分块矩阵计算 $k\boldsymbol{A}$,$\boldsymbol{A}+\boldsymbol{B}$ 及 $\boldsymbol{AB}$.

解　将矩阵 $\boldsymbol{A}$,$\boldsymbol{B}$ 分块如下

$$\boldsymbol{A}=\left(\begin{array}{cc:cc}1&0&1&3\\0&1&2&4\\\hdashline 0&0&-1&0\\0&0&0&-1\end{array}\right)=\begin{pmatrix}\boldsymbol{E}&\boldsymbol{C}\\\boldsymbol{O}&-\boldsymbol{E}\end{pmatrix},\quad \boldsymbol{B}=\left(\begin{array}{cc:cc}1&2&0&0\\2&0&0&0\\\hdashline 6&3&1&0\\0&-2&0&1\end{array}\right)=\begin{pmatrix}\boldsymbol{D}&\boldsymbol{O}\\\boldsymbol{F}&\boldsymbol{E}\end{pmatrix},$$

则

$$k\boldsymbol{A}=k\begin{pmatrix}\boldsymbol{E}&\boldsymbol{C}\\\boldsymbol{O}&-\boldsymbol{E}\end{pmatrix}=\begin{pmatrix}k\boldsymbol{E}&k\boldsymbol{C}\\\boldsymbol{O}&-k\boldsymbol{E}\end{pmatrix},$$

$$\boldsymbol{A}+\boldsymbol{B}=\begin{pmatrix}\boldsymbol{E} & \boldsymbol{C}\\ \boldsymbol{O} & -\boldsymbol{E}\end{pmatrix}+\begin{pmatrix}\boldsymbol{D} & \boldsymbol{O}\\ \boldsymbol{F} & \boldsymbol{E}\end{pmatrix}=\begin{pmatrix}\boldsymbol{E}+\boldsymbol{D} & \boldsymbol{C}\\ \boldsymbol{F} & \boldsymbol{O}\end{pmatrix},$$

$$\boldsymbol{AB}=\begin{pmatrix}\boldsymbol{E} & \boldsymbol{C}\\ \boldsymbol{O} & -\boldsymbol{E}\end{pmatrix}\begin{pmatrix}\boldsymbol{D} & \boldsymbol{O}\\ \boldsymbol{F} & \boldsymbol{E}\end{pmatrix}=\begin{pmatrix}\boldsymbol{D}+\boldsymbol{CF} & \boldsymbol{C}\\ -\boldsymbol{F} & -\boldsymbol{E}\end{pmatrix}.$$

然后再分别计算 $k\boldsymbol{A},k\boldsymbol{C},\boldsymbol{E}+\boldsymbol{D},\boldsymbol{D}+\boldsymbol{CF}$，代入上述三式，得

$$k\boldsymbol{A}=\begin{pmatrix}k & 0 & k & 3k\\ 0 & k & 2k & 4k\\ 0 & 0 & -k & 0\\ 0 & 0 & 0 & -k\end{pmatrix},\quad \boldsymbol{A}+\boldsymbol{B}=\begin{pmatrix}2 & 2 & 1 & 3\\ 2 & 1 & 2 & 4\\ 6 & 3 & 0 & 0\\ 0 & -2 & 0 & 0\end{pmatrix},\quad \boldsymbol{AB}=\begin{pmatrix}7 & -1 & 1 & 3\\ 14 & -2 & 2 & 4\\ -6 & -3 & -1 & 0\\ 0 & 2 & 0 & -1\end{pmatrix}.$$

容易验证这个结果与直接用不分块矩阵运算得到的结果相同.

例 2 如果将矩阵 $\boldsymbol{A}_{m\times n},\boldsymbol{E}_n$ 分块为

$$\boldsymbol{A}=\left(\begin{array}{c:c:c:c}a_{11} & a_{12} & \cdots & a_{1n}\\ a_{21} & a_{22} & \cdots & a_{2n}\\ \vdots & \vdots & & \vdots\\ a_{m1} & a_{m2} & \cdots & a_{mn}\end{array}\right)=(\boldsymbol{A}_1\quad \boldsymbol{A}_2\quad \cdots\quad \boldsymbol{A}_n),$$

$$\boldsymbol{E}_n=\left(\begin{array}{c:c:c:c}1 & 0 & \cdots & 0\\ 0 & 1 & \cdots & 0\\ \vdots & \vdots & & \vdots\\ 0 & 0 & \cdots & 1\end{array}\right)=(\boldsymbol{\varepsilon}_1\quad \boldsymbol{\varepsilon}_2\quad \cdots\quad \boldsymbol{\varepsilon}_n),$$

则

$$\boldsymbol{AE}_n=\boldsymbol{A}(\boldsymbol{\varepsilon}_1\quad \boldsymbol{\varepsilon}_2\quad \cdots\quad \boldsymbol{\varepsilon}_n)=(\boldsymbol{A\varepsilon}_1\quad \boldsymbol{A\varepsilon}_2\quad \cdots\quad \boldsymbol{A\varepsilon}_n)=(\boldsymbol{A}_1\quad \boldsymbol{A}_2\quad \cdots\quad \boldsymbol{A}_n),$$

可知

$$\boldsymbol{A\varepsilon}_j=\boldsymbol{A}_j\quad (j=1,2,\cdots,n).$$

例 3 如果将矩阵 $\boldsymbol{A},\boldsymbol{x}$ 分块为

$$\boldsymbol{A}=\left(\begin{array}{cccc:ccc}a_{11} & a_{12} & \cdots & a_{1r} & a_{1,r+1} & \cdots & a_{1n}\\ a_{21} & a_{22} & \cdots & a_{2r} & a_{2,r+1} & \cdots & a_{2n}\\ \vdots & \vdots & & \vdots & \vdots & & \vdots\\ a_{m1} & a_{m2} & \cdots & a_{mr} & a_{m,r+1} & \cdots & a_{mn}\end{array}\right)=(\boldsymbol{A}_1\quad \boldsymbol{A}_2),$$

$$\boldsymbol{x}=\left(\begin{array}{c}x_1\\ x_2\\ \vdots\\ x_r\\ \hdashline x_{r+1}\\ \vdots\\ x_n\end{array}\right)=\begin{pmatrix}\boldsymbol{x}_1\\ \boldsymbol{x}_2\end{pmatrix},$$

则
$$\boldsymbol{Ax}=(\boldsymbol{A}_1\quad \boldsymbol{A}_2)\begin{pmatrix}\boldsymbol{x}_1\\ \boldsymbol{x}_2\end{pmatrix}=\boldsymbol{A}_1\boldsymbol{x}_1+\boldsymbol{A}_2\boldsymbol{x}_2.$$

例 4　如果将矩阵 $\boldsymbol{A}$ 分为

$$\boldsymbol{A}=\begin{pmatrix}A_{11} & A_{12} & \cdots & A_{1t}\\ A_{21} & A_{22} & \cdots & A_{2t}\\ \vdots & \vdots & & \vdots\\ A_{s1} & A_{s2} & \cdots & A_{st}\end{pmatrix},$$

则
$$\boldsymbol{A}^{\mathrm{T}}=\begin{pmatrix}A_{11}^{\mathrm{T}} & A_{21}^{\mathrm{T}} & \cdots & A_{s1}^{\mathrm{T}}\\ A_{12}^{\mathrm{T}} & A_{22}^{\mathrm{T}} & \cdots & A_{s2}^{\mathrm{T}}\\ \vdots & \vdots & & \vdots\\ A_{1t}^{\mathrm{T}} & A_{2t}^{\mathrm{T}} & \cdots & A_{st}^{\mathrm{T}}\end{pmatrix}.$$

形如 $\begin{pmatrix}A_{11} & & & \\ & A_{22} & & \\ & & \ddots & \\ & & & A_{ss}\end{pmatrix}$ 的分块矩阵，若其中的 $A_{pp}(p=1,2,\cdots,s)$ 都是方阵，则称为**对角分块矩阵**.

同结构的对角分块矩阵的和、积，仍是对角分块矩阵.

形如 $\begin{pmatrix}A_{11} & A_{12} & \cdots & A_{1s}\\ & A_{22} & \cdots & A_{2s}\\ & & \ddots & \vdots\\ & & & A_{ss}\end{pmatrix}$ 或 $\begin{pmatrix}A_{11} & & & \\ A_{21} & A_{22} & & \\ \vdots & \vdots & \ddots & \\ A_{s1} & A_{s2} & \cdots & A_{ss}\end{pmatrix}$ 的分块方阵，若其中的 $A_{pp}(p=1,2,\cdots,s)$ 都是方阵，则分别称为**上三角形分块矩阵**和**下三角形分块矩阵**.

同结构的上(或下)三角形分块矩阵的和、积，仍是同结构的分块矩阵.

2.5 逆 矩 阵

解一元线性方程 $ax=b$，当 $a\neq 0$ 时，存在一个数 a^{-1}，使 $x=a^{-1}b$ 为方程的解. 那么在解矩阵方程 $\boldsymbol{Ax}=\boldsymbol{B}$ 时，当 $\boldsymbol{A}\neq\boldsymbol{O}$，是否也存在一个矩阵 $\boldsymbol{A}^{-1}$，使 $\boldsymbol{A}^{-1}$ 乘以 $\boldsymbol{B}$ 等于 $\boldsymbol{x}$，这就是我们要讨论的逆矩阵问题.

逆矩阵在矩阵理论和应用中都起着重要的作用.

定义 2.8　对于 n 阶矩阵 $\boldsymbol{A}$，如果存在 n 阶矩阵 $\boldsymbol{B}$，使得 $\boldsymbol{AB}=\boldsymbol{BA}=\boldsymbol{E}$，那么矩阵 $\boldsymbol{A}$ 称为**可逆矩阵**，而 $\boldsymbol{B}$ 称为 $\boldsymbol{A}$ 的**逆矩阵**.

如果 $\boldsymbol{A}$ 可逆，$\boldsymbol{A}$ 的逆矩阵是**唯一的**.

因为如果 $\boldsymbol{B}$ 和 $\boldsymbol{B}_1$ 都是 $\boldsymbol{A}$ 的逆矩阵,则有

$$\boldsymbol{AB}=\boldsymbol{BA}=\boldsymbol{E},\quad \boldsymbol{AB}_1=\boldsymbol{B}_1\boldsymbol{A}=\boldsymbol{E},$$

那么 $\boldsymbol{B}=\boldsymbol{BE}=\boldsymbol{B}(\boldsymbol{AB}_1)=(\boldsymbol{BA})\boldsymbol{B}_1=\boldsymbol{EB}_1=\boldsymbol{B}_1$,即 $\boldsymbol{B}=\boldsymbol{B}_1$. 所以逆矩阵是唯一的. 我们把矩阵 $\boldsymbol{A}$ 唯一的逆矩阵记作 $\boldsymbol{A}^{-1}$.

任意给定矩阵是否都有逆矩阵？如果有的话,如何求其逆矩阵？下面我们来探讨这些问题.

定义 2.9 若 n 阶矩阵 $\boldsymbol{A}=(a_{ij})$ 的各元素的代数余子式构成的矩阵为

$$\boldsymbol{A}^*=\begin{pmatrix} A_{11} & A_{21} & \cdots & A_{n1} \\ A_{12} & A_{22} & \cdots & A_{n2} \\ \vdots & \vdots & & \vdots \\ A_{1n} & A_{2n} & \cdots & A_{nn} \end{pmatrix},$$

则称其为 $\boldsymbol{A}$ 的**伴随矩阵**.

定义 2.10 若 n 阶矩阵 $\boldsymbol{A}$ 的行列式 $|\boldsymbol{A}|\neq 0$,则称 $\boldsymbol{A}$ 为**非奇异矩阵**.

定理 2.1 n 阶矩阵 $\boldsymbol{A}=(a_{ij})$ 为可逆的充分必要条件是 $\boldsymbol{A}$ 为非奇异矩阵,并且

$$\boldsymbol{A}^{-1}=\frac{1}{|\boldsymbol{A}|}\boldsymbol{A}^*. \tag{2.13}$$

证明 先证必要性. 设 $\boldsymbol{A}$ 可逆,由 $\boldsymbol{AA}^{-1}=\boldsymbol{E}$,有 $|\boldsymbol{AA}^{-1}|=|\boldsymbol{E}|$,则 $|\boldsymbol{A}|\cdot|\boldsymbol{A}^{-1}|=1$,所以 $|\boldsymbol{A}|\neq 0$,即 $\boldsymbol{A}$ 为非奇异矩阵.

再证充分性. 设 $\boldsymbol{A}$ 非奇异,存在矩阵

$$\boldsymbol{B}=\frac{1}{|\boldsymbol{A}|}\begin{pmatrix} A_{11} & A_{21} & \cdots & A_{n1} \\ A_{12} & A_{22} & \cdots & A_{n2} \\ \vdots & \vdots & & \vdots \\ A_{1n} & A_{2n} & \cdots & A_{nn} \end{pmatrix},$$

有

$$\boldsymbol{AB}=\begin{pmatrix} a_{11} & a_{12} & \cdots & a_{1n} \\ a_{21} & a_{22} & \cdots & a_{2n} \\ \vdots & \vdots & & \vdots \\ a_{n1} & a_{n2} & \cdots & a_{nn} \end{pmatrix}\cdot\frac{1}{|\boldsymbol{A}|}\begin{pmatrix} A_{11} & A_{21} & \cdots & A_{n1} \\ A_{12} & A_{22} & \cdots & A_{n2} \\ \vdots & \vdots & & \vdots \\ A_{1n} & A_{2n} & \cdots & A_{nn} \end{pmatrix}$$

$$=\frac{1}{|\boldsymbol{A}|}\begin{pmatrix} |\boldsymbol{A}| & 0 & \cdots & 0 \\ 0 & |\boldsymbol{A}| & \cdots & 0 \\ \vdots & \vdots & & \vdots \\ 0 & 0 & \cdots & |\boldsymbol{A}| \end{pmatrix}=\begin{pmatrix} 1 & 0 & \cdots & 0 \\ 0 & 1 & \cdots & 0 \\ \vdots & \vdots & & \vdots \\ 0 & 0 & \cdots & 1 \end{pmatrix}=\boldsymbol{E},$$

同理可证 $\boldsymbol{BA}=\boldsymbol{E}$.

这个定理说明，判断方阵 $\boldsymbol{A}$ 是否可逆，只需判断行列式 $|\boldsymbol{A}|$ 是否为零：如果行列式 $|\boldsymbol{A}|$ 为零，则 $\boldsymbol{A}$ 不可逆；如果行列式 $|\boldsymbol{A}|$ 不为零，则 $\boldsymbol{A}$ 可逆. 该定理同时给出了用伴随矩阵求逆矩阵的公式(2.13).

推论　若 $\boldsymbol{A}$ 是 n 阶矩阵，且存在 n 阶矩阵 $\boldsymbol{B}$，使 $\boldsymbol{AB}=\boldsymbol{E}$ 或 $\boldsymbol{BA}=\boldsymbol{E}$，则 $\boldsymbol{A}$ 可逆，且 $\boldsymbol{B}$ 为 $\boldsymbol{A}$ 的逆矩阵.

证明　若 $\boldsymbol{AB}=\boldsymbol{E}$，则 $|\boldsymbol{AB}|=|\boldsymbol{A}|\cdot|\boldsymbol{B}|=|\boldsymbol{E}|=1$，故 $|\boldsymbol{A}|\neq 0$，于是 $\boldsymbol{A}$ 可逆，设其逆矩阵为 $\boldsymbol{A}^{-1}$，则有 $\boldsymbol{B}=\boldsymbol{EB}=(\boldsymbol{A}^{-1}\boldsymbol{A})\boldsymbol{B}=\boldsymbol{A}^{-1}(\boldsymbol{AB})=\boldsymbol{A}^{-1}\boldsymbol{E}=\boldsymbol{A}^{-1}$. 若 $\boldsymbol{BA}=\boldsymbol{E}$，同理可证 $\boldsymbol{A}^{-1}=\boldsymbol{B}$.

这一推论说明，如果我们要验证矩阵 $\boldsymbol{B}$ 是矩阵 $\boldsymbol{A}$ 的逆矩阵，只要验证一个等式 $\boldsymbol{AB}=\boldsymbol{E}$ 或 $\boldsymbol{BA}=\boldsymbol{E}$ 即可，不必再按定义验证两个等式.

例 1　求矩阵 $\boldsymbol{A}=\begin{pmatrix}1&2&1\\-3&0&2\\-1&1&1\end{pmatrix}$ 的逆矩阵.

解　因为 $|\boldsymbol{A}|=\begin{vmatrix}1&2&1\\-3&0&2\\-1&1&1\end{vmatrix}=-3\neq 0$，所以 $\boldsymbol{A}$ 可逆.

$$A_{11}=\begin{vmatrix}0&2\\1&1\end{vmatrix}=-2,\quad A_{12}=-\begin{vmatrix}-3&2\\-1&1\end{vmatrix}=1,\quad A_{13}=\begin{vmatrix}-3&0\\-1&1\end{vmatrix}=-3,$$

$$A_{21}=-\begin{vmatrix}2&1\\1&1\end{vmatrix}=-1,\quad A_{22}=\begin{vmatrix}1&1\\-1&1\end{vmatrix}=2,\quad A_{23}=-\begin{vmatrix}1&2\\-1&1\end{vmatrix}=-3,$$

$$A_{31}=\begin{vmatrix}2&1\\0&2\end{vmatrix}=4,\quad A_{32}=-\begin{vmatrix}1&1\\-3&2\end{vmatrix}=-5,\quad A_{33}=\begin{vmatrix}1&2\\-3&0\end{vmatrix}=6,$$

于是得

$$\boldsymbol{A}^{-1}=\frac{1}{|\boldsymbol{A}|}\boldsymbol{A}^{*}=-\frac{1}{3}\begin{pmatrix}-2&-1&4\\1&2&-5\\-3&-3&6\end{pmatrix}.$$

由逆矩阵的定义，容易推得逆矩阵有如下性质：

(1) 若 $\boldsymbol{A}$ 可逆，则 $|\boldsymbol{A}^{-1}|=\dfrac{1}{|\boldsymbol{A}|}$；

(2) 若 $\boldsymbol{A}$ 可逆，则 $\boldsymbol{A}^{-1}$ 也可逆，且 $(\boldsymbol{A}^{-1})^{-1}=\boldsymbol{A}$；

(3) 若 $\boldsymbol{A},\boldsymbol{B}$ 为同阶可逆矩阵，则 $\boldsymbol{AB}$ 也可逆，且 $(\boldsymbol{AB})^{-1}=\boldsymbol{B}^{-1}\boldsymbol{A}^{-1}$；

(4) 若 $\boldsymbol{A}$ 可逆，则 $\boldsymbol{A}^{\mathrm{T}}$ 也可逆，且 $(\boldsymbol{A}^{\mathrm{T}})^{-1}=(\boldsymbol{A}^{-1})^{\mathrm{T}}$；

(5) 若 $\boldsymbol{A}$ 可逆且 $k\neq 0$，则 $k\boldsymbol{A}$ 也可逆，且 $(k\boldsymbol{A})^{-1}=\dfrac{1}{k}\boldsymbol{A}^{-1}$.

其中性质(3)可以推广到多个可逆矩阵相乘的情况，如 $(\boldsymbol{ABC})^{-1}=\boldsymbol{C}^{-1}\boldsymbol{B}^{-1}\boldsymbol{A}^{-1}$.

例 2　设方阵 $\boldsymbol{A}$ 满足 $\boldsymbol{A}^2-\boldsymbol{A}-2\boldsymbol{E}=\boldsymbol{O}$,证明矩阵 $\boldsymbol{A}$ 可逆,并求 $\boldsymbol{A}^{-1}$.

证明　将等式化为 $(\boldsymbol{A}^2-\boldsymbol{A})=\boldsymbol{A}(\boldsymbol{A}-\boldsymbol{E})=2\boldsymbol{E}$, $\boldsymbol{A}\left[\frac{1}{2}(\boldsymbol{A}-\boldsymbol{E})\right]=\boldsymbol{E}$.

由定义知 $\boldsymbol{A}$ 可逆,且 $\boldsymbol{A}^{-1}=\frac{1}{2}(\boldsymbol{A}-\boldsymbol{E})$.

可逆矩阵可用来对需传输的信息进行加密. 首先给每个字母派一个代码,如使 26 个英文字母 $a,b,\cdots,z$ 依次对应数字 $1,2,\cdots,26$, 且规定空格对应数字 0(不是字母的元素可以补 0). 原始密文可以按照上述规则生成代码矩阵 $\boldsymbol{X}$,若双方约定可逆矩阵 $\boldsymbol{A}$,则得到矩阵方程 $\boldsymbol{B}=\boldsymbol{AX}$,其中 $\boldsymbol{B}$ 为传输出去的密码,接收方收到密码后,要如何破解呢?

例 3　已知密码矩阵 $\boldsymbol{B}=\begin{pmatrix}4&31&31&8\\5&43&33&16\\-12&-99&-113&-24\end{pmatrix}$,约定矩阵 $\boldsymbol{A}=\begin{pmatrix}1&0&1\\2&1&0\\-3&2&-5\end{pmatrix}$,解矩阵方程 $\boldsymbol{B}=\boldsymbol{AX}$.

解
$$\boldsymbol{X}=\boldsymbol{A}^{-1}\boldsymbol{B}=\begin{pmatrix}-\frac{5}{2}&1&-\frac{1}{2}\\5&-1&1\\\frac{7}{2}&-1&\frac{1}{2}\end{pmatrix}\begin{pmatrix}4&31&31&8\\5&43&33&16\\-12&-99&-113&-24\end{pmatrix}$$
$$=\begin{pmatrix}1&15&12&8\\3&13&9&0\\3&16&19&0\end{pmatrix}.$$

所以解密后的明码的代码为 1,3,3,15,13,16,12,9,19,8. 最后借助使用的代码,恢复为明码,得到信息:accomplish.

2.6　矩阵的初等变换

矩阵的初等变换是矩阵的一种十分重要的运算,它在矩阵理论的研究与应用中起着十分重要的作用. 这一节介绍矩阵的初等变换,并介绍用初等变换求逆矩阵的方法.

在初等代数中我们已经学会了用高斯消元法求解三元一次方程组. 我们先看一个例子.

例 1　解方程组

$$\begin{cases}2x_1-x_2+2x_3=-8, & ①\\x_1+2x_2+3x_3=-7, & ②\\x_1+3x_2\qquad\quad=7. & ③\end{cases}\tag{2.14}$$

解　将方程组(2.14)中的方程①和②对调,得到方程组

$$\begin{cases}x_1+2x_2+3x_3=-7, & ①\\2x_1-x_2+2x_3=-8, & ②\\x_1+3x_2\qquad\quad=7. & ③\end{cases}\tag{2.15}$$

消去方程组(2.15)中方程②和③中含 x_1 的项,即方程①乘−2 加到方程②上,乘−1 加到方程③上,得到方程组

$$\begin{cases} x_1+2x_2+3x_3=-7, & ① \\ -5x_2-4x_3=6, & ② \\ x_2-3x_3=14. & ③ \end{cases} \tag{2.16}$$

方程组(2.16)中交换方程②和③,得

$$\begin{cases} x_1+2x_2+3x_3=-7, & ① \\ x_2-3x_3=14, & ② \\ -5x_2-4x_3=6. & ③ \end{cases} \tag{2.17}$$

消去方程组(2.17)中方程③中含 x_2 的项,即方程②乘 5 加到方程③上,得

$$\begin{cases} x_1+2x_2+3x_3=-7, & ① \\ x_2-3x_3=14, & ② \\ -19x_3=76. & ③ \end{cases} \tag{2.18}$$

方程组(2.18)中方程③乘$-\frac{1}{19}$,得

$$\begin{cases} x_1+2x_2+3x_3=-7, & ① \\ x_2-3x_3=14, & ② \\ x_3=-4. & ③ \end{cases} \tag{2.19}$$

由(2.19)容易求得

$$\begin{cases} x_1=1, \\ x_2=2, \\ x_3=-4. \end{cases}$$

分析上述消元过程,可以看到,我们实际上是反复对方程组进行下面三种变换:

(1) 交换两个方程的位置;

(2) 用一个非零的数乘某个方程;

(3) 将一个方程的 k 倍加到另一个方程上.

以上三种变换称为线性方程组的**初等变换**. 从上述求解过程中可以看出,在解方程组时,实际上只对方程组的系数和常数进行了运算,未知量并未参与运算. 因此可以将方程组的系数和常数表示成矩阵形式,并将对方程组的三种变换应用到矩阵上,从而得到矩阵的三种初等变换.

定义 2.11　对矩阵施以下列 3 种变换,称为矩阵的初等变换:

(1) 对换矩阵中第 i,j 两行(列)的各元素,记作 $r_i \leftrightarrow r_j (c_i \leftrightarrow c_j)$;

(2) 用非零常数 k 乘矩阵第 i 行(列)的各元素,记作 $r_i \times k (c_i \times k)$;

(3) 将矩阵的第 j 行(列)各元素乘常数 l 后加到第 i 行(列)的各对应元素上,记作 $r_i+lr_j(c_i+lc_j)$.

下面用矩阵的初等变换来求解例 1,其过程可与方程组的消元过程一一对应.

方程组(2.14)的系数及常数组成矩阵$(\boldsymbol{A}\quad\boldsymbol{b})$,则

$$(\boldsymbol{A}\quad\boldsymbol{b})=\begin{pmatrix}2&-1&2&-8\\1&2&3&-7\\1&3&0&7\end{pmatrix},$$

对其施以相应的初等行变换:

$$(\boldsymbol{A}\quad\boldsymbol{b})=\begin{pmatrix}2&-1&2&-8\\1&2&3&-7\\1&3&0&7\end{pmatrix}\xrightarrow{r_1\leftrightarrow r_2}\begin{pmatrix}1&2&3&-7\\2&-1&2&-8\\1&3&0&7\end{pmatrix}\xrightarrow[r_3-r_1]{r_2-2r_1}\begin{pmatrix}1&2&3&-7\\0&-5&-4&6\\0&1&-3&14\end{pmatrix}$$

$$\xrightarrow{r_2\leftrightarrow r_3}\begin{pmatrix}1&2&3&-7\\0&1&-3&14\\0&-5&-4&6\end{pmatrix}\xrightarrow{r_3+5r_2}\begin{pmatrix}1&2&3&-7\\0&1&-3&14\\0&0&-19&76\end{pmatrix}$$

$$\xrightarrow{r_3\times\left(-\frac{1}{19}\right)}\begin{pmatrix}1&2&3&-7\\0&1&-3&14\\0&0&1&-4\end{pmatrix}\xrightarrow[r_1-3r_3]{r_2+3r_3}\begin{pmatrix}1&2&0&5\\0&1&0&2\\0&0&1&-4\end{pmatrix}$$

$$\xrightarrow{r_1-2r_2}\begin{pmatrix}1&0&0&1\\0&1&0&2\\0&0&1&-4\end{pmatrix}.$$

将其还原成线性方程组即为

$$\begin{cases}x_1=1,\\x_2=2,\\x_3=-4.\end{cases}$$

此即线性方程组(2.14)的解. 该解也可以表示为向量形式

$$\boldsymbol{x}=\begin{pmatrix}x_1\\x_2\\x_3\end{pmatrix}=\begin{pmatrix}1\\2\\-4\end{pmatrix},$$

称为**解向量**.

定义 2.12 如果矩阵 $\boldsymbol{A}$ 经过有限次初等变换化成矩阵 $\boldsymbol{B}$,那么称矩阵 $\boldsymbol{A}$ 与 $\boldsymbol{B}$ **等价**.

矩阵的等价关系具有下面三个性质.

(1) 自反性:矩阵 $\boldsymbol{A}$ 与自身等价.

(2) 对称性:如果矩阵 $\boldsymbol{A}$ 与矩阵 $\boldsymbol{B}$ 等价,那么矩阵 $\boldsymbol{B}$ 与矩阵 $\boldsymbol{A}$ 等价.

(3) 传递性:如果矩阵 $\boldsymbol{A}$ 与矩阵 $\boldsymbol{B}$ 等价,矩阵 $\boldsymbol{B}$ 与矩阵 $\boldsymbol{C}$ 等价,那么矩阵 $\boldsymbol{A}$ 与矩阵 $\boldsymbol{C}$ 等价.

对于任意矩阵,利用矩阵的初等变换,可将其化为某些特殊矩阵.

如

$$\boldsymbol{A}=\begin{pmatrix}1&2&1&-2\\2&2&0&-2\\1&4&3&-4\end{pmatrix}\xrightarrow[r_1\leftrightarrow r_2]{r_2\times\frac{1}{2}}\begin{pmatrix}1&1&0&-1\\1&2&1&-2\\1&4&3&-4\end{pmatrix}\xrightarrow[r_3-r_1]{r_2-r_1}\begin{pmatrix}1&1&0&-1\\0&1&1&-1\\0&3&3&-3\end{pmatrix}$$

$$\xrightarrow{r_3-3r_2}\begin{pmatrix}1&1&0&-1\\0&1&1&-1\\0&0&0&0\end{pmatrix}=\boldsymbol{B}\xrightarrow{r_1-r_2}\begin{pmatrix}1&0&-1&0\\0&1&1&-1\\0&0&0&0\end{pmatrix}=\boldsymbol{C}$$

$$\xrightarrow{\substack{c_3+c_1\\c_3-c_2\\c_4+c_2}}\begin{pmatrix}1&0&0&0\\0&1&0&0\\0&0&0&0\end{pmatrix}=\boldsymbol{D}=\begin{pmatrix}\boldsymbol{E}_2&\boldsymbol{O}\\\boldsymbol{O}&\boldsymbol{O}\end{pmatrix}.$$

其中,我们称矩阵 $\boldsymbol{B}$ 为矩阵 $\boldsymbol{A}$ 的**行阶梯形矩阵**,矩阵 $\boldsymbol{C}$ 为矩阵 $\boldsymbol{A}$ 的**行最简形矩阵**,做过初等列变换后得到的矩阵 $\boldsymbol{D}$ 为矩阵 $\boldsymbol{A}$ 的**标准形矩阵**,下面我们给出具体定义.

如果非零矩阵 $\boldsymbol{A}=(a_{ij})_{m\times n}$ 满足非零行(即至少有一个非零元素的行)全在零行的前面,且 $\boldsymbol{A}$ 中各非零行第一个非零元素前面零元素的个数随行数增大而增加,则称 $\boldsymbol{A}$ 为**行阶梯形矩阵**.

例如

$$\boldsymbol{A}=\begin{pmatrix}1&2&9&0\\0&0&1&3\\0&0&0&2\end{pmatrix},\quad \boldsymbol{B}=\begin{pmatrix}1&4&0&3&1\\0&1&-1&3&2\\0&0&0&0&0\end{pmatrix}$$

都为行阶梯形矩阵.

如果行阶梯形矩阵 $\boldsymbol{A}$ 满足非零行的第一个非零元素为 1,且这些非零元素所在列的其他元素全为零,则称 $\boldsymbol{A}$ 为**行最简形矩阵**.

例如下列矩阵中

$$\boldsymbol{A}_1=\begin{pmatrix}0&1&0\\0&0&1\\0&0&0\end{pmatrix},\quad \boldsymbol{A}_2=\begin{pmatrix}1&1&0\\0&1&1\\0&0&0\end{pmatrix},\quad \boldsymbol{A}_3=\begin{pmatrix}1&1&0\\0&0&1\\0&0&0\end{pmatrix},$$

只有 $\boldsymbol{A}_1$ 和 $\boldsymbol{A}_3$ 为行最简形矩阵.

如果矩阵 $\boldsymbol{A}$ 满足左上角为单位矩阵,其余元素为零,则称 $\boldsymbol{A}$ 为**标准形矩阵**.

显然,我们可以得到下面的定理.

定理 2.2　任意一个矩阵 $\boldsymbol{A}_{m\times n}=(a_{ij})_{m\times n}$ 经过若干次初等变换,可以化为如下标准形矩阵 $\boldsymbol{D}$.

$$\boldsymbol{D}=\begin{pmatrix}1&&&&&\\&\ddots&&&&\\&&1&&&\\&&&0&&\\&&&&\ddots&\\&&&&&0\end{pmatrix}=\begin{pmatrix}\boldsymbol{E}_r&\boldsymbol{O}_{r\times(n-r)}\\\boldsymbol{O}_{(m-r)\times r}&\boldsymbol{O}_{(m-r)\times(n-r)}\end{pmatrix}.$$

显然，标准形矩阵是由 m,n 及 r 唯一确定的，其中 r 为左上角单位矩阵的阶数.

证明　如所有的 a_{ij} 都等于零，则 $\boldsymbol{A}$ 已是 $\boldsymbol{D}$ 的形式（此时 $r=0$）；如果至少有一个元素不等于零，不妨假设 $a_{11}\neq0$（如 $a_{11}=0$，可以对矩阵 $\boldsymbol{A}$ 施以第(1)种初等变换，使左上角元素不等于零）. 用 $-\dfrac{a_{i1}}{a_{11}}$ 乘第一行加于第 i 行上（$i=2,\cdots,m$），用 $-\dfrac{a_{1j}}{a_{11}}$ 乘所得矩阵的第一列加到第 j 列上（$j=2,\cdots,n$），然后以 $\dfrac{1}{a_{11}}$ 乘第一行，于是矩阵 $\boldsymbol{A}$ 化为

$$\boldsymbol{A}_1=\begin{pmatrix}1&0&\cdots&0\\0&a'_{22}&\cdots&a'_{2n}\\\vdots&\vdots&\cdots&\vdots\\0&a'_{m2}&\cdots&a'_{mn}\end{pmatrix}=\begin{pmatrix}1&\boldsymbol{O}\\\boldsymbol{O}&\boldsymbol{B}_1\end{pmatrix}.$$

如果 $\boldsymbol{B}_1=\boldsymbol{O}$，则 $\boldsymbol{A}$ 已化为 $\boldsymbol{D}$ 的形式，如果 $\boldsymbol{B}_1\neq\boldsymbol{O}$，那么按上面的方法，继续下去，最后总可以化为 $\boldsymbol{D}$ 的形式.

推论　如果 $\boldsymbol{A}$ 为 n 阶可逆矩阵，则 $\boldsymbol{D}=\boldsymbol{E}_n$.

例 2　化矩阵 $\boldsymbol{A}=\begin{pmatrix}4&-3&3&12\\1&2&-2&3\\3&-1&1&9\end{pmatrix}$ 为行阶梯形矩阵 $\boldsymbol{B}$，进而化为标准形矩阵 $\boldsymbol{C}$.

解

$$\boldsymbol{A}=\begin{pmatrix}4&-3&3&12\\1&2&-2&3\\3&-1&1&9\end{pmatrix}\xrightarrow{r_1\leftrightarrow r_2}\begin{pmatrix}1&2&-2&3\\4&-3&3&12\\3&-1&1&9\end{pmatrix}$$

$$\xrightarrow[r_3-3r_1]{r_2-4r_1}\begin{pmatrix}1&2&-2&3\\0&-11&11&0\\0&-7&7&0\end{pmatrix}\xrightarrow[r_3\times\left(-\frac{1}{7}\right)]{r_2\times\left(-\frac{1}{11}\right)}\begin{pmatrix}1&2&-2&3\\0&1&-1&0\\0&1&-1&0\end{pmatrix}$$

$$\xrightarrow{r_3-r_2}\begin{pmatrix}1&2&-2&3\\0&1&-1&0\\0&0&0&0\end{pmatrix}=\boldsymbol{B}\xrightarrow{r_1-2r_2}\begin{pmatrix}1&0&0&3\\0&1&-1&0\\0&0&0&0\end{pmatrix}$$

$$\xrightarrow[c_3+c_2]{c_4-3c_1}\begin{pmatrix}1&0&0&0\\0&1&0&0\\0&0&0&0\end{pmatrix}=\boldsymbol{C}.$$

定义 2.13　对单位矩阵 $\boldsymbol{E}$ 施以一次初等变换得到的矩阵，称为**初等矩阵**.

初等矩阵有下列 3 种：

(1) 初等变换 $r_i\leftrightarrow r_j(c_i\leftrightarrow c_j)$ 对应的初等矩阵记为 $\boldsymbol{E}(i,j)$，则

$$
\boldsymbol{E}(i,j)=\begin{pmatrix}
1 &&&&&&&& \\
& \ddots &&&&&&& \\
&& 0 & \cdots & \cdots & \cdots & 1 && \\
&& \vdots & 1 &&& \vdots && \\
&& \vdots && \ddots && \vdots && \\
&& \vdots &&& 1 & \vdots && \\
&& 1 & \cdots & \cdots & \cdots & 0 && \\
&&&&&&& \ddots & \\
&&&&&&&& 1
\end{pmatrix}
\begin{matrix} \\ \\ i\text{ 行} \\ \\ \\ \\ j\text{ 行} \\ \\ \\ \end{matrix}
\tag{2.20}
$$

i 列　　　　j 列

(2) 初等变换 $r_i\times k(c_i\times k)$ 对应的初等矩阵记为 $\boldsymbol{E}(i(k))$，则

$$
\boldsymbol{E}(i(k))=\begin{pmatrix}
1 &&&& \\
& \ddots &&& \\
&& k && \\
&&& \ddots & \\
&&&& 1
\end{pmatrix}
\begin{matrix} \\ \\ i\text{ 行} \\ \\ \\ \end{matrix}
\tag{2.21}
$$

i 列

(3) 初等变换 $r_i+lr_j(c_j+lc_i)$ 对应的初等矩阵记为 $\boldsymbol{E}(i,j(l))$，则

$$
\boldsymbol{E}(i,j(l))=\begin{pmatrix}
1 &&&&&&&& \\
& \ddots &&&&&&& \\
&& 1 & \cdots & \cdots & \cdots & l && \\
&&& \ddots &&& \vdots && \\
&&&& \ddots && \vdots && \\
&&&&& \ddots & \vdots && \\
&&&&&& 1 && \\
&&&&&&& \ddots & \\
&&&&&&&& 1
\end{pmatrix}
\begin{matrix} \\ \\ i\text{ 行} \\ \\ \\ \\ j\text{ 行} \\ \\ \\ \end{matrix}
\tag{2.22}
$$

i 列　　　　j 列

注：$\boldsymbol{E}(i,j(l))$ 既可表示将单位矩阵 $\boldsymbol{E}$ 的第 j 行的 l 倍加到第 i 行，也可表示将单位矩阵 $\boldsymbol{E}$ 的第 i 列的 l 倍加到第 j 列.

定理 2.3　对 $\boldsymbol{A}_{m\times n}=(a_{ij})_{m\times n}$ 的行施以某种初等变换得到的矩阵，相当于用同种的 m 阶初等矩阵左乘 $\boldsymbol{A}$. 对 $\boldsymbol{A}_{m\times n}=(a_{ij})_{m\times n}$ 的列施以某种初等变换得到的矩阵，相当于用同种的 n 阶初等矩阵右乘 $\boldsymbol{A}$.

证明　现在证明交换 $\boldsymbol{A}$ 的第 i 行与第 j 行等于用 $\boldsymbol{E}_m(i,j)$ 左乘 $\boldsymbol{A}$. 将 $\boldsymbol{A}_{m\times n}$ 与 $\boldsymbol{I}_m$ 分块为

$$\boldsymbol{A}=\begin{pmatrix}\boldsymbol{A}_1\\\boldsymbol{A}_2\\\vdots\\\boldsymbol{A}_i\\\vdots\\\boldsymbol{A}_j\\\vdots\\\boldsymbol{A}_m\end{pmatrix},\quad \boldsymbol{E}=\begin{pmatrix}\boldsymbol{\varepsilon}_1\\\boldsymbol{\varepsilon}_2\\\vdots\\\boldsymbol{\varepsilon}_i\\\vdots\\\boldsymbol{\varepsilon}_j\\\vdots\\\boldsymbol{\varepsilon}_m\end{pmatrix}$$

其中 $\boldsymbol{A}_k=(a_{k1}\quad a_{k2}\quad\cdots\quad a_{kn})\ (k=1,2,\cdots,m)$，$\boldsymbol{\varepsilon}_k=(\underbrace{0\quad 0\quad\cdots\quad 1}_{k列}\quad\cdots\quad 0)\ (k=1,2,\cdots,m)$.

$$\boldsymbol{E}_m(i,j)\boldsymbol{A}=\begin{pmatrix}\boldsymbol{\varepsilon}_1\\\boldsymbol{\varepsilon}_2\\\vdots\\\boldsymbol{\varepsilon}_j\\\vdots\\\boldsymbol{\varepsilon}_i\\\vdots\\\boldsymbol{\varepsilon}_m\end{pmatrix}\boldsymbol{A}=\begin{pmatrix}\boldsymbol{\varepsilon}_1\boldsymbol{A}\\\boldsymbol{\varepsilon}_2\boldsymbol{A}\\\vdots\\\boldsymbol{\varepsilon}_j\boldsymbol{A}\\\vdots\\\boldsymbol{\varepsilon}_i\boldsymbol{A}\\\vdots\\\boldsymbol{\varepsilon}_m\boldsymbol{A}\end{pmatrix}=\begin{pmatrix}\boldsymbol{A}_1\\\boldsymbol{A}_2\\\vdots\\\boldsymbol{A}_j\\\vdots\\\boldsymbol{A}_i\\\vdots\\\boldsymbol{A}_m\end{pmatrix}.$$

由此可见 $\boldsymbol{E}_m(i,j)\boldsymbol{A}$ 恰好等于矩阵 $\boldsymbol{A}$ 第 i 行与第 j 行互相交换得到的矩阵.

用类似的方法可以证明其他变换的情况.

例如，矩阵 $\boldsymbol{A}=\begin{pmatrix}3&1&1\\1&1&2\\0&1&1\end{pmatrix}$，设对 $\boldsymbol{A}$ 施以第一种初等行变换，例如交换 $\boldsymbol{A}$ 的第一行与第二行，有

$$\boldsymbol{A}=\begin{pmatrix}3&1&1\\1&1&2\\0&1&1\end{pmatrix}\xrightarrow{r_1\leftrightarrow r_2}\begin{pmatrix}1&1&2\\3&1&1\\0&1&1\end{pmatrix}=\boldsymbol{A}_1.$$

用 $\boldsymbol{E}_3(1,2)=\begin{pmatrix}0&1&0\\1&0&0\\0&0&1\end{pmatrix}$ 左乘 $\boldsymbol{A}$，有

$$\boldsymbol{E}_3(1,2)\boldsymbol{A}=\begin{pmatrix}0&1&0\\1&0&0\\0&0&1\end{pmatrix}\begin{pmatrix}3&1&1\\1&1&2\\0&1&1\end{pmatrix}=\begin{pmatrix}1&1&2\\3&1&1\\0&1&1\end{pmatrix}=\boldsymbol{A}_1,$$

即对 $\boldsymbol{A}$ 施以某种初等行变换，相当于用同种初等矩阵左乘 $\boldsymbol{A}$.

设对 $\boldsymbol{A}$ 施以第(3)种初等列变换，例如将 $\boldsymbol{A}$ 的第三列乘 2 加到第一列，有

$$\boldsymbol{A}=\begin{pmatrix}3&1&1\\1&1&2\\0&1&1\end{pmatrix}\xrightarrow{c_1+2c_3}\begin{pmatrix}5&1&1\\5&1&2\\2&1&1\end{pmatrix}=\boldsymbol{A}_2,$$

用 $\boldsymbol{E}_3(3,1(2))$ 表示将 $\boldsymbol{E}_3$ 的第三列乘 2 加到第一列得出的初等矩阵

$$\boldsymbol{E}_3(3,1(2))=\begin{pmatrix}1&0&0\\0&1&0\\2&0&1\end{pmatrix},$$

用 $\boldsymbol{E}_3(3,1(2))=\begin{pmatrix}1&0&0\\0&1&0\\2&0&1\end{pmatrix}$ 右乘 $\boldsymbol{A}$，有

$$\boldsymbol{A}\boldsymbol{E}_3(3,1(2))=\begin{pmatrix}3&1&1\\1&1&2\\0&1&1\end{pmatrix}\begin{pmatrix}1&0&0\\0&1&0\\2&0&1\end{pmatrix}=\begin{pmatrix}5&1&1\\5&1&2\\2&1&1\end{pmatrix}=\boldsymbol{A}_2,$$

即对 $\boldsymbol{A}$ 施以某种初等列变换，相当于用同种初等矩阵右乘 $\boldsymbol{A}$.

容易验证，初等矩阵都是可逆的，且它们的逆矩阵仍是初等矩阵.

$$\boldsymbol{E}(i,j)^{-1}=\boldsymbol{E}(i,j),\quad \boldsymbol{E}(i(k))^{-1}=\boldsymbol{E}\left(i\left(\frac{1}{k}\right)\right),\quad \boldsymbol{E}(i,j(l))^{-1}=E(i,j(-l)).\tag{2.23}$$

定理 2.4　n 阶矩阵 $\boldsymbol{A}$ 可逆的充分必要条件是它可以表示为一些初等矩阵的乘积.

证明　先证必要性. 由定理 2.2 的推论知，若 $\boldsymbol{A}$ 可逆，则 $\boldsymbol{A}$ 经若干次初等变换可化为 $\boldsymbol{E}$，这就是说，存在初等矩阵 $\boldsymbol{P}_1,\cdots,\boldsymbol{P}_s,\boldsymbol{Q}_1,\cdots,\boldsymbol{Q}_t$，使

$$\boldsymbol{E}=\boldsymbol{P}_1\cdots\boldsymbol{P}_s\boldsymbol{A}\boldsymbol{Q}_1\cdots\boldsymbol{Q}_t,$$

那么 $\boldsymbol{A}=\boldsymbol{P}_s^{-1}\cdots\boldsymbol{P}_1^{-1}\boldsymbol{E}\boldsymbol{Q}_t^{-1}\cdots\boldsymbol{Q}_1^{-1}=\boldsymbol{P}_s^{-1}\cdots\boldsymbol{P}_1^{-1}\boldsymbol{Q}_t^{-1}\cdots\boldsymbol{Q}_1^{-1}$，即矩阵 $\boldsymbol{A}$ 可以表成一些初等矩阵的乘积.

因初等矩阵可逆，所以充分条件是显然的.

下面介绍一种求逆矩阵的方法.

如果 $\boldsymbol{A}$ 可逆，则 $\boldsymbol{A}^{-1}$ 也可逆，存在初等矩阵 $\boldsymbol{G}_1,\boldsymbol{G}_2,\cdots,\boldsymbol{G}_k$，使

$$\boldsymbol{A}^{-1}=\boldsymbol{G}_1\boldsymbol{G}_2\cdots\boldsymbol{G}_k,$$

那么有 $\boldsymbol{A}^{-1}\boldsymbol{A}=\boldsymbol{G}_1\boldsymbol{G}_2\cdots\boldsymbol{G}_k\boldsymbol{A}$，即

$$\boldsymbol{E}=\boldsymbol{G}_1\boldsymbol{G}_2\cdots\boldsymbol{G}_k\boldsymbol{A},\tag{①}$$

$$\boldsymbol{A}^{-1}=\boldsymbol{G}_1\boldsymbol{G}_2\cdots\boldsymbol{G}_k\boldsymbol{E},\tag{②}$$

其中，①式表示对 $\boldsymbol{A}$ 的行施以若干次初等变换化为 $\boldsymbol{E}$，② 式表示对 $\boldsymbol{E}$ 的行施以同样的初等变换化为 $\boldsymbol{A}^{-1}$. 于是可以得出如下一个求逆矩阵的方法.

作一个 $n\times 2n$ 的矩阵 $(\boldsymbol{A}\ \vdots\ \boldsymbol{E})$，然后对此矩阵施以仅限于行的初等变换，使子块 $\boldsymbol{A}$ 化为 $\boldsymbol{E}$，则同时子块 $\boldsymbol{E}$ 即化为 $\boldsymbol{A}^{-1}$ 了.

例 3　求矩阵 $\boldsymbol{A}=\begin{pmatrix}1&2&1\\-3&0&2\\-1&1&1\end{pmatrix}$ 的逆矩阵.

解　作 3×6 的矩阵 $(\boldsymbol{A}\ \vdots\ \boldsymbol{E}_3)$

$$(\boldsymbol{A}\ \vdots\ \boldsymbol{E}_3)=\left(\begin{array}{ccc:ccc}1&2&1&1&0&0\\-3&0&2&0&1&0\\-1&1&1&0&0&1\end{array}\right)\xrightarrow[r_3+r_1]{r_2+3r_1}\left(\begin{array}{ccc:ccc}1&2&1&1&0&0\\0&6&5&3&1&0\\0&3&2&1&0&1\end{array}\right)$$

$$\xrightarrow[r_2\leftrightarrow r_3]{r_2-2r_3}\left(\begin{array}{ccc:ccc}1&2&1&1&0&0\\0&3&2&1&0&1\\0&0&1&1&1&-2\end{array}\right)\xrightarrow[r_2-2r_3]{r_1-r_3}\left(\begin{array}{ccc:ccc}1&2&0&0&-1&2\\0&3&0&-1&-2&5\\0&0&1&1&1&-2\end{array}\right)$$

$$\xrightarrow{r_2\times\frac{1}{3}}\left(\begin{array}{ccc:ccc}1&2&0&0&-1&2\\0&1&0&-\frac{1}{3}&-\frac{2}{3}&\frac{5}{3}\\0&0&1&1&1&-2\end{array}\right)\xrightarrow{r_1-2r_2}\left(\begin{array}{ccc:ccc}1&0&0&\frac{2}{3}&\frac{1}{3}&-\frac{4}{3}\\0&1&0&-\frac{1}{3}&-\frac{2}{3}&\frac{5}{3}\\0&0&1&1&1&-2\end{array}\right).$$

于是得到

$$\boldsymbol{A}^{-1}=-\frac{1}{3}\begin{pmatrix}-2&-1&4\\1&2&-5\\-3&-3&6\end{pmatrix}.$$

注：(1) 如果不知矩阵 $\boldsymbol{A}$ 是否可逆，也可按上述方法，只要 $n\times 2n$ 矩阵左边子块有一行(列)的元素全为零，则 $\boldsymbol{A}$ 不可逆.

(2) 上面用初等变换求逆矩阵的方法，仅限于对矩阵的行施以**初等变换**，即初等行变换，不得出现初等列变换.

(3) 同样，可对矩阵的列施以初等变换求逆矩阵. 作 $2n\times 2$ 的矩阵 $\begin{pmatrix}\boldsymbol{A}\\\boldsymbol{E}\end{pmatrix}$，然后对此矩阵施以仅限于列的初等变换，使子块 $\boldsymbol{A}$ 化为 $\boldsymbol{E}$，则同时子块 $\boldsymbol{E}$ 即化为 $\boldsymbol{A}^{-1}$ 了.

2.7　矩阵的秩

矩阵的秩是线性代数中的重要概念，它在判断线性方程组的解的存在性、向量组的线性相关性等方面，都起着重要的作用.

定义 2.14　设 $\boldsymbol{A}=(a_{ij})$ 是 $m\times n$ 矩阵，从 $\boldsymbol{A}$ 中任取 k 行 k 列 $(1\leqslant k\leqslant \min(m,n))$，位于这些行和列的相交处的元素，保持它们原来的相对位置所构成的 k 阶行列式，称为矩阵 $\boldsymbol{A}$ 的一个 **k 阶子式**.

例如，$\boldsymbol{A}=\begin{pmatrix}1&3&4&5\\-1&0&2&3\\0&1&-1&0\end{pmatrix}$，矩阵 $\boldsymbol{A}$ 的第一、三两行，第二、四两列相交处的元素所构成的二阶子式为 $\begin{vmatrix}3&5\\1&0\end{vmatrix}$.

设 $\boldsymbol{A}$ 为一个 $m\times n$ 矩阵. 当 $\boldsymbol{A}=\boldsymbol{O}$ 时，它的任何子式都为零；当 $\boldsymbol{A}\neq\boldsymbol{O}$ 时，它至少有一个元素不为零，即它至少有一个一阶子式不为零. 这时再考察二阶子式，如果 $\boldsymbol{A}$ 中有二阶子式不为零，则往下考察三阶子式，依此类推. 最后必达到 $\boldsymbol{A}$ 中有 r 阶子式不为零，而再没有比 r 更高阶的不为零的子式. 这个不为零的子式的最高阶数 r，反映了矩阵 A 内在的重要特性.

例如，$\boldsymbol{A}=\begin{pmatrix}1&2&3&0\\0&1&2&1\\2&4&6&0\end{pmatrix}$，$\boldsymbol{A}$ 中有二阶子式 $\begin{vmatrix}1&2\\0&1\end{vmatrix}=1\neq0$，但它的任何三阶子式皆为零，即不为零的子式的最高阶数 $r=2$.

定义 2.15　设 $\boldsymbol{A}$ 为 $m\times n$ 矩阵，如果 $\boldsymbol{A}$ 中不为零的子式的最高阶数为 r，即存在 r 阶子式不为零，而任何 $r+1$ 阶子式皆为零，则称 r 为矩阵 $\boldsymbol{A}$ 的秩，记作秩$(\boldsymbol{A})=r$ 或 $r(\boldsymbol{A})=r$. 当 $\boldsymbol{A}=\boldsymbol{O}$ 时，规定 $r(\boldsymbol{A})=0$.

例如，$\boldsymbol{A}=\begin{pmatrix}1&2&3&0\\0&1&0&1\\0&0&1&0\end{pmatrix}$，有一个三阶子式 $\begin{vmatrix}1&2&3\\0&1&0\\0&0&1\end{vmatrix}=1\neq0$，因此 $r(\boldsymbol{A})=3$.

由秩的定义，矩阵的秩有以下性质：

(1) $r(\boldsymbol{A})=r(\boldsymbol{A}^{\mathrm{T}})$；

(2) $0\leqslant r\leqslant\min(m,n)$.

当 $r(\boldsymbol{A})=\min(m,n)$ 时，称矩阵 $\boldsymbol{A}$ 为**满秩矩阵**.

例如，

$$\boldsymbol{A}=\begin{pmatrix}1&2&3&0\\0&1&0&1\\0&0&1&0\end{pmatrix},\quad r(\boldsymbol{A})=3;$$

$$\boldsymbol{B}=\begin{pmatrix}1&2\\0&1\\0&0\end{pmatrix},\quad r(\boldsymbol{B})=2;\quad \boldsymbol{C}=\begin{pmatrix}1&1&0\\0&1&0\\0&0&1\end{pmatrix},\quad r(\boldsymbol{C})=3.$$

三者都是满秩矩阵.

用定义求矩阵的秩，对于行数和列数较大的矩阵，计算量很大. 注意到上述满秩矩阵同时都是阶梯形矩阵,非零行的行数恰好为其秩,而任意矩阵都可以经初等变换化为阶梯形矩阵,故可以考虑用初等变换法来求矩阵的秩.这里先讨论下初等变换是否改变矩阵的秩?下面的定理将给出答案.

定理 2.5 矩阵经初等变换后,其秩不变.

证明 仅考察经一次初等行变换的情形.

设 $\boldsymbol{A}_{m\times n}$ 经初等行变换变为 $\boldsymbol{B}_{m\times n}$,且 $r(\boldsymbol{A})=r_1$,$r(\boldsymbol{B})=r_2$.

当对 $\boldsymbol{A}$ 施以互换两行或以某非零数乘某一行的变换时,矩阵 $\boldsymbol{B}$ 中任何 r_1+1 阶子式等于某一非零数 c 与 $\boldsymbol{A}$ 的某个 r_1+1 阶子式的乘积,其中 $c=\pm1$ 或其他非零数. 因为 $\boldsymbol{A}$ 的任何 r_1+1 阶子式皆为零,因此 $\boldsymbol{B}$ 的任何 r_1+1 阶子式也都为零.

当对 $\boldsymbol{A}$ 施以第 i 行乘 l 后加于第 j 行的变换时,矩阵 $\boldsymbol{B}$ 的任意一个 r_1+1 阶子式 $|\boldsymbol{B}_1|$ 如果不含 $\boldsymbol{B}$ 的第 j 行或既含 $\boldsymbol{B}$ 的第 i 行又含第 j 行,则它即等于 $\boldsymbol{A}$ 的一个 r_1+1 阶子式;如果 $|\boldsymbol{B}_1|$ 含 $\boldsymbol{B}$ 的第 j 行但不含第 i 行时,则 $|\boldsymbol{B}_1|=|\boldsymbol{A}_1|\pm l|\boldsymbol{A}_2|$,其中 $\boldsymbol{A}_1$,$\boldsymbol{A}_2$ 是 $\boldsymbol{A}$ 中的两个 r_1+1 阶子式. 由 $\boldsymbol{A}$ 的任何 r_1+1 阶子式均为零,可知 $\boldsymbol{B}$ 的每一个 r_1+1 阶子式也全为零.

由以上分析可知,对 $\boldsymbol{A}$ 施以一次初等行变换后得到 $\boldsymbol{B}$ 时,有 $r_2<r_1+1$ 即 $r_2\leqslant r_1$. $\boldsymbol{A}$ 经某种初等行变换得到 $\boldsymbol{B}$,$\boldsymbol{B}$ 也可以经相应的初等行变换得到 $\boldsymbol{A}$,因此又有 $r_1\leqslant r_2$. 故得 $r_1=r_2$.

显然上述结论对初等列变换亦成立.

故对 $\boldsymbol{A}$ 每施以一次初等变换所得矩阵的秩与 $\boldsymbol{A}$ 的秩相同,因而对 $\boldsymbol{A}$ 施以有限次初等变换后所得矩阵的秩仍然等于 $\boldsymbol{A}$ 的秩.

由定理 2.5 得到求矩阵秩的方法如下:用初等变换将矩阵 $\boldsymbol{A}$ 化为阶梯形矩阵 $\boldsymbol{B}$,则 $\boldsymbol{B}$ 的非零行的行数即为矩阵 $\boldsymbol{A}$ 的秩.

例 1 求矩阵 $\boldsymbol{A}=\begin{pmatrix}1&2&-2&2&-1\\1&2&-1&3&-2\\2&4&-7&1&1\end{pmatrix}$ 的秩.

解 因为

$$\boldsymbol{A}=\begin{pmatrix}1&2&-2&2&-1\\1&2&-1&3&-2\\2&4&-7&1&1\end{pmatrix}\xrightarrow[r_3-2r_2]{r_2-r_1}\begin{pmatrix}1&2&-2&2&-1\\0&0&1&1&-1\\0&0&-3&-3&3\end{pmatrix}\xrightarrow{r_3+3r_2}\begin{pmatrix}1&2&-2&2&-1\\0&0&1&1&-1\\0&0&0&0&0\end{pmatrix}$$

所以 $r(\boldsymbol{A})=2$.

例 2 设 $\boldsymbol{A}$ 为 n 阶非奇异矩阵,$\boldsymbol{B}$ 为 $n\times m$ 矩阵. 试证:$\boldsymbol{A}$ 与 $\boldsymbol{B}$ 之积的秩等于 $\boldsymbol{B}$ 的秩,即 $r(\boldsymbol{AB})=r(\boldsymbol{B})$.

证明 因为 $\boldsymbol{A}$ 非奇异,故可表示成若干初等矩阵之积,$\boldsymbol{A}=\boldsymbol{P}_1\boldsymbol{P}_2\cdots\boldsymbol{P}_s$,$\boldsymbol{P}_i(i=1,2,\cdots,s)$ 皆为初等矩阵. $\boldsymbol{AB}=\boldsymbol{P}_1\boldsymbol{P}_2\cdots\boldsymbol{P}_s\boldsymbol{B}$,即 $\boldsymbol{AB}$ 是 $\boldsymbol{B}$ 经 s 次初等行变换后得出的,因而 $r(\boldsymbol{AB})=r(\boldsymbol{B})$.

由矩阵的秩及满秩矩阵的定义可知,如果一个 n 阶矩阵 $\boldsymbol{A}$ 是满秩的,则 $|\boldsymbol{A}|\neq0$,因而 $\boldsymbol{A}$ 非奇异;反之亦然.

实验三　基于 Python 语言的矩阵运算

实验目的

1. 掌握矩阵的输入方法,掌握对矩阵进行转置、加、减、数乘、相乘、乘方等运算.
2. 掌握计算矩阵的秩和求逆矩阵的方法.
3. 掌握求解简单的矩阵方程的方法.

实验内容

一、矩阵的输入

任何矩阵 $\boldsymbol{A}$ 都可以用 SymPy 库中的 matrix()函数生成. 在 matrix()函数中按行输入每个元素,输入时使用下述规则:最外层为一个[],里面每行元素也要输入在一个[]内,同一行中不同元素用逗号分隔,不同行也用逗号分隔.

【示例 3.1】 设有线性方程组

$$\begin{cases} x_1+5x_2-x_3-x_4=-1, \\ x_1-2x_2+x_3+3x_4=3, \\ 3x_1+8x_2-x_3+x_4=1, \\ x_1-9x_2+3x_3+7x_4=7. \end{cases}$$

这个方程组未知量的系数按方程组中的顺序组成一个 4 行 4 列的系数矩阵. 运用 matrix()函数生成该系数矩阵.

解 在单元格中按如下操作:

In
```
from sympy import*
#初始化打印格式,让矩阵以常见方式输出
init_printing(use_unicode=True)
#注意矩阵的输入形式
A=Matrix([[1,5,-1,-1],[1,-2,1,3],[3,8,-1,1],[1,-9,3,7]])
A
```

运行上述程序,命令窗口显示所得结果如下:

$$\begin{pmatrix} 1 & 5 & -1 & -1 \\ 1 & -2 & 1 & 3 \\ 3 & 8 & -1 & 1 \\ 1 & -9 & 3 & 7 \end{pmatrix}.$$

二、矩阵的运算

1. SymPy 库中与矩阵运算相关的命令

SymPy 库中与矩阵运算相关的命令见实验表 3.1.

实验表 3.1　SymPy 库中与矩阵运算相关的命令

命　　令	功　　能
A.shape	矩阵 A 的行数和列数
A.T	矩阵 A 的转置矩阵
A+B	矩阵 A 与矩阵 B 的和
A−B	矩阵 A 与矩阵 B 的差
k * A	常数 k 与矩阵 A 的数乘
A * B	矩阵 A 与矩阵 B 的乘法
A * * k	矩阵 A 的 k 次幂
A.rref()	将矩阵 A 转化为行简化阶梯形矩阵
A.rank()	矩阵 A 的秩
A.inv()或 A * * (−1)	矩阵 A 的逆矩阵

【示例 3.2】 针对示例 3.1 中的矩阵 **A**,求:

(1) 矩阵 **A** 的行数与列数;

(2) 矩阵 **A** 的转置矩阵;

(3) 矩阵 **A** 的 3 次幂;

(4) 矩阵 **A** 的行简化阶梯形矩阵;

(5) 矩阵 **A** 的秩;

(6) 矩阵 **A** 的逆矩阵.

解 在单元格中按如下操作:

In

```
from sympy import*
init_printing(use_unicode=True)
A=Matrix([[1,5,-1,-1],[1,-2,1,3],[3,8,-1,1],[1,-9,3,7]])
print('矩阵 A 的行数与列数为:',A.shape)
print('矩阵 A 的转置为:\n',A.T)
print('矩阵 A 的 3 次幂为:\n',A**3)
print('矩阵 A 的行简化阶梯形矩阵为:\n',A.rref())
print('矩阵 A 的秩为:',A.rank())
print('矩阵 A 的逆矩阵为:\n',A* * (-1))
```

运行上述程序，命令窗口显示所得结果如下：

```
矩阵 A 的行数与列数为：(4,4)
矩阵 A 的转置为：
Matrix([[1,1,3,1],[5,-2,8,-9],[-1,1,-1,3],[-1,3,1,7]])
矩阵 A 的 3 次幂为：
Matrix([[10,-20,10,30],[25,-50,25,75],[45,-90,45,135],[40,-80,40,120]])
矩阵 A 的行简化阶梯形矩阵为：
(Matrix([
[1,0, 3/7,13/7],
[0,1,-2/7,-4/7],
[0,0,    0,    0],
[0,0,    0,    0]]),(0,1))
矩阵 A 的秩为:2
……
NonInvertibleMatrixError: Matrix det==0; not invertible.
```

从上述运行结果可知：

(1) 在 Jupyter 的命令窗口中 init_printing(use_unicode=True)没有起作用.

(2) 矩阵 $\boldsymbol{A}$ 的逆矩阵没有求得，提醒信息"Matrix det==0"，即矩阵 $\boldsymbol{A}$ 的行列式等于 0，所以矩阵 $\boldsymbol{A}$ 的逆矩阵不存在.

【示例 3.3】 有某种物资(单位:吨)从 3 个产地运往 4 个市场，两次调运方案分别为矩阵 $\boldsymbol{A}$ 与矩阵 $\boldsymbol{B}$，

$$\boldsymbol{A}=\begin{pmatrix}3&5&7&2\\2&0&4&3\\0&1&2&3\end{pmatrix},\quad \boldsymbol{B}=\begin{pmatrix}1&3&2&0\\2&1&5&7\\0&6&4&8\end{pmatrix},$$

则从各产地运往各市场的物资调运量(单位:吨)共为多少?

解 在单元格中按如下操作：

In

```
from sympy import*
init_printing(use_unicode=True)  #初始化打印格式,让矩阵以常见方式输出
A=Matrix([[3,5,7,2],[2,0,4,3],[0,1,2,3]])
B=Matrix([[1,3,2,0],
          [2,1,5,7],
          [0,6,4,8]])                    #也可分行输入矩阵
A+B
```

运行上述程序，命令窗口显示所得结果如下：

$$\begin{pmatrix}4&8&9&2\\4&1&9&10\\0&7&6&11\end{pmatrix}.$$

【示例 3.4】 设 3 个产地与 4 个市场之间的里程(单位:公里)为矩阵 $\boldsymbol{A}$,

$$\boldsymbol{A}=\begin{pmatrix}120 & 175 & 80 & 90\\ 80 & 130 & 40 & 50\\ 135 & 190 & 95 & 105\end{pmatrix},$$

已知货物每吨每公里的运费为 1.5 元,则各产地与各市场之间每吨货物的运费(单位:元/吨)是多少?

解 在单元格中按如下操作:

In

```
from sympy import*
init_printing(use_unicode=True)  #初始化打印格式,让矩阵以常见方式输出
A=Matrix([[120,175,80,90],
          [80,130,40,50],
          [135,190,95,105]])
1.5*A
```

运行上述程序,命令窗口显示所得结果如下:

$$\begin{pmatrix}180.0 & 262.5 & 120.0 & 135.0\\ 120.0 & 195.0 & 60.0 & 75.0\\ 202.5 & 285.0 & 142.5 & 157.5\end{pmatrix}.$$

【示例 3.5】 若 $\boldsymbol{A}=\begin{pmatrix}2 & 3\\ 1 & -2\\ 3 & 1\end{pmatrix}$,$\boldsymbol{B}=\begin{pmatrix}1 & -2 & -3\\ 2 & -1 & 0\end{pmatrix}$,求 $\boldsymbol{AB}$.

解 在单元格中按如下操作:

In

```
from sympy import*
init_printing(use_unicode=True)  #初始化打印格式,让矩阵以常见方式输出
A=Matrix([[2,3],[1,- 2],[3,1]])
B=Matrix([[1,- 2,- 3],[2,- 1,0]])
A*B
```

运行上述程序,命令窗口显示所得结果如下:

$$\begin{pmatrix}8 & -7 & -6\\ -3 & 0 & -3\\ 5 & -7 & -9\end{pmatrix}.$$

三、解矩阵方程

矩阵方程主要有三种形式:$\boldsymbol{AX}=\boldsymbol{C}$,$\boldsymbol{XA}=\boldsymbol{C}$,$\boldsymbol{AXB}=\boldsymbol{C}$. 如果 $\boldsymbol{A}$ 和 $\boldsymbol{B}$ 都是可逆矩阵,则求解时需要找出矩阵的逆矩阵,注意左乘和右乘的区别,这三个方程的解分别为 $\boldsymbol{X}=\boldsymbol{A}^{-1}\boldsymbol{C}$, $\boldsymbol{X}=$

CA^{-1}，$X=A^{-1}CB^{-1}$.

【示例 3.6】 若 $A=\begin{pmatrix}1&2&3\\2&2&1\\3&4&3\end{pmatrix}$，$C=\begin{pmatrix}2&5\\3&1\\4&3\end{pmatrix}$，求矩阵 X 使其满足

$$AX=C.$$

解 在单元格中按如下操作：

In

```
from sympy import*
init_printing(use_unicode=True)
A=Matrix([[1,2,3],[2,2,1],[3,4,3]])
C=Matrix([[2,5],[3,1],[4,3]])
#判断矩阵 A 是否满秩,确定矩阵 A 是否可逆
print('矩阵 A 的秩为:',A.rank())
print('矩阵 X 为:\n',A.inv()* C )
```

运行上述程序，命令窗口显示所得结果如下：

```
矩阵 A 的秩为: 3
矩阵 X 为:
Matrix([[3,2],[-2,-3],[1,3]])
```

即

$$X=A^{-1}C=\begin{pmatrix}3&2\\-2&-3\\1&3\end{pmatrix}.$$

【示例 3.7】 若 $A=\begin{pmatrix}1&2&3\\2&2&1\\3&4&3\end{pmatrix}$，$B=\begin{pmatrix}2&1\\5&3\end{pmatrix}$，$C=\begin{pmatrix}2&5\\3&1\\4&3\end{pmatrix}$，求矩阵 X 使其满足阵

$$AXB=C.$$

解 在单元格中按如下操作：

In

```
from sympy import*
init_printing(use_unicode=True)
A=Matrix([[1,2,3],[2,2,1],[3,4,3]])
B=Matrix([[2,1],[5,3]])
C=Matrix([[2,5],[3,1],[4,3]])
#判断矩阵 A 是否满秩,确定矩阵 A 是否可逆
print('矩阵 A 的秩为:',A.rank())
#判断矩阵 B 是否满秩,确定矩阵 B 是否可逆
print('矩阵 B 的秩为:',B.rank())
print('矩阵 X 为:',A.inv()*C*B.inv() )
```

运行上述程序，命令窗口显示所得结果如下：

```
矩阵 A 的秩为:3
矩阵 B 的秩为:2
矩阵 X 为:
Matrix([[-1,1],[9,-4],[-12,5]])
```

即
$$X=A^{-1}CB^{-1}=\begin{pmatrix}-1 & 1\\ 9 & -4\\ 12 & 5\end{pmatrix}.$$

实 验 训 练

1. 已知矩阵 $A=\begin{pmatrix}1 & 2 & 3\\ 2 & 1 & 2\\ 3 & 3 & 1\end{pmatrix}$，$B=\begin{pmatrix}3 & 2 & 4\\ 2 & 5 & 3\\ 2 & 3 & 1\end{pmatrix}$.

(1) 计算 $2A-B$，AB，BA，$A^{T}B$；

(2) 将矩阵 A 化为阶梯形矩阵；

(3) 求矩阵 B 的逆矩阵；

(4) 求矩阵 B 的秩.

2. 设 $A=\begin{pmatrix}\lambda & 1 & 0\\ 0 & \lambda & 1\\ 0 & 0 & \lambda\end{pmatrix}$，求 A^{10}；一般地，求 A^{k}（k 是正整数）.

3. 求 $\begin{pmatrix}1+a & 1 & 1 & 1 & 1\\ 1 & 1+a & 1 & 1 & 1\\ 1 & 1 & 1+a & 1 & 1\\ 1 & 1 & 1 & 1+a & 1\\ 1 & 1 & 1 & 1 & 1+a\end{pmatrix}$ 的逆矩阵.

4. 设 $A=\begin{pmatrix}4 & 2 & 3\\ 1 & 1 & 0\\ -1 & 2 & 3\end{pmatrix}$，且 $AB=A+2B$，求 B.

5. 解下列矩阵方程.

(1) $\begin{pmatrix}2 & 5\\ 1 & 3\end{pmatrix}X=\begin{pmatrix}4 & -6\\ 2 & 1\end{pmatrix}$；

(2) $X\begin{pmatrix}2 & 1 & -1\\ 2 & 1 & 0\\ 1 & -1 & 1\end{pmatrix}=\begin{pmatrix}1 & -1 & 3\\ 4 & 3 & 2\end{pmatrix}$；

(3) $\begin{pmatrix} 1 & 4 \\ -1 & 2 \end{pmatrix} \boldsymbol{X} \begin{pmatrix} 2 & 0 \\ -1 & 1 \end{pmatrix} = \begin{pmatrix} 3 & 1 \\ 0 & -1 \end{pmatrix}$.

小　结

矩阵$(\boldsymbol{A}_{ij})_{m\times n}$本质上是一个数表，它是线性代数中一个非常重要且应用十分广泛的概念，矩阵贯穿于线性代数的几乎所有部分.矩阵在行数和列数相等时称为方阵.经常用到的特殊矩阵主要有对角矩阵、数量矩阵、单位矩阵、三角矩阵、对称矩阵、可逆矩阵、非奇异矩阵、伴随矩阵等，对它们的定义、运算和性质一定要掌握.值得注意的是：

(1) 若一个矩阵为方阵，则可以对其取行列式，但必须注意矩阵是一个数表，而行列式是一个数.

(2) 矩阵的运算主要有矩阵的加减法和矩阵的乘法(数与矩阵的乘法、矩阵与矩阵的乘法)以及矩阵的转置.

(3) 矩阵相等必须要求两个矩阵同型且对应元素相等，但若 $\boldsymbol{A},\boldsymbol{B}$ 为两个不同的方阵，$\boldsymbol{A}$ 和 $\boldsymbol{B}$ 不相等，但 $|\boldsymbol{A}|$ 与 $|\boldsymbol{B}|$ 有可能相等.

(4) $\boldsymbol{AB}=\boldsymbol{O}$ 不能推出 $\boldsymbol{A}=\boldsymbol{O}$ 或者 $\boldsymbol{B}=\boldsymbol{O}$，特别地，$\boldsymbol{A}^2=\boldsymbol{O}$ 不能推出 $\boldsymbol{A}=\boldsymbol{O}$，如 $\boldsymbol{A}=\begin{pmatrix} 0 & 1 \\ 0 & 0 \end{pmatrix}\neq\boldsymbol{O}$，但 $\boldsymbol{A}^2=\boldsymbol{O}$.

(5) 设 $\boldsymbol{A},\boldsymbol{B}$ 是两个同阶方阵，$|\boldsymbol{A}+\boldsymbol{B}|=|\boldsymbol{A}|+|\boldsymbol{B}|$ 不一定成立.

(6) $\boldsymbol{A}\neq\boldsymbol{O}$ 不能推出 $|\boldsymbol{A}|\neq 0$.

(7) 矩阵乘法不满足交换律，即 $\boldsymbol{AB}\neq\boldsymbol{BA}$.

(8) 设 $\boldsymbol{A},\boldsymbol{B}$ 是同阶方阵，关于 $\boldsymbol{A},\boldsymbol{B}$ 的矩阵多项式一般不可以因式分解.如 $\boldsymbol{A}^2-\boldsymbol{B}^2=(\boldsymbol{A}+\boldsymbol{B})(\boldsymbol{A}-\boldsymbol{B})$一般不成立.但若 $\boldsymbol{AB}=\boldsymbol{BA}$，则关于 $\boldsymbol{A},\boldsymbol{B}$ 的矩阵多项式可以像一般多项式一样因式分解，如 $\boldsymbol{A}^2-3\boldsymbol{AB}-4\boldsymbol{B}^2=(\boldsymbol{A}-4\boldsymbol{B})(\boldsymbol{A}+\boldsymbol{B})$.

(9) $\boldsymbol{AA}^*=\boldsymbol{A}^*\boldsymbol{A}=|\boldsymbol{A}|\boldsymbol{E}$.

要掌握矩阵运算、逆矩阵、矩阵对应的行列式的性质，这是进行各种矩阵运算的基础.

对于逆矩阵，值得注意的是：

(10) 一个矩阵如果可逆，则其逆矩阵一定唯一.

(11) 若 $\boldsymbol{BA}=\boldsymbol{E}$，则 $\boldsymbol{AB}=\boldsymbol{E}$.

另外要弄清关于逆矩阵的两个问题：

问题一：设 $\boldsymbol{A}$ 是 n 阶矩阵，$\boldsymbol{A}$ 何时可逆，即 $\boldsymbol{A}$ 可逆的条件是什么？

问题二：设 $\boldsymbol{A}$ 是 n 阶可逆矩阵，如何求 $\boldsymbol{A}^{-1}$？(伴随矩阵法和初等变换法).

在 n 阶矩阵 $\boldsymbol{A}$ 可逆的条件下，伴随矩阵法依据公式 $\boldsymbol{A}^{-1}=\dfrac{1}{|\boldsymbol{A}|}\boldsymbol{A}^*$ 求解 $\boldsymbol{A}$ 的逆矩阵；初等

矩阵法依据初等变换的思想求解 $\boldsymbol{A}$ 的逆矩阵，即 $(\boldsymbol{A} \mid \boldsymbol{E}) \longrightarrow (\boldsymbol{E} \mid \boldsymbol{A}^{-1})$. 要运用初等变换法求解逆矩阵，必须掌握矩阵的初等变换（三种初等行变换和三种初等列变换）、三种初等矩阵及其性质.

矩阵有以下等价性质：设 $\boldsymbol{A}$ 是 n 阶矩阵，则 $\boldsymbol{A}$ 可逆 $\Leftrightarrow$ 存在矩阵 $\boldsymbol{B}$，使得 $\boldsymbol{AB}=\boldsymbol{E} \Leftrightarrow r(\boldsymbol{A})=n \Leftrightarrow$ 齐次线性方程组 $\boldsymbol{AX}=\boldsymbol{O}$ 只有零解 $\Leftrightarrow$ 非齐次线性方程组 $\boldsymbol{AX}=\boldsymbol{b}$ 有唯一解 $\Leftrightarrow \boldsymbol{A}$ 与 n 阶单位矩阵等价.

矩阵的应用主要有以下各方面，有些将在后面进行讲解.

(1) 矩阵对应的行列式.

若一个矩阵为方阵，则可对矩阵取行列式.

(2) 解矩阵方程.

求解关于矩阵的等式中的未知矩阵.

(3) 向量组的秩.

研究向量组的秩或向量组的相关性时，可以将向量组构成矩阵，利用矩阵的秩与其行向量组的秩和列向量组的秩相等的性质，求出向量组的秩.

(4) 线性方程组的解.

齐次或非齐次线性方程组的求解需要运用矩阵的秩、矩阵的初等行变换等.

(5) 矩阵的对角化与二次型的标准形.

求出矩阵的特征值与特征向量，进而判断矩阵是否可以对角化. 二次型矩阵由于都是实对称矩阵，所以一定可以对角化，从而任何二次型矩阵都可以通过其对应的矩阵对角化的方法化为标准二次型矩阵.

重要术语及主题

矩阵　方阵　逆矩阵　数表　矩阵的运算　矩阵的加减法　矩阵的乘法　矩阵的转置　逆矩阵　行列式的性质　齐次线性方程组　非齐次线性方程组　单位矩阵　初等变换　初等行变换　初等列变换　解矩阵方程　向量组的秩

习 题 二

习题二解答

(A)

一、选择题

1. 设矩阵 $\boldsymbol{A}=(1 \quad 2)$，$\boldsymbol{B}=\begin{pmatrix}1 & 2\\3 & 4\end{pmatrix}$，$\boldsymbol{C}=\begin{pmatrix}1 & 2 & 3\\4 & 5 & 6\end{pmatrix}$，则下列矩阵运算中有意义的是（　　）.

A. $\boldsymbol{ACB}$　　B. $\boldsymbol{ABC}$　　C. $\boldsymbol{BAC}$　　D. $\boldsymbol{CBA}$

2. 已知矩阵 $\boldsymbol{A}=\begin{pmatrix}1 & 1\\0 & -1\end{pmatrix}$，$\boldsymbol{B}=\begin{pmatrix}1 & 0\\1 & 1\end{pmatrix}$，则 $\boldsymbol{AB}-\boldsymbol{BA}=$（　　）.

A. $\begin{pmatrix}1&0\\-2&-1\end{pmatrix}$　　B. $\begin{pmatrix}1&1\\0&-1\end{pmatrix}$　　C. $\begin{pmatrix}1&0\\0&1\end{pmatrix}$　　D. $\begin{pmatrix}0&0\\0&0\end{pmatrix}$

3. 设 $\boldsymbol{A},\boldsymbol{B}$ 为同阶方阵,则必有(　　).

A. $|\boldsymbol{A}+\boldsymbol{B}|=|\boldsymbol{A}|+|\boldsymbol{B}|$　　B. $|\boldsymbol{AB}|=|\boldsymbol{BA}^{\mathrm{T}}|$

C. $(\boldsymbol{A}+\boldsymbol{B})^{-1}=\boldsymbol{A}^{-1}+\boldsymbol{B}^{-1}$　　D. $(\boldsymbol{AB})^{\mathrm{T}}=\boldsymbol{A}^{\mathrm{T}}\boldsymbol{B}^{\mathrm{T}}$

4. 设矩阵 $\boldsymbol{A}=\begin{pmatrix}1&2\\4&3\end{pmatrix}$,则矩阵 $\boldsymbol{A}$ 的伴随矩阵 $\boldsymbol{A}^*=$(　　).

A. $\begin{pmatrix}3&2\\4&1\end{pmatrix}$　　B. $\begin{pmatrix}3&-2\\-4&1\end{pmatrix}$　　C. $\begin{pmatrix}3&4\\2&1\end{pmatrix}$　　D. $\begin{pmatrix}3&-4\\-2&1\end{pmatrix}$

5. 设 $\boldsymbol{A},\boldsymbol{B}$ 为 n 阶对称矩阵,则下列结论中不正确的是(　　).

A. $\boldsymbol{A}+\boldsymbol{B}$ 为对称矩阵　　B. 对任意的矩阵 $\boldsymbol{P}_{n\times n}$,$\boldsymbol{P}^{\mathrm{T}}\boldsymbol{AP}$ 为对称矩阵

C. $\boldsymbol{AB}$ 为对称矩阵　　D. 若 $\boldsymbol{A},\boldsymbol{B}$ 可交换,则 $\boldsymbol{AB}$ 为对称矩阵

6. 设 $\boldsymbol{A}$ 是 3 阶方阵,且 $|\boldsymbol{A}|=2$ 则 $|2\boldsymbol{A}^{-1}|=$(　　).

A. -4　　B. -1　　C. 1　　D. 4

7. 设矩阵 $\boldsymbol{A}=\begin{pmatrix}a_{11}&a_{12}\\a_{21}&a_{22}\end{pmatrix}$,$\boldsymbol{B}=\begin{pmatrix}a_{21}+a_{11}&a_{22}+a_{12}\\a_{11}&a_{12}\end{pmatrix}$,$\boldsymbol{P}_1=\begin{pmatrix}0&1\\1&0\end{pmatrix}$,$\boldsymbol{P}_2=\begin{pmatrix}1&0\\1&1\end{pmatrix}$,则必有(　　).

A. $\boldsymbol{P}_1\boldsymbol{P}_2\boldsymbol{A}=\boldsymbol{B}$　　B. $\boldsymbol{P}_2\boldsymbol{P}_1\boldsymbol{A}=\boldsymbol{B}$　　C. $\boldsymbol{AP}_1\boldsymbol{P}_2=\boldsymbol{B}$　　D. $\boldsymbol{AP}_2\boldsymbol{P}_1=\boldsymbol{B}$

8. 设矩阵 $\boldsymbol{A}=\begin{pmatrix}1&0&-1&0\\0&-2&3&4\\0&0&0&5\end{pmatrix}$,则 $\boldsymbol{A}$ 中(　　).

A. 所有 2 阶子式都不为零　　B. 所有 2 阶子式都为零

C. 所有 3 阶子式都不为零　　D. 至少有一个 3 阶子式不为零

9. 若 $\boldsymbol{A}=\begin{pmatrix}1&2&4\\2&\lambda&8\\3&6&\lambda+8\end{pmatrix}$ 的秩为 1,则 $\lambda=$(　　).

A. 1　　B. 2　　C. 3　　D. 4

10. 设 $\boldsymbol{A}$ 为 $m\times n$ 矩阵,且 $r(\boldsymbol{A})=r<m<n$,则下列说法错误的是(　　).

A. $\boldsymbol{A}$ 中 r 阶子式不全为 0　　B. $\boldsymbol{A}$ 中每一个阶数大于 r 的子式皆为 0

C. $\boldsymbol{A}$ 经初等变换可化为 $\begin{pmatrix}\boldsymbol{I}_r&\boldsymbol{O}\\\boldsymbol{O}&\boldsymbol{O}\end{pmatrix}$　　D. $\boldsymbol{A}$ 可能是满秩矩阵

二、填空题

1. 设矩阵 $\boldsymbol{A}=\begin{pmatrix}1&2&0\\0&2&1\\0&0&1\end{pmatrix}$,$\boldsymbol{B}=\begin{pmatrix}1&0&0\\0&2&1\\0&1&3\end{pmatrix}$,则 $\boldsymbol{A}+2\boldsymbol{B}=$______.

2. 设矩阵 $\boldsymbol{A}=\begin{pmatrix}2 & 0 & 1\\ -1 & 1 & -3\end{pmatrix}$，$\boldsymbol{B}=\begin{pmatrix}0 & 4 & 2\\ 3 & 5 & 7\end{pmatrix}$，则 $\boldsymbol{A}^{\mathrm{T}}\boldsymbol{B}=$______.

3. 设 $\boldsymbol{A}=\begin{pmatrix}2 & & \\ & 3 & \\ & & 4\end{pmatrix}$，则 $\boldsymbol{A}^2=$______，$\boldsymbol{A}^n=$______.

4. 已知 $\boldsymbol{\alpha}=(1\quad 2\quad 3)$，$\boldsymbol{\beta}=\left(1\quad \frac{1}{2}\quad \frac{1}{3}\right)$. 矩阵 $\boldsymbol{A}=\boldsymbol{\alpha}^{\mathrm{T}}\boldsymbol{\beta}$，则 $\boldsymbol{A}^n=$______.

5. 设 $\boldsymbol{A}=\begin{pmatrix}1 & 0 & 0\\ 2 & 2 & 0\\ 3 & 4 & 5\end{pmatrix}$，则 $(\boldsymbol{A}^*)^{-1}=$______.

6. 设 3 阶方阵 $\boldsymbol{A}=\begin{pmatrix}1 & 0 & 0\\ 2 & 2 & 0\\ 3 & 3 & 3\end{pmatrix}$，则矩阵 $\boldsymbol{A}^*\boldsymbol{A}=$______.

7. 已知 $\boldsymbol{A}=\begin{pmatrix}x & 2 & -2\\ 2 & x & 3\\ 3 & -1 & 1\end{pmatrix}$ 不可逆，则 $x=$______.

8. 设 $\boldsymbol{A},\boldsymbol{B}$ 均为 3 阶方阵，且 $|\boldsymbol{A}|=2$，$|\boldsymbol{B}|=-3$，$\boldsymbol{A}^*$ 是 $\boldsymbol{A}$ 的伴随矩阵，则 $|3\boldsymbol{A}^*\boldsymbol{B}^{-1}|=$______.

9. 已知 $\boldsymbol{A}^2-2\boldsymbol{A}-8\boldsymbol{E}=\boldsymbol{O}$，则 $(\boldsymbol{A}+\boldsymbol{E})^{-1}=$______.

10. 设 $\boldsymbol{A},\boldsymbol{B}$ 均为 3 阶方阵，若 $|\boldsymbol{A}|=-1$，$|\boldsymbol{B}|=3$，则 $\begin{vmatrix}2\boldsymbol{A} & \boldsymbol{A}\\ \boldsymbol{O} & \boldsymbol{B}\end{vmatrix}=$______.

11. 设矩阵 $\boldsymbol{B}_{1\times n}=\left(\frac{1}{2}\quad 0\quad \cdots\quad 0\quad \frac{1}{2}\right)$，$\boldsymbol{A}=\boldsymbol{E}-\boldsymbol{B}^{\mathrm{T}}\boldsymbol{B}$，$\boldsymbol{C}=\boldsymbol{E}+2\boldsymbol{B}^{\mathrm{T}}\boldsymbol{B}$，则 $|\boldsymbol{AC}|=$______.

12. 设 $\boldsymbol{A}$ 为 $m\times n$ 矩阵，$\boldsymbol{C}$ 为 n 阶可逆矩阵，矩阵 $\boldsymbol{A}$ 的秩为 r，则矩阵 $\boldsymbol{B}=\boldsymbol{AC}$ 的秩为______.

三、解答题

1. 设矩阵 $\boldsymbol{A}=\begin{pmatrix}2 & 3\\ -1 & 2\end{pmatrix}$，求矩阵 $\boldsymbol{X}$，使得 $\boldsymbol{AX}=\boldsymbol{A}^{\mathrm{T}}$.

2. 设

$$\boldsymbol{A}=\begin{pmatrix}3 & 1 & 1\\ 2 & 1 & 2\\ 1 & 2 & 3\end{pmatrix},\quad \boldsymbol{B}=\begin{pmatrix}1 & 1 & -1\\ 2 & -1 & 0\\ 1 & -1 & 1\end{pmatrix},$$

(1) 求 $\boldsymbol{AB}$ 和 $\boldsymbol{BA}$；

(2) 求 $\boldsymbol{AB}-\boldsymbol{BA}$.

3. 某石油公司所属的三个炼油厂 A_1, A_2, A_3 在 2003 年和 2004 年所生产的四种油品 B_1，B_2, B_3, B_4 的数量如下表(单位：10^4 t)：

产　量		油品							
		2003 年				2004 年			
		B_1	B_2	B_3	B_4	B_1	B_2	B_3	B_4
工厂	A_1	58	27	15	4	63	25	13	5
	A_2	72	30	18	5	90	30	20	7
	A_3	65	25	14	3	80	28	18	5

(1) 作矩阵 $\boldsymbol{A}_{3\times 4}$ 和 $\boldsymbol{B}_{3\times 4}$ 分别表示 2003 年、2004 年工厂 $A_i(i=1,2,3)$ 产油品 $B_j(j=1,2,3,4)$ 的数量；

(2) 计算 $\boldsymbol{A}+\boldsymbol{B}$ 和 $\boldsymbol{B}-\boldsymbol{A}$，分别说明其经济意义；

(3) 计算 $\frac{1}{2}(\boldsymbol{A}+\boldsymbol{B})$，并说明其经济意义.

4. 设某港口在一月份出口到三个地区的两种货物的数量以及两种货物的单位价格、质量、体积如下表：

出　口　量		地　区			单　位		
		北美	西欧	非洲	价格/万元	质量/t	体积/m^3
货物	A_1	2000	1000	800	0.2	0.011	0.12
	A_2	1200	1300	500	0.35	0.05	0.5

(1) 利用矩阵乘法计算经该港口出口到三个地区的货物总价值、总质量、总体积各为多少？

(2) 利用(1)的结果计算经该港口出口的货物总价值、总质量、总体积为多少？

5. 设矩阵

$$\boldsymbol{M}=\begin{pmatrix} a & b & c & d \\ -b & a & -d & c \\ -c & d & a & -b \\ -d & -c & b & a \end{pmatrix}\quad (a,b,c,d \text{ 均为实数}),$$

(1) 计算 $\boldsymbol{M}\boldsymbol{M}^{\mathrm{T}}$；

(2) 利用(1)的结果，求 $|\boldsymbol{M}|$.

6. 若 n 阶矩阵满足 $\boldsymbol{A}^2-2\boldsymbol{A}-4\boldsymbol{E}=\boldsymbol{O}$，试证：$\boldsymbol{A}+\boldsymbol{E}$ 可逆，并求 $(\boldsymbol{A}+\boldsymbol{E})^{-1}$.

7. 用分块矩阵乘法求下列矩阵的乘积：

$$\begin{pmatrix} a & 0 & 0 & 0 \\ 0 & a & 0 & 0 \\ 1 & 0 & b & 0 \\ 0 & 1 & 0 & b \end{pmatrix}\cdot\begin{pmatrix} 1 & 0 & c & 0 \\ 0 & 1 & 0 & c \\ 0 & 0 & d & 0 \\ 0 & 0 & 0 & d \end{pmatrix}.$$

8. 解下列矩阵方程,求出未知矩阵 $\boldsymbol{X}$.

(1) $\begin{pmatrix} 2 & 5 \\ 1 & 3 \end{pmatrix}\boldsymbol{X}=\begin{pmatrix} 4 & -6 \\ 2 & 1 \end{pmatrix}$; (2) $\boldsymbol{X}\begin{pmatrix} 1 & 1 & -1 \\ 2 & 1 & 0 \\ 1 & -1 & 1 \end{pmatrix}=\begin{pmatrix} 1 & 1 & 3 \\ 4 & 3 & 2 \\ 1 & 2 & 5 \end{pmatrix}$.

9. 按分块的方法求下列矩阵的逆矩阵:

$$\begin{pmatrix} 1 & 2 & 3 & 4 \\ 0 & 1 & 2 & 3 \\ 0 & 0 & 1 & 2 \\ 0 & 0 & 0 & 1 \end{pmatrix}.$$

10. 设 $\boldsymbol{A}=\begin{pmatrix} a_{11} & a_{12} & a_{13} & a_{14} \\ a_{21} & a_{22} & a_{23} & a_{24} \\ a_{31} & a_{32} & a_{33} & a_{34} \end{pmatrix}$,计算

(1) $\begin{pmatrix} 0 & 0 & 1 \\ 0 & 1 & 0 \\ 1 & 0 & 0 \end{pmatrix}\boldsymbol{A}$; (2) $\boldsymbol{A}\begin{pmatrix} 1 & 0 & 0 & 0 \\ 0 & 0 & 0 & 1 \\ 0 & 0 & 1 & 0 \\ 0 & 1 & 0 & 0 \end{pmatrix}$; (3) $\boldsymbol{A}\begin{pmatrix} 1 & 0 & 0 & 0 \\ 0 & 1 & 0 & 0 \\ 0 & 0 & k & 0 \\ 0 & 0 & 0 & 1 \end{pmatrix}$; (4) $\begin{pmatrix} 1 & 0 & 0 \\ l & 1 & 0 \\ 0 & 0 & 1 \end{pmatrix}\boldsymbol{A}$.

11. 把下列矩阵化为行最简形矩阵.

(1) $\boldsymbol{A}=\begin{pmatrix} 1 & -3 & 4 & 5 \\ 2 & -2 & 7 & 9 \\ 3 & 3 & 9 & 12 \end{pmatrix}$; (2) $\boldsymbol{A}=\begin{pmatrix} 1 & 2 & 3 \\ 3 & 1 & 2 \\ 2 & 3 & 1 \end{pmatrix}$;

(3) $\boldsymbol{A}=\begin{pmatrix} 1 & 2 \\ 2 & 1 \\ 1 & 3 \end{pmatrix}$; (4) $\boldsymbol{A}=\begin{pmatrix} 1 & -1 & 2 & 1 & 0 \\ 3 & 0 & 6 & -1 & 1 \\ 0 & 3 & 0 & 0 & 0 \end{pmatrix}$.

12. 求下列矩阵的逆矩阵.

(1) $\boldsymbol{A}=\begin{pmatrix} 1 & 1 & 1 \\ 0 & 1 & 1 \\ 1 & 0 & 1 \end{pmatrix}$; (2) $\boldsymbol{A}=\begin{pmatrix} 2 & 2 & 3 \\ 1 & -1 & 0 \\ -1 & 2 & 1 \end{pmatrix}$; (3) $\boldsymbol{A}=\begin{pmatrix} 3 & -2 & 0 & -1 \\ 0 & 2 & 2 & 1 \\ 1 & -2 & -3 & -2 \\ 0 & 1 & 2 & 1 \end{pmatrix}$.

13. 求下列矩阵的秩.

(1) $\begin{pmatrix} 1 & 2 & 3 & 4 \\ 1 & -2 & 4 & 5 \\ 1 & 10 & 1 & 2 \end{pmatrix}$; (2) $\begin{pmatrix} 0 & 1 & 1 & -1 & 2 \\ 0 & 2 & 2 & 2 & 0 \\ 0 & -1 & -1 & 1 & 1 \\ 1 & 1 & 0 & 0 & -1 \end{pmatrix}$.

14. 设 $\boldsymbol{A},\boldsymbol{B},\boldsymbol{C}$ 为同阶矩阵，且 $\boldsymbol{C}$ 为非奇异矩阵，满足 $\boldsymbol{C}^{-1}\boldsymbol{A}\boldsymbol{C}=\boldsymbol{B}$. 求证：

$$\boldsymbol{C}^{-1}\boldsymbol{A}^m\boldsymbol{C}=\boldsymbol{B}^m.$$

15. 设 $\boldsymbol{\alpha}$ 是 $n\times 1$ 矩阵，$\boldsymbol{\alpha}\neq 0$，$\boldsymbol{A}=\boldsymbol{E}-\boldsymbol{\alpha}\boldsymbol{\alpha}^{\mathrm{T}}$. 证明：

(1) $\boldsymbol{A}^2=\boldsymbol{A}$ 的充分必要条件是 $\boldsymbol{\alpha}^{\mathrm{T}}\boldsymbol{\alpha}=1$；

(2) 当 $\boldsymbol{\alpha}^{\mathrm{T}}\boldsymbol{\alpha}=1$ 时，$\boldsymbol{A}$ 是不可逆矩阵.

(B)

一、选择题

1. 设 $\boldsymbol{A},\boldsymbol{B}$ 均为 n 阶矩阵，则下列结论中正确的是(　　).

A. $(\boldsymbol{A}+\boldsymbol{B})(\boldsymbol{A}-\boldsymbol{B})=\boldsymbol{A}^2-\boldsymbol{B}^2$　　B. $(\boldsymbol{A}\boldsymbol{B})^k=\boldsymbol{A}^k\boldsymbol{B}^k$；

C. $|k\boldsymbol{A}\boldsymbol{B}|=k|\boldsymbol{A}|\cdot|\boldsymbol{B}|$　　D. $|(\boldsymbol{A}\boldsymbol{B})^k|=|\boldsymbol{A}|^k\cdot|\boldsymbol{B}|^k$

2. 设 $\boldsymbol{A}$ 为 3 阶方阵，$\boldsymbol{A}_j$ 是 $\boldsymbol{A}$ 的第 j 列，$\boldsymbol{B}=(\boldsymbol{A}_3\cdot 3\boldsymbol{A}_2-\boldsymbol{A}_3\cdot 2\boldsymbol{A}_1+5\boldsymbol{A}_2)$. 若 $|\boldsymbol{A}|=-2$，则 $|\boldsymbol{B}|=$(　　).

A. 16　　B. 12　　C. 10　　D. 7

3. 下列结论正确的是(　　).

A. 设 $\boldsymbol{A}\boldsymbol{B}=\boldsymbol{C}$，则 $\boldsymbol{B}\boldsymbol{A}=\boldsymbol{C}$　　B. 设 $\boldsymbol{A}\boldsymbol{B}=\boldsymbol{O}$，则 $\boldsymbol{A}=\boldsymbol{O}$ 或 $\boldsymbol{B}=\boldsymbol{O}$

C. 设 $\boldsymbol{A}\boldsymbol{C}=\boldsymbol{B}\boldsymbol{C}$ 且 $\boldsymbol{C}\neq\boldsymbol{O}$，则 $\boldsymbol{A}=\boldsymbol{B}$　　D. 若 $\boldsymbol{A}\boldsymbol{B}\boldsymbol{C}=\boldsymbol{I}$，则 $\boldsymbol{A},\boldsymbol{B},\boldsymbol{C}$ 都可逆

4. 设 $\boldsymbol{A},\boldsymbol{B}$ 均为 n 阶可逆矩阵，则下述结论中不正确的是(　　).

A. $(\boldsymbol{A}+\boldsymbol{B})^{-1}=\boldsymbol{A}^{-1}+\boldsymbol{B}^{-1}$　　B. $[(\boldsymbol{A}\boldsymbol{B})^{\mathrm{T}}]^{-1}=(\boldsymbol{A}^{-1})^{\mathrm{T}}(\boldsymbol{B}^{-1})^{\mathrm{T}}$

C. $(\boldsymbol{A}^k)^{-1}=(\boldsymbol{A}^{-1})^k$($k$ 为正整数)　　D. $|(k\boldsymbol{A})^{-1}|=k^{-n}|\boldsymbol{A}|^{-1}$($k\neq 0$ 为任意常数)

5. 当 $\boldsymbol{A}=$(　　)时，$\boldsymbol{A}\begin{pmatrix}a_{11}&a_{12}&a_{13}\\a_{21}&a_{22}&a_{23}\\a_{31}&a_{32}&a_{33}\end{pmatrix}=\begin{pmatrix}a_{11}-3a_{31}&a_{12}-3a_{32}&a_{13}-3a_{33}\\a_{21}&a_{22}&a_{23}\\a_{31}&a_{32}&a_{33}\end{pmatrix}$.

A. $\begin{pmatrix}1&0&0\\0&1&0\\-3&0&1\end{pmatrix}$　　B. $\begin{pmatrix}1&0&-3\\0&1&0\\0&0&1\end{pmatrix}$　　C. $\begin{pmatrix}0&0&-3\\0&1&0\\1&0&1\end{pmatrix}$　　D. $\begin{pmatrix}1&0&0\\0&1&0\\0&-3&1\end{pmatrix}$

6. 设 $\boldsymbol{A}$ 为非零 n 阶矩阵，则下列矩阵中不是对称矩阵的是(　　).

A. $\boldsymbol{A}\boldsymbol{A}^{\mathrm{T}}$　　B. $\boldsymbol{A}^{\mathrm{T}}\boldsymbol{A}$　　C. $\boldsymbol{A}-\boldsymbol{A}^{\mathrm{T}}$　　D. $\boldsymbol{A}+\boldsymbol{A}^{\mathrm{T}}$

7. 已知矩阵 $\boldsymbol{A}=\begin{pmatrix}2&1&1\\4&2&a+1\\2&1&1\end{pmatrix}$，$R(\boldsymbol{A})=2$，则 $a\neq$(　　).

A. 1　　B. -1　　C. 0　　D. 2

【拓展阅读】

矩阵的产生与发展

矩阵概念产生于19世纪50年代，是应解线性方程组的需要而产生的. 然而，在公元前我国就已经有了矩阵思想的萌芽. 我国的《九章算术》一书已经对其有所描述，只是没有将它作为一个独立的概念加以研究，而仅用它解决实际问题，所以没能形成独立的矩阵理论. 1850年，英国数学家西尔维斯特(1814—1897)在研究方程的个数与未知量的个数不相同的线性方程组时，由于无法使用行列式，所以引入了矩阵的概念. 英国数学家凯莱(1821—1895)被公认为矩阵论的奠基人，他出生于英国的萨里郡里士满. 1855年，凯莱在研究线性变换下的不变量时，为了简洁、方便，引入了矩阵的概念. 1858年，凯莱在《矩阵论的研究报告》中，定义了两个矩阵相等、相加以及数与矩阵的数乘等运算和运算律，同时定义了零矩阵、单位矩阵等特殊矩阵，更重要的是他在该文中给出了矩阵相乘、矩阵可逆等概念，以及利用伴随矩阵求逆矩阵的方法，证明了有关的运算律，如矩阵乘法有结合律，没有交换律，两个非零矩阵的乘积可以为零矩阵等结论，定义了转置矩阵、对称矩阵、反对称矩阵等概念. 凯莱的《矩阵论的研究报告》的公开发表标志着矩阵理论作为一个独立数学分支的诞生. 1863年，他正式进入学术圈，成为剑桥大学的教授. 他一生发表了约900篇论文，几乎涉及非欧几何、线性代数、群论和高维几何等纯粹数学的所有领域，被收集在《凯莱数学论文集》中. 泰特评价矩阵理论的创造是"凯莱正在为未来的一代物理学家锻造武器". 到20世纪，矩阵理论得到了进一步的发展，矩阵及其理论现已广泛地应用于现代科技的各个领域. 目前，它已经成为在物理学、控制论、机器人学、生物学、经济学等学科有大量应用的数学分支.

第 3 章　线性方程组

在自然科学、工程技术及经济管理中所涉及的许多计算问题都可以归结为线性方程组的求解问题.本章主要研究一般线性方程组的理论与解法.

对一般线性方程组

$$\begin{cases} a_{11}x_1+a_{12}x_2+\cdots+a_{1n}x_n=b_1, \\ a_{21}x_1+a_{22}x_2+\cdots+a_{2n}x_n=b_2, \\ \qquad\qquad\qquad\qquad\vdots \\ a_{m1}x_1+a_{m2}x_2+\cdots+a_{mn}x_n=b_m, \end{cases}$$

我们主要解决以下三个问题：

(1) 线性方程组在什么情况下有解？有解的充要条件是什么？

(2) 若线性方程组有解,它有多少解？

(3) 若线性方程组的解不唯一,如何求出全部解？

为了从理论上系统地阐述以上三个问题,本章引入向量组的线性相关性、向量组的秩的概念及相关理论与方法,这些概念、理论与方法既是线性代数课程的重点,也是学习线性代数的难点.

3.1　线性方程组的消元解法

考虑一般的 n 元线性方程组

$$\begin{cases} a_{11}x_1+a_{12}x_2+\cdots+a_{1n}x_n=b_1, \\ a_{21}x_1+a_{22}x_2+\cdots+a_{2n}x_n=b_2, \\ \qquad\qquad\qquad\qquad\vdots \\ a_{m1}x_1+a_{m2}x_2+\cdots+a_{mn}x_n=b_m \end{cases} \tag{3.1}$$

的求解问题. 方程组(3.1)的矩阵形式为 $\boldsymbol{Ax}=\boldsymbol{b}$,

其中

$$\boldsymbol{A}=\begin{pmatrix} a_{11} & a_{12} & \cdots & a_{1n} \\ a_{21} & a_{22} & \cdots & a_{2n} \\ \vdots & \vdots & & \vdots \\ a_{m1} & a_{m2} & \cdots & a_{mn} \end{pmatrix}$$

称为线性方程组(3.1)的**系数矩阵**,

$$\boldsymbol{b}=\begin{pmatrix} b_1 \\ b_2 \\ \vdots \\ b_m \end{pmatrix}$$

称为线性方程组(3.1)的**常数项矩阵**，

$$\boldsymbol{x}=\begin{pmatrix} x_1 \\ x_2 \\ \vdots \\ x_n \end{pmatrix}$$

为 n 元未知量矩阵.

我们把方程组(3.1)的系数矩阵 $\boldsymbol{A}$ 与常数项矩阵 $\boldsymbol{b}$ 放在一起构成的矩阵

$$(\boldsymbol{A}\quad \boldsymbol{b})=\begin{pmatrix} a_{11} & a_{12} & \cdots & a_{1n} & b_1 \\ a_{21} & a_{22} & \cdots & a_{2n} & b_2 \\ \vdots & \vdots & & \vdots & \vdots \\ a_{m1} & a_{m2} & \cdots & a_{mn} & b_m \end{pmatrix} \tag{3.2}$$

称为线性方程组(3.1)的**增广矩阵**.

在中学代数中,已经学过用消元法解简单的线性方程组,这一方法也适用于求解一般的线性方程组(3.1),并可用其增广矩阵的初等变换表示其求解过程.

例 1　解三元线性方程组

$$\begin{cases} x_1+2x_2+x_3=3, \\ 2x_1+x_2-x_3=-3, \\ x_1-4x_2+2x_3=-1. \end{cases} \qquad ①$$

解　方程组①中第一个方程的－2 倍加到第二个方程,第一个方程的－1 倍加到第三个方程,得

$$\begin{cases} x_1+2x_2+x_3=3, \\ -3x_2-3x_3=-9, \\ -6x_2+x_3=-4. \end{cases} \qquad ②$$

再将方程组②中第二个方程的－2 倍加到第三个方程,得

$$\begin{cases} x_1+2x_2+x_3=3, \\ -3x_2-3x_3=-9, \\ 7x_3=14. \end{cases} \qquad ③$$

方程组③是一个阶梯形方程组,从方程组③的第三个方程可以得到 x_3 的值,然后再逐次代入前两个方程,求出 x_2,x_1,则得到方程组①的解. 现将其方法叙述如下:

将方程组③中第三个方程乘以$\frac{1}{7}$,得:

$$\begin{cases} x_1+2x_2+\ x_3=3, \\ \quad -3x_2-3x_3=-9, \\ \qquad\qquad\quad x_3=2. \end{cases} \tag{④}$$

将方程组④中第一个方程及第二个方程分别加上第三个方程的-1倍及3倍,得

$$\begin{cases} x_1+2x_2 \qquad =1, \\ \quad -3x_2 \qquad =-3, \\ \qquad\qquad x_3=2. \end{cases} \tag{⑤}$$

将方程组⑤的第二个方程乘以$-\frac{1}{3}$,得

$$\begin{cases} x_1+2x_2 \qquad =1, \\ \qquad x_2 \qquad =1, \\ \qquad\qquad x_3=2. \end{cases} \tag{⑥}$$

最后将方程组⑥中第一个方程加第二个方程的-2倍,得

$$\begin{cases} x_1=-1, \\ x_2=1, \\ x_3=2. \end{cases} \tag{⑦}$$

显然,方程组①至⑦都是同解方程组,因而⑦是方程组①的解. 这种解线性方程组的方法称为消元法. ①至④是消元过程,④至⑦由下而上逐步代入的过程称为**回代过程**.

上面的求解过程,可以用方程组①的增广矩阵的初等行变换表示为:

$$(\boldsymbol{A}\quad \boldsymbol{b})=\left(\begin{array}{ccc:c} 1 & 2 & 1 & 3 \\ 2 & 1 & -1 & -3 \\ 1 & -4 & 2 & -1 \end{array}\right) \to \left(\begin{array}{ccc:c} 1 & 2 & 1 & 3 \\ 0 & -3 & -3 & -9 \\ 0 & -6 & 1 & -4 \end{array}\right) \to \left(\begin{array}{ccc:c} 1 & 2 & 1 & 3 \\ 0 & -3 & -3 & -9 \\ 0 & 0 & 7 & 14 \end{array}\right)$$

$$\to \left(\begin{array}{ccc:c} 1 & 2 & 1 & 3 \\ 0 & -3 & -3 & -9 \\ 0 & 0 & 1 & 2 \end{array}\right) \to \left(\begin{array}{ccc:c} 1 & 2 & 0 & 1 \\ 0 & -3 & 0 & -3 \\ 0 & 0 & 1 & 2 \end{array}\right) \to \left(\begin{array}{ccc:c} 1 & 2 & 0 & 1 \\ 0 & 1 & 0 & 1 \\ 0 & 0 & 1 & 2 \end{array}\right)$$

$$\to \left(\begin{array}{ccc:c} 1 & 0 & 0 & -1 \\ 0 & 1 & 0 & 1 \\ 0 & 0 & 1 & 2 \end{array}\right).$$

由最后一个矩阵得到方程组的解

$$x_1=-1,\quad x_2=1,\quad x_3=2.$$

由前面的例子可以看出,用消元法解线性方程组的过程,实质上就是对该方程组的增广矩阵施以初等行变换的过程. 解线性方程组时,为了书写简明,只写出方程组的增广矩阵的变换

过程即可.

对方程组的增广矩阵施以初等行变换,相当于把原方程组变换成一个新的方程组. 下面对一般的线性方程组(3.1)论证新方程组是原方程组的同解方程组.

对增广矩阵的行施以第(1)、(2)种初等变换,分别相当于交换两个方程的次序及用非零数 k 乘某一方程的两边,显然不会改变方程的解.

对增广矩阵的行施以第(3)种初等变换,如将 $(\boldsymbol{A}\quad\boldsymbol{b})$ 的第 i 行的 k 倍加于第 j 行,这相当于将原方程组的第 i 个方程乘以 k 加于第 j 个方程,于是第 j 个方程

$$a_{j1}x_1+a_{j2}x_2+\cdots+a_{jn}x_n=b_j$$

改变为

$$(a_{j1}+ka_{i1})x_1+(a_{j2}+ka_{i2})x_2+\cdots+(a_{jn}+ka_{in})x_n=b_j+kb_i,$$

即

$$a_{j1}x_1+a_{j2}x_2+\cdots+a_{jn}x_n+k(a_{i1}x_1+a_{i2}x_2+\cdots+a_{in}x_n)=b_j+kb_i$$

显然,满足原方程组的解必满足新方程组;反之,满足新方程组的解必满足原方程组. 于是,新方程组与原方程组是同解方程组.

用消元法解线性方程组的一般步骤如下:

首先写出 n 元线性方程组(3.1)的增广矩阵 $(\boldsymbol{A}\quad\boldsymbol{b})$.

第一步,设 $a_{11}\neq0$,否则,将 $(\boldsymbol{A}\quad\boldsymbol{b})$ 的第一行与另一行交换,使第一行第一列的元素不为 0.

第二步,第一行乘 $\left(-\dfrac{a_{i1}}{a_{11}}\right)$ 再加到第 i 行上 $(i=2,3,\cdots,m)$,使 $(\boldsymbol{A}\quad\boldsymbol{b})$ 成为

$$\begin{pmatrix} a_{11} & a_{12} & \cdots & a_{1n} & b_1 \\ 0 & a_{22}^{(1)} & \cdots & a_{2n}^{(1)} & b_2^{(1)} \\ \vdots & \vdots & & \vdots & \vdots \\ 0 & a_{m2}^{(1)} & \cdots & a_{mn}^{(1)} & b_m^{(1)} \end{pmatrix}.$$

对这个矩阵的第二行到第 m 行,第二列到第 n 列再按以上步骤进行,如果有必要,可重新安排方程中未知量的次序,最后可以得到如下形状的阶梯形矩阵

$$\begin{pmatrix} a'_{11} & a'_{12} & \cdots & a'_{1r} & a'_{1,r+1} & \cdots & a'_{1n} & d_1 \\ 0 & a'_{22} & \cdots & a'_{2r} & a'_{2,r+1} & \cdots & a'_{2n} & d_2 \\ \vdots & \vdots & & \vdots & \vdots & & \vdots & \vdots \\ 0 & 0 & \cdots & a'_{rr} & a'_{r,r+1} & \cdots & a'_{rn} & d_r \\ 0 & 0 & \cdots & 0 & \cdots & \cdots & 0 & d_{r+1} \\ 0 & 0 & \cdots & 0 & 0 & \cdots & 0 & 0 \\ \vdots & \vdots & & \vdots & \vdots & & \vdots & \vdots \\ 0 & 0 & \cdots & 0 & 0 & \cdots & 0 & 0 \end{pmatrix}, \tag{3.3}$$

其中 $a'_{ii}\neq0\ (i=1,2,\cdots,r)$. 其相应的阶梯形方程组为:

$$\begin{cases} a'_{11}x_1+a'_{12}x_2+\cdots+a'_{1r}x_r+a'_{1,r+1}x_{r+1}+\cdots+a'_{1n}x_n=d_1, \\ a'_{22}x_2+\cdots+a'_{2r}x_r+a'_{2,r+1}x_{r+1}+\cdots+a'_{2n}x_n=d_2, \\ \vdots \\ a'_{rr}x_r+a'_{r,r+1}x_{r+1}+\cdots+a'_{rn}x_n=d_r, \\ 0=d_{r+1}, \\ 0=0, \\ \vdots \\ 0=0. \end{cases} \tag{3.4}$$

其中 $a'_{ii}\neq 0\ (i=1,2,\cdots,r)$.

从上面的讨论易知,方程组(3.4)与原方程组(3.1)是同解方程组.

由(3.4)可见,化为"0=0"形式的方程是多余的方程,去掉它们不影响方程组的解.

我们只需讨论阶梯形方程组(3.4)的解的各种情况,便可知道原方程组(3.1)的解的情形.

情形 1:如果方程组(3.4)中 $d_{r+1}\neq 0$,则满足前 r 个方程的任何一组数 $x_1,x_2,\cdots,x_n$,都不能满足"$0=d_{r+1}$"这个方程,所以方程组(3.4)无解,从而方程组(3.1)也无解.

情形 2:如果方程组(3.4)中 $d_{r+1}=0$,又有以下两种情况.

(1) 当 $r=n$ 时,方程组(3.4)可写成

$$\begin{cases} a'_{11}x_1+a'_{12}x_2+\cdots+a'_{1n}x_n=d_1, \\ a'_{22}x_2+\cdots+a'_{2n}x_n=d_2, \\ \vdots \\ a'_{nn}x_n=d_n. \end{cases} \tag{3.5}$$

因 $a'_{ii}\neq 0\ (i=1,2,\cdots,n)$,所以它有唯一解. 从方程组(3.5)中最后一个方程解出 x_n,再代入第 $n-1$ 个方程,求出 x_{n-1}. 如此继续下去,则可求出其他未知量,得出它的唯一解,从而得出方程组(3.1)的唯一解.

(2) 当 $r<n$ 时,方程组(3.4)可写成

$$\begin{cases} a'_{11}x_1+a'_{12}x_2+\cdots+a'_{1r}x_r=d_1-a'_{1,r+1}x_{r+1}-\cdots-a'_{1n}x_n, \\ a'_{22}x_2+\cdots+a'_{2r}x_r=d_2-a'_{2,r+1}x_{r+1}-\cdots-a'_{2n}x_n, \\ \vdots \\ a'_{rr}x_r=d_r-a'_{r,r+1}x_{r+1}-\cdots-a'_{rn}x_n. \end{cases} \tag{3.6}$$

同样对它进行回代,则可求出 $x_1,x_2,\cdots,x_r$ 的表达式中含有 $n-r$ 个未知量 $x_{r+1},\cdots,x_n$(称为自由未知量),即

$$\begin{cases} x_1=k_1-k_{1,r+1}x_{r+1}-\cdots-k_{1n}x_n, \\ x_2=k_2-k_{2,r+1}x_{r+1}-\cdots-k_{2n}x_n, \\ \vdots \\ x_r=k_r-k_{r,r+1}x_{r+1}-\cdots-k_{rn}x_n. \end{cases} \tag{3.7}$$

它由 $n-r$ 个自由未知量 $x_{r+1},\cdots,x_n$ 取不同值而得不同的解．如果取 $x_{r+1}=c_1,x_{r+2}=c_2,\cdots,x_n=c_{n-r}$，其中 $c_1,c_2,\cdots,c_{n-r}$ 为任意常数，则方程组(3.7)有如下无穷多个解：

$$\begin{cases}x_1=k_1-k_{1,r+1}c_1-\cdots-k_{1n}c_{n-r},\\x_2=k_2-k_{2,r+1}c_1-\cdots-k_{2n}c_{n-r},\\\quad\vdots\\x_r=k_r-k_{r,r+1}c_1-\cdots-k_{rn}c_{n-r},\\x_{r+1}=c_1,\\x_{r+2}=c_2,\\\quad\vdots\\x_n=c_{n-r}.\end{cases}\tag{3.8}$$

它是方程组(3.4)的无穷多个解的一般形式，也是方程组(3.1)的无穷多个解的一般形式．

总之，解线性方程组的步骤是：用初等行变换化方程组(3.1)的增广矩阵为阶梯形矩阵，根据 d_{r+1} 不等于零或等于零判断原方程组是否有解．如果 $d_{r+1}\neq0$，则有 $r(\boldsymbol{A})=r$，而 $r(\boldsymbol{A}\quad\boldsymbol{b})=r+1$，即 $r(\boldsymbol{A})\neq r(\boldsymbol{A}\quad\boldsymbol{b})$，此时方程组(3.1)无解；如果 $d_{r+1}=0$，则有 $r(\boldsymbol{A})=r(\boldsymbol{A}\quad\boldsymbol{b})=r$，此时方程组(3.1)有解．而当 $r=n$ 时，有唯一解；当 $r<n$ 时，有无穷多个解．然后，回代求出解．由以上讨论可得出以下定理．

定理 3.1　n 元线性方程组(3.1)有解的充分必要条件是：$r(\boldsymbol{A}\quad\boldsymbol{b})=r(\boldsymbol{A})$，且当 $r(\boldsymbol{A}\quad\boldsymbol{b})=n$ 时有唯一解，当 $r(\boldsymbol{A}\quad\boldsymbol{b})<n$ 时有无穷多个解．

例 1 中的线性方程组是三元方程组，由于 $r(\boldsymbol{A})=r(\boldsymbol{A}\quad\boldsymbol{b})=3$，所以方程组有唯一解．

例 2　解线性方程组

$$\begin{cases}x_1-5x_2+2x_3-3x_4=11,\\5x_1+3x_2+6x_3-x_4=-1,\\2x_1+4x_2+2x_3+x_4=-6.\end{cases}$$

解　对方程组的增广矩阵$(\boldsymbol{A}\quad\boldsymbol{b})$施以初等行变换，化为阶梯形矩阵：

$$(\boldsymbol{A}\quad\boldsymbol{b})=\left(\begin{array}{cccc:c}1&-5&2&-3&11\\5&3&6&-1&-1\\2&4&2&1&-6\end{array}\right)\to\left(\begin{array}{cccc:c}1&-5&2&-3&11\\0&28&-4&14&-56\\0&14&-2&7&-28\end{array}\right)$$

$$\to\left(\begin{array}{cccc:c}1&-5&2&-3&11\\0&14&-2&7&-28\\0&0&0&0&0\end{array}\right)\to\left(\begin{array}{cccc:c}1&-5&2&-3&11\\0&1&-\frac{1}{7}&\frac{1}{2}&-2\\0&0&0&0&0\end{array}\right)$$

$$\to\left(\begin{array}{cccc:c}1&0&\frac{9}{7}&-\frac{1}{2}&1\\0&1&-\frac{1}{7}&\frac{1}{2}&-2\\0&0&0&0&0\end{array}\right).$$

因为 $r(\boldsymbol{A}\quad\boldsymbol{b})=r(\boldsymbol{A})=2<4$,故方程组有无穷多解. 其中

$$\begin{cases}x_1=1-\dfrac{9}{7}x_3+\dfrac{1}{2}x_4,\\ x_2=-2+\dfrac{1}{7}x_3-\dfrac{1}{2}x_4.\end{cases}$$

取 $x_3=c_1,x_4=c_2$(其中 c_1,c_2 为任意常数),则方程组的全部解为

$$\begin{cases}x_1=1-\dfrac{9}{7}c_1+\dfrac{1}{2}c_2,\\ x_2=-2+\dfrac{1}{7}c_1-\dfrac{1}{2}c_2,\\ x_3=c_1,\\ x_4=c_2.\end{cases}$$

例 3　解线性方程组

$$\begin{cases}x_1+x_2+2x_3+3x_4=1,\\ x_2+x_3-4x_4=1,\\ x_1+2x_2+3x_3-x_4=4,\\ 2x_1+3x_2-x_3-x_4=-6.\end{cases}$$

解

$$(\boldsymbol{A}\quad\boldsymbol{b})=\left(\begin{array}{cccc:c}1&1&2&3&1\\0&1&1&-4&1\\1&2&3&-1&4\\2&3&-1&-1&-6\end{array}\right)\to\left(\begin{array}{cccc:c}1&1&2&3&1\\0&1&1&-4&1\\0&1&1&-4&3\\0&1&-5&-7&-8\end{array}\right)$$

$$\to\left(\begin{array}{cccc:c}1&1&2&3&1\\0&1&1&-4&1\\0&0&0&0&2\\0&0&-6&-3&-9\end{array}\right)\to\left(\begin{array}{cccc:c}1&1&2&3&1\\0&1&1&-4&1\\0&0&6&3&9\\0&0&0&0&2\end{array}\right).$$

因为 $r(\boldsymbol{A})=3,r(\boldsymbol{A}\quad\boldsymbol{b})=4,r(\boldsymbol{A}\quad\boldsymbol{b})\neq r(\boldsymbol{A})$,所以原方程组无解.

例 4　λ 取何值时,线性方程组

$$\begin{cases}x_1+x_2+x_3=\lambda,\\ \lambda x_1+x_2+x_3=1,\\ x_1+x_2+\lambda x_3=1\end{cases}$$

有解? 其解是多少?

解

$$(\boldsymbol{A}\quad\boldsymbol{b})=\left(\begin{array}{ccc:c}1&1&1&\lambda\\\lambda&1&1&1\\1&1&\lambda&1\end{array}\right)\to\left(\begin{array}{ccc:c}1&1&1&\lambda\\0&1-\lambda&1-\lambda&1-\lambda^2\\0&0&\lambda-1&1-\lambda\end{array}\right),$$

当 $\lambda\neq1$ 时,$r(\boldsymbol{A})=r(\boldsymbol{A}\quad\boldsymbol{b})=3$,方程组有唯一解

$$\begin{cases} x_1=-1, \\ x_2=\lambda+2, \\ x_3=-1. \end{cases}$$

当 $\lambda=1$ 时，$r(\mathbf{A})=r(\mathbf{A}\quad \boldsymbol{b})=1<3$ 方程组有无穷多个解，设 $x_2=c_1$，$x_3=c_2$（c_1，c_2 为任意常数），于是得到方程组的一般解

$$\begin{cases} x_1=1-c_1-c_2, \\ x_2=c_1, \\ x_3=c_2. \end{cases}$$

当线性方程组(3.1)中的常数项均为零时，这样的线性方程组称为**齐次线性方程组**，其一般形式为

$$\begin{cases} a_{11}x_1+a_{12}x_2+\cdots+a_{1n}x_n=0, \\ a_{21}x_1+a_{22}x_2+\cdots+a_{2n}x_n=0, \\ \qquad\qquad\vdots \\ a_{m1}x_1+a_{m2}x_2+\cdots+a_{mn}x_n=0. \end{cases} \tag{3.9}$$

其中 $\mathbf{A}=\begin{pmatrix} a_{11} & a_{12} & \cdots & a_{1n} \\ a_{21} & a_{22} & \cdots & a_{2n} \\ \vdots & \vdots & & \vdots \\ a_{m1} & a_{m2} & \cdots & a_{mn} \end{pmatrix}$ 为系数矩阵，常数项矩阵为 $\boldsymbol{O}=\begin{pmatrix} 0 \\ 0 \\ \vdots \\ 0 \end{pmatrix}$.

方程组(3.9)恒有解，因为它至少有零解. 由定理 3.1 可知，当 $r(\mathbf{A})=n$ 时，方程组(3.9)只有零解. 当 $r(\mathbf{A})<n$ 时，方程组(3.9)有无穷多个解，即除零解外还有非零解. 于是有以下定理.

定理 3.2　齐次线性方程组(3.9)有非零解的充分必要条件是：$r(\mathbf{A})<n$.

推论　当 $m<n$ 时，齐次线性方程组(3.9)有非零解.

证明　因为 $r(\mathbf{A})\leqslant \min(m,n)=m<n$，由定理 3.2 知方程组(3.9)有非零解.

例 5　解齐次线性方程组

$$\begin{cases} x_1-x_2+5x_3-x_4=0, \\ x_1+x_2-2x_3+3x_4=0, \\ 3x_1-x_2+8x_3+x_4=0. \end{cases}$$

解　对系数矩阵 $\mathbf{A}$ 作初等行变换，

$$\mathbf{A}=\begin{pmatrix} 1 & -1 & 5 & -1 \\ 1 & 1 & -2 & 3 \\ 3 & -1 & 8 & 1 \end{pmatrix} \to \begin{pmatrix} 1 & -1 & 5 & -1 \\ 0 & 2 & -7 & 4 \\ 0 & 2 & -7 & 4 \end{pmatrix}$$

$$\to\begin{pmatrix}1 & -1 & 5 & -1\\ 0 & 2 & -7 & 4\\ 0 & 0 & 0 & 0\end{pmatrix}\to\begin{pmatrix}1 & 0 & \frac{3}{2} & 1\\ 0 & 1 & -\frac{7}{2} & 2\\ 0 & 0 & 0 & 0\end{pmatrix}.$$

因 $r(\boldsymbol{A})=2<4$，故方程组有非零解，得出原方程组的同解方程组

$$\begin{cases}x_1+\frac{3}{2}x_3+x_4=0,\\ x_2-\frac{7}{2}x_3+2x_4=0.\end{cases}$$

设 $x_3=c_1$，$x_4=c_2$（c_1，c_2 为任意常数），于是得到方程组的一般解为

$$\begin{cases}x_1=-\frac{3}{2}c_1-c_2,\\ x_2=\frac{7}{2}c_1-2c_2,\\ x_3=c_1,\\ x_4=c_2.\end{cases}$$

3.2　n 维向量空间

为了深入讨论线性方程组的问题，我们来介绍 n 维向量的有关概念.

一个 $m\times n$ 矩阵的每一行都是由 n 个数组成的有序数组，其每一列都是由 m 个数组成的有序数组. 在研究其他问题时也常遇到有序数组，例如平面上一点的坐标和空间中一点的坐标分别是二元和三元有序数组 (x,y)，(x,y,z)，又如把组成社会生产的各个部门的产品或劳务的数量，按一定次序排列起来，就得到关于国民经济各部门产品或劳务的有序数组.

定义 3.1　n 个实数组成的有序数组称为 n 维向量. 一般用 $\boldsymbol{\alpha}$，$\boldsymbol{\beta}$，$\boldsymbol{\gamma}$ 等希腊字母表示，有时也用 $\boldsymbol{a}$，$\boldsymbol{b}$，$\boldsymbol{c}$，$\boldsymbol{o}$，$\boldsymbol{u}$，$\boldsymbol{v}$，$\boldsymbol{x}$，$\boldsymbol{y}$ 等拉丁字母表示.

$$\boldsymbol{\alpha}=(a_1,a_2,\cdots,a_n)$$

为 n 维行向量，其中 a_i 称为向量 $\boldsymbol{\alpha}$ 的第 i 个分量.

$$\boldsymbol{\beta}=\begin{pmatrix}b_1\\ b_2\\ \vdots\\ b_n\end{pmatrix}$$

为 n 维列向量. b_i 称为向量 $\boldsymbol{\beta}$ 的第 i 个分量，要把列（行）向量写成行（列）向量可用转置记号，例如上述列向量 $\boldsymbol{\beta}$ 可写成 $\boldsymbol{\beta}=(b_1,b_2,\cdots,b_n)^{\mathrm{T}}$.

矩阵 $\boldsymbol{A}=\begin{pmatrix} a_{11} & a_{12} & \cdots & a_{1n} \\ a_{21} & a_{22} & \cdots & a_{2n} \\ \vdots & \vdots & & \vdots \\ a_{m1} & a_{m2} & \cdots & a_{mn} \end{pmatrix}$ 中的每一行 $(a_{i1},a_{i2},\cdots,a_{in})(i=1,2,\cdots,m)$ 都是 n 维行向量，每一列 $\begin{pmatrix} a_{1j} \\ a_{2j} \\ \vdots \\ a_{mj} \end{pmatrix}(j=1,2,\cdots,n)$ 都是 m 维列向量.

两个 n 维向量当且仅当它们各对应分量都相等时，才是相等的，即如果

$$\boldsymbol{\alpha}=(a_1,a_2,\cdots,a_n),\quad \boldsymbol{\beta}=(b_1,b_2,\cdots,b_n)$$

当且仅当 $a_i=b_i(i=1,2,\cdots,n)$ 时，$\boldsymbol{\alpha}=\boldsymbol{\beta}$.

所有分量均为零的向量称为零向量，记为 $\mathbf{0}=(0,0,\cdots,0)$.

n 维向量 $\boldsymbol{\alpha}=(a_1,a_2,\cdots,a_n)$ 的各分量的相反数组成的 n 维向量，称为 $\boldsymbol{\alpha}$ 的负向量，记为 $-\boldsymbol{\alpha}$，即

$$-\boldsymbol{\alpha}=(-a_1,-a_2,\cdots,-a_n).$$

定义 3.2　两个 n 维向量 $\boldsymbol{\alpha}=(a_1,a_2,\cdots,a_n)$ 与 $\boldsymbol{\beta}=(b_1,b_2,\cdots,b_n)$ 的各对应分量之和所组成的向量，称为向量 $\boldsymbol{\alpha}$ 与 $\boldsymbol{\beta}$ 的和，记为 $\boldsymbol{\alpha}+\boldsymbol{\beta}$，即

$$\boldsymbol{\alpha}+\boldsymbol{\beta}=(a_1+b_1,a_2+b_2,\cdots,a_n+b_n).$$

由向量加法及负向量的定义，可定义向量减法：

$$\boldsymbol{\alpha}-\boldsymbol{\beta}=\boldsymbol{\alpha}+(-\boldsymbol{\beta})=(a_1,a_2,\cdots,a_n)+(-b_1,-b_2,\cdots,-b_n)=(a_1-b_1,a_2-b_2,\cdots,a_n-b_n).$$

定义 3.3　n 维向量 $\boldsymbol{\alpha}=(a_1,a_2,\cdots,a_n)$ 的各个分量都乘以 k（k 为一实数）所组成的向量，称为数 k 与向量 $\boldsymbol{\alpha}$ 的乘积，记为 $k\boldsymbol{\alpha}$，即 $k\boldsymbol{\alpha}=(ka_1,ka_2,\cdots,ka_n)$.

向量的加、减及数乘运算统称为向量的线性运算.

定义 3.4　所有 n 维实向量的集合记为 $\mathbf{R}^n$，我们称 $\mathbf{R}^n$ 为实 n 维向量空间. $\mathbf{R}^n$ 中定义了加法及数乘这两种运算，并且这两种运算满足以下 8 条规律：

(1) $\boldsymbol{\alpha}+\boldsymbol{\beta}=\boldsymbol{\beta}+\boldsymbol{\alpha}$；

(2) $\boldsymbol{\alpha}+(\boldsymbol{\beta}+\boldsymbol{\nu})=(\boldsymbol{\alpha}+\boldsymbol{\beta})+\boldsymbol{\nu}$；

(3) $\boldsymbol{\alpha}+\mathbf{0}=\mathbf{0}$；

(4) $\boldsymbol{\alpha}+(-\boldsymbol{\alpha})=\mathbf{0}$；

(5) $(k+l)\boldsymbol{\alpha}=k\boldsymbol{\alpha}+l\boldsymbol{\alpha}$；

(6) $k(\boldsymbol{\alpha}+\boldsymbol{\beta})=k\boldsymbol{\alpha}+k\boldsymbol{\beta}$；

(7) $(kl)\boldsymbol{\alpha}=k(l\boldsymbol{\alpha})$；

(8) $1\times\boldsymbol{\alpha}=\boldsymbol{\alpha}$.

其中 $\boldsymbol{\alpha},\boldsymbol{\beta},\boldsymbol{\nu}$ 都是 n 维向量，k,l 为实数.

例 1 设 $\boldsymbol{\alpha}=(1,2,-1,5)$，$\boldsymbol{\beta}=(2,-1,1,1)$，求 $2\boldsymbol{\alpha}+\boldsymbol{\beta}$.

解
$$\begin{aligned}2\boldsymbol{\alpha}+\boldsymbol{\beta}&=2(1,2,-1,5)+(2,-1,1,1)=(2,4,-2,10)+(2,-1,1,1)\\&=(4,3,-1,11).\end{aligned}$$

3.3 向量间的线性关系

一、线性组合

线性方程组(3.1)可以写成如下的常数列向量与系数列向量的线性关系

$$x_1\boldsymbol{\alpha}_1+x_2\boldsymbol{\alpha}_2+x_n\boldsymbol{\alpha}_n=\boldsymbol{\beta},$$

其称为方程组(3.1)的**向量形式**. 其中

$$\boldsymbol{\alpha}_j=\begin{pmatrix}a_{1j}\\a_{2j}\\\vdots\\a_{mj}\end{pmatrix}\quad(j=1,2,\cdots,n),\qquad \boldsymbol{\beta}=\begin{pmatrix}b_1\\b_2\\\vdots\\b_m\end{pmatrix}$$

都是 m 维列向量. 于是，线性方程组(3.1)是否有解，就相当于是否存在一组数

$$x_1=k_1,x_2=k_2,\cdots,x_n=k_n$$

使线性关系式

$$k_1\boldsymbol{\alpha}_1+k_2\boldsymbol{\alpha}_2+\cdots+k_n\boldsymbol{\alpha}_n=\boldsymbol{\beta}$$

成立，即常数列向量 $\boldsymbol{\beta}$ 是否可以表示成上述系数列向量组 $\boldsymbol{\alpha}_1,\boldsymbol{\alpha}_2,\cdots,\boldsymbol{\alpha}_n$ 的线性关系式. 如果可以，则方程组有解；否则，方程组无解.

定义 3.5 对于给定向量 $\boldsymbol{\beta},\boldsymbol{\alpha}_1,\boldsymbol{\alpha}_2,\cdots,\boldsymbol{\alpha}_n$，如果存在一组数 $k_1,k_2,\cdots,k_n$，使关系式

$$\boldsymbol{\beta}=k_1\boldsymbol{\alpha}_1+k_2\boldsymbol{\alpha}_2+\cdots+k_n\boldsymbol{\alpha}_n \tag{3.10}$$

成立，则称向量 $\boldsymbol{\beta}$ 是向量组 $\boldsymbol{\alpha}_1,\boldsymbol{\alpha}_2,\cdots,\boldsymbol{\alpha}_n$ 的线性组合，或称向量 $\boldsymbol{\beta}$ 可以由向量组 $\boldsymbol{\alpha}_1,\boldsymbol{\alpha}_2,\cdots,\boldsymbol{\alpha}_n$ 线性表示.

例如

$$\boldsymbol{\beta}=(2,-1,1),\quad \boldsymbol{\alpha}_1=(1,0,0),\quad \boldsymbol{\alpha}_2=(0,1,0),\quad \boldsymbol{\alpha}_3=(0,0,1),$$

显然有 $\boldsymbol{\beta}=2\boldsymbol{\alpha}_1-\boldsymbol{\alpha}_2+\boldsymbol{\alpha}_3$，即 $\boldsymbol{\beta}$ 是 $\boldsymbol{\alpha}_1,\boldsymbol{\alpha}_2,\boldsymbol{\alpha}_3$ 的线性组合，或说 $\boldsymbol{\beta}$ 可由 $\boldsymbol{\alpha}_1,\boldsymbol{\alpha}_2,\boldsymbol{\alpha}_3$ 线性表示.

定理 3.3 设向量 $\boldsymbol{\beta}=\begin{pmatrix}b_1\\b_2\\\vdots\\b_m\end{pmatrix}$，向量 $\boldsymbol{\alpha}_j=\begin{pmatrix}a_{1j}\\a_{2j}\\\vdots\\a_{mj}\end{pmatrix}(j=1,2,\cdots,n)$，则向量 $\boldsymbol{\beta}$ 可由向量组 $\boldsymbol{\alpha}_1,\boldsymbol{\alpha}_2,\cdots,\boldsymbol{\alpha}_n$ 线性表示的充分必要条件是：以 $\boldsymbol{\alpha}_1,\boldsymbol{\alpha}_2,\cdots,\boldsymbol{\alpha}_n$ 为列向量的矩阵与以 $\boldsymbol{\alpha}_1,\boldsymbol{\alpha}_2,\cdots,\boldsymbol{\alpha}_n,\boldsymbol{\beta}$ 为列

向量的矩阵有相同的秩.

证明　线性方程组 $x_1\boldsymbol{\alpha}_1+x_2\boldsymbol{\alpha}_2+\cdots+x_n\boldsymbol{\alpha}_n=\boldsymbol{\beta}$ 有解的充分必要条件是:系数矩阵与增广矩阵的秩相同. 这就是说 $\boldsymbol{\beta}$ 可由 $\boldsymbol{\alpha}_1,\boldsymbol{\alpha}_2,\cdots,\boldsymbol{\alpha}_n$ 线性表示的充分必要条件是:以 $\boldsymbol{\alpha}_1,\boldsymbol{\alpha}_2,\cdots,\boldsymbol{\alpha}_n$ 为列向量的矩阵与以 $\boldsymbol{\alpha}_1,\boldsymbol{\alpha}_2,\cdots,\boldsymbol{\alpha}_n,\boldsymbol{\beta}$ 为列向量的矩阵有相同的秩.

定理3.3也可以叙述为:对于向量 $\boldsymbol{\beta}$ 和向量组 $\boldsymbol{\alpha}_1,\boldsymbol{\alpha}_2,\cdots,\boldsymbol{\alpha}_n$,其中

$$\boldsymbol{\beta}=(b_1,b_2,\cdots,b_m),\quad \boldsymbol{\alpha}_j=(a_{1j},a_{2j},\cdots,a_{mj})\quad (j=1,2,\cdots,n),$$

向量 $\boldsymbol{\beta}$ 可由向量组 $\boldsymbol{\alpha}_1,\boldsymbol{\alpha}_2,\cdots,\boldsymbol{\alpha}_n$ 线性表示的充分必要条件是以 $\boldsymbol{\alpha}_1^{\mathrm{T}},\boldsymbol{\alpha}_2^{\mathrm{T}},\cdots,\boldsymbol{\alpha}_n^{\mathrm{T}}$ 为列向量的矩阵与以 $\boldsymbol{\alpha}_1^{\mathrm{T}},\boldsymbol{\alpha}_2^{\mathrm{T}},\cdots,\boldsymbol{\alpha}_n^{\mathrm{T}},\boldsymbol{\beta}^{\mathrm{T}}$ 为列向量的矩阵有相同的秩.

例1　任何一个 n 维向量 $\boldsymbol{\alpha}=(a_1,a_2,\cdots,a_n)$ 都是 n 维向量组

$$\boldsymbol{\varepsilon}_1=(1,0,\cdots,0),\boldsymbol{\varepsilon}_2=(0,1,0,\cdots,0),\cdots,\boldsymbol{\varepsilon}_n=(0,0,\cdots,0,1)$$

的线性组合.

因为

$$\boldsymbol{\alpha}=a_1\boldsymbol{\varepsilon}_1+a_2\boldsymbol{\varepsilon}_2+\cdots+a_n\boldsymbol{\varepsilon}_n$$

其中 $\boldsymbol{\varepsilon}_1,\boldsymbol{\varepsilon}_2,\cdots,\boldsymbol{\varepsilon}_n$ 称为 $\mathbf{R}^n$ 的初始单位向量组.

例2　零向量是任何一组向量的线性组合.

因为

$$\mathbf{0}=0\boldsymbol{\alpha}_1+0\boldsymbol{\alpha}_2+\cdots+0\boldsymbol{\alpha}_n.$$

例3　向量组 $\boldsymbol{\alpha}_1,\boldsymbol{\alpha}_2,\cdots,\boldsymbol{\alpha}_n$ 中的任一向量 $\boldsymbol{\alpha}_j(1\leqslant j\leqslant n)$ 都是此向量组的线性组合.

因为

$$\boldsymbol{\alpha}_j=0\boldsymbol{\alpha}_1+\cdots+1\boldsymbol{\alpha}_j+\cdots+0\boldsymbol{\alpha}_n.$$

例4　判断向量 $\boldsymbol{\beta}_1=(4,3,-1,11)$ 与 $\boldsymbol{\beta}_2=(4,3,0,11)$ 是否为向量组 $\boldsymbol{\alpha}_1=(1,2,-1,5)$,$\boldsymbol{\alpha}_2=(2,-1,1,1)$ 的线性组合.若是,请写出表示式.

解　设 $k_1\boldsymbol{\alpha}_1+k_2\boldsymbol{\alpha}_2=\boldsymbol{\beta}_1$,对矩阵 $(\boldsymbol{\alpha}_1^{\mathrm{T}},\boldsymbol{\alpha}_2^{\mathrm{T}},\boldsymbol{\beta}_1^{\mathrm{T}})$ 施以初等行变换:

$$\begin{pmatrix}1&2&4\\2&-1&3\\-1&1&-1\\5&1&11\end{pmatrix}\to\begin{pmatrix}1&2&4\\0&-5&-5\\0&3&3\\0&-9&-9\end{pmatrix}\to\begin{pmatrix}1&2&4\\0&1&1\\0&0&0\\0&0&0\end{pmatrix}\to\begin{pmatrix}1&0&2\\0&1&1\\0&0&0\\0&0&0\end{pmatrix}.$$

$$r(\boldsymbol{\alpha}_1^{\mathrm{T}},\boldsymbol{\alpha}_2^{\mathrm{T}},\boldsymbol{\beta}_1^{\mathrm{T}})=r(\boldsymbol{\alpha}_1^{\mathrm{T}},\boldsymbol{\alpha}_2^{\mathrm{T}})=2.$$

因此 $\boldsymbol{\beta}_1$ 可由 $\boldsymbol{\alpha}_1,\boldsymbol{\alpha}_2$ 线性表示,且由上面的初等行变换可知 $k_1=2,k_2=1$ 使 $\boldsymbol{\beta}_1=2\boldsymbol{\alpha}_1+\boldsymbol{\alpha}_2$.

类似地,对矩阵 $(\boldsymbol{\alpha}_1^{\mathrm{T}},\boldsymbol{\alpha}_2^{\mathrm{T}},\boldsymbol{\beta}_2^{\mathrm{T}})$ 施以初等行变换:

$$\begin{pmatrix}1&2&4\\2&-1&3\\-1&1&0\\5&1&11\end{pmatrix}\to\begin{pmatrix}1&2&4\\0&-5&-5\\0&3&4\\0&-9&-9\end{pmatrix}\to\begin{pmatrix}1&2&4\\0&1&1\\0&0&1\\0&0&0\end{pmatrix}.$$

$$r(\boldsymbol{\alpha}_1^{\mathrm{T}},\boldsymbol{\alpha}_2^{\mathrm{T}},\boldsymbol{\beta}_2^{\mathrm{T}})=3,\quad r(\boldsymbol{\alpha}_1^{\mathrm{T}},\boldsymbol{\alpha}_2^{\mathrm{T}})=2,$$

因此 $\boldsymbol{\beta}_2$ 不能由 $\boldsymbol{\alpha}_1,\boldsymbol{\alpha}_2$ 线性表示.

二、向量组的线性相关性

齐次线性方程组(3.9)可以写成零向量与系数列向量的线性关系式

$$x_1\boldsymbol{\alpha}_1+x_2\boldsymbol{\alpha}_2+\cdots+x_n\boldsymbol{\alpha}_n=\mathbf{0},$$

其称为齐次线性方程组(3.9)的向量形式. 其中

$$\boldsymbol{\alpha}_j=\begin{pmatrix}a_{1j}\\a_{2j}\\\vdots\\a_{mj}\end{pmatrix}\quad(j=1,2,\cdots,n),\quad \mathbf{0}=\begin{pmatrix}0\\0\\\vdots\\0\end{pmatrix}$$

都是 m 维列向量. 因为零向量是任意向量组的线性组合,所以齐次线性方程组一定有零解,即

$$0\boldsymbol{\alpha}_1+0\boldsymbol{\alpha}_2+\cdots+0\boldsymbol{\alpha}_n=\mathbf{0}$$

总是成立的.那么齐次线性方程组(3.9)除零解外是否还有非零解,即是否存在一组不全为零的数 $k_1,k_2,\cdots,k_n$ 使关系式

$$k_1\boldsymbol{\alpha}_1+k_2\boldsymbol{\alpha}_2+\cdots+k_n\boldsymbol{\alpha}_n=\mathbf{0}$$

成立?

例如,齐次线性方程组

$$\begin{cases}3x_1-2x_2=0,\\-6x_1+4x_2=0.\end{cases}$$

除零解 $x_1=0,x_2=0$ 外,还有非零解,如 $x_1=2,x_2=3$. 因此,系数列向量组 $\boldsymbol{\alpha}_1=\begin{pmatrix}3\\-6\end{pmatrix}$,$\boldsymbol{\alpha}_2=\begin{pmatrix}-2\\4\end{pmatrix}$与零向量$\begin{pmatrix}0\\0\end{pmatrix}$之间,除有关系式 $0\boldsymbol{\alpha}_1+0\boldsymbol{\alpha}_2=\mathbf{0}$ 之外,还有关系式 $2\boldsymbol{\alpha}_1+3\boldsymbol{\alpha}_2=\mathbf{0}$ 等.

而齐次线性方程组

$$\begin{cases}x_1-x_2=0,\\2x_1+x_2=0\end{cases}$$

仅有零解,即系数列向量组 $\boldsymbol{\beta}_1=\begin{pmatrix}1\\2\end{pmatrix}$,$\boldsymbol{\beta}_2=\begin{pmatrix}-1\\1\end{pmatrix}$与零向量$\begin{pmatrix}0\\0\end{pmatrix}$之间,仅有关系式 $0\boldsymbol{\beta}_1+0\boldsymbol{\beta}_2=\mathbf{0}$.

我们引入以下重要概念.

定义 3.6 对于向量组 $\boldsymbol{\alpha}_1,\boldsymbol{\alpha}_2,\cdots,\boldsymbol{\alpha}_s$,如果存在一组不全为零的数 $k_1,k_2,\cdots,k_s$ 使关系式

$$k_1\boldsymbol{\alpha}_1+k_2\boldsymbol{\alpha}_2+\cdots+k_s\boldsymbol{\alpha}_s=\mathbf{0}\tag{3.11}$$

成立，则称向量组 $\boldsymbol{\alpha}_1,\boldsymbol{\alpha}_2,\cdots,\boldsymbol{\alpha}_s$ **线性相关**；如果式(3.11)当且仅当 $k_1=k_2=\cdots=k_s=0$ 时成立，则称向量组 $\boldsymbol{\alpha}_1,\boldsymbol{\alpha}_2,\cdots,\boldsymbol{\alpha}_s$ **线性无关**.

前面例中 $\boldsymbol{\alpha}_1=\begin{pmatrix}3\\-6\end{pmatrix}$，$\boldsymbol{\alpha}_2=\begin{pmatrix}-2\\4\end{pmatrix}$线性相关，而 $\boldsymbol{\beta}_1=\begin{pmatrix}1\\2\end{pmatrix}$与 $\boldsymbol{\beta}_2=\begin{pmatrix}-1\\1\end{pmatrix}$线性无关.

定理 3.4　对于 m 维列向量组 $\boldsymbol{\alpha}_1,\boldsymbol{\alpha}_2,\cdots,\boldsymbol{\alpha}_n$，其中

$$\boldsymbol{\alpha}_j=\begin{pmatrix}a_{1j}\\a_{2j}\\\vdots\\a_{mj}\end{pmatrix}\quad(j=1,2,\cdots,n),$$

则 $\boldsymbol{\alpha}_1,\boldsymbol{\alpha}_2,\cdots,\boldsymbol{\alpha}_n$ 线性相关的充分必要条件是：以 $\boldsymbol{\alpha}_1,\boldsymbol{\alpha}_2,\cdots,\boldsymbol{\alpha}_n$ 为列向量的矩阵的秩小于向量的个数 n.

定理 3.4 也可以叙述为：对于 m 维行向量组 $\boldsymbol{\alpha}_1,\boldsymbol{\alpha}_2,\cdots,\boldsymbol{\alpha}_n$，$\boldsymbol{\alpha}_j=(a_{1j},a_{2j},\cdots,a_{mj})$，其中 $j=1,2,\cdots,n$，则 $\boldsymbol{\alpha}_1,\boldsymbol{\alpha}_2,\cdots,\boldsymbol{\alpha}_n$ 线性相关的充分必要条件是：以 $\boldsymbol{\alpha}_1^{\mathrm{T}},\boldsymbol{\alpha}_2^{\mathrm{T}},\cdots,\boldsymbol{\alpha}_n^{\mathrm{T}}$ 为列向量的矩阵的秩小于向量的个数 n.

证明　齐次线性方程组

$$k_1\boldsymbol{\alpha}_1+k_2\boldsymbol{\alpha}_2+\cdots+k_n\boldsymbol{\alpha}_n=\mathbf{0}$$

有非零解的充分必要条件是：系数矩阵的秩小于未知数的个数 n. 定理 3.4 由此得证.

此定理的另一说法是：m 维列向量组 $\boldsymbol{\alpha}_1,\boldsymbol{\alpha}_2,\cdots,\boldsymbol{\alpha}_n$ 线性无关的充分必要条件是：以 $\boldsymbol{\alpha}_1,\boldsymbol{\alpha}_2,\cdots,\boldsymbol{\alpha}_n$ 为列向量的矩阵的秩等于向量的个数 n.

这对于行向量组显然也成立.

推论 1　设 n 个 n 维向量 $\boldsymbol{\alpha}_j=(a_{1j},a_{2j},\cdots,a_{nj})(j=1,2,\cdots,n)$，则向量组 $\boldsymbol{\alpha}_1,\boldsymbol{\alpha}_2,\cdots,\boldsymbol{\alpha}_n$ 线性相关的充分必要条件是：

$$\begin{vmatrix}a_{11}&a_{12}&\cdots&a_{1n}\\a_{21}&a_{22}&\cdots&a_{2n}\\\vdots&\vdots&&\vdots\\a_{n1}&a_{n2}&\cdots&a_{nn}\end{vmatrix}=0.$$

或者说，设 n 个 n 维向量 $\boldsymbol{\alpha}_j=(a_{1j},a_{2j},\cdots,a_{nj})(j=1,2,\cdots,n)$，则向量组 $\boldsymbol{\alpha}_1,\boldsymbol{\alpha}_2,\cdots,\boldsymbol{\alpha}_n$ 线性无关的充分必要条件是：

$$\begin{vmatrix}a_{11}&a_{12}&\cdots&a_{1n}\\a_{21}&a_{22}&\cdots&a_{2n}\\\vdots&\vdots&&\vdots\\a_{n1}&a_{n2}&\cdots&a_{nn}\end{vmatrix}\neq0.$$

实际上，根据定理 3.4，n 维向量组 $\boldsymbol{\alpha}_1,\boldsymbol{\alpha}_2,\cdots,\boldsymbol{\alpha}_n$ 线性无关的充分必要条件是矩阵($\boldsymbol{\alpha}_1^{\mathrm{T}},\boldsymbol{\alpha}_2^{\mathrm{T}}$,

$\cdots,\boldsymbol{\alpha}_n^{\mathrm{T}}$)满秩,即

$$\begin{vmatrix} a_{11} & a_{21} & \cdots & a_{n1} \\ a_{12} & a_{22} & \cdots & a_{n2} \\ \vdots & \vdots & & \vdots \\ a_{1n} & a_{2n} & \cdots & a_{nn} \end{vmatrix} \neq 0,$$

亦即

$$\begin{vmatrix} a_{11} & a_{12} & \cdots & a_{1n} \\ a_{21} & a_{22} & \cdots & a_{2n} \\ \vdots & \vdots & & \vdots \\ a_{n1} & a_{n2} & \cdots & a_{nn} \end{vmatrix} \neq 0.$$

推论 2 当向量组中所含向量的个数大于向量的维数时,此向量组线性相关.

证明 设 $\boldsymbol{\alpha}_j=(a_{1j},a_{2j},\cdots,a_{mj})(j=1,2,\cdots,n)$,齐次线性方程组

$$x_1\boldsymbol{\alpha}_1+x_2\boldsymbol{\alpha}_2+\cdots+x_n\boldsymbol{\alpha}_n=\mathbf{0},$$

由于 $m<n$,故有非零解,命题得证.

例 5 证明 $\mathbf{R}^n$ 中的初始单位向量组 $\boldsymbol{\varepsilon}_1,\boldsymbol{\varepsilon}_2,\cdots,\boldsymbol{\varepsilon}_n$ 线性无关.

证明 $(\boldsymbol{\varepsilon}_1,\boldsymbol{\varepsilon}_2,\cdots,\boldsymbol{\varepsilon}_n)=I_n$,因为 $|I_n|=1\neq0$,故 $\boldsymbol{\varepsilon}_1,\boldsymbol{\varepsilon}_2,\cdots,\boldsymbol{\varepsilon}_n$ 线性无关.

例 6 证明一个零向量线性相关,而一个非零向量线性无关.

证明 因为当 $\boldsymbol{\alpha}=\mathbf{0}$ 时,对任意 $k\neq0$,都有 $k\boldsymbol{\alpha}=\mathbf{0}$ 成立;而当 $\boldsymbol{\alpha}\neq\mathbf{0}$ 时,当且仅当 $k=0$ 时 $k\boldsymbol{\alpha}=\mathbf{0}$ 才成立.

例 7 判断向量 $\boldsymbol{\alpha}_1=(1,1,1),\boldsymbol{\alpha}_2=(0,2,5),\boldsymbol{\alpha}_3=(2,4,7)$是否线性相关.

解 对矩阵$(\boldsymbol{\alpha}_1^{\mathrm{T}},\boldsymbol{\alpha}_2^{\mathrm{T}},\boldsymbol{\alpha}_3^{\mathrm{T}})$施以初等变换化为阶梯形矩阵:

$$(\boldsymbol{\alpha}_1^{\mathrm{T}},\boldsymbol{\alpha}_2^{\mathrm{T}},\boldsymbol{\alpha}_3^{\mathrm{T}})=\begin{pmatrix}1&0&2\\1&2&4\\1&5&7\end{pmatrix}\to\begin{pmatrix}1&0&2\\0&2&2\\0&5&5\end{pmatrix}\to\begin{pmatrix}1&0&2\\0&2&2\\0&0&0\end{pmatrix}.$$

因为

$$r(\boldsymbol{\alpha}_1^{\mathrm{T}},\boldsymbol{\alpha}_2^{\mathrm{T}},\boldsymbol{\alpha}_3^{\mathrm{T}})=2<3,$$

所以,向量组 $\boldsymbol{\alpha}_1,\boldsymbol{\alpha}_2,\boldsymbol{\alpha}_3$ 线性相关.

例 8 证明:如果向量组 $\boldsymbol{\alpha},\boldsymbol{\beta},\boldsymbol{\gamma}$ 线性无关,则向量组 $\boldsymbol{\alpha}+\boldsymbol{\beta},\boldsymbol{\beta}+\boldsymbol{\gamma},\boldsymbol{\gamma}+\boldsymbol{\alpha}$ 亦线性无关.

证明 设有一组数 k_1,k_2,k_3,使

$$k_1(\boldsymbol{\alpha}+\boldsymbol{\beta})+k_2(\boldsymbol{\beta}+\boldsymbol{\gamma})+k_3(\boldsymbol{\gamma}+\boldsymbol{\alpha})=\mathbf{0} \quad ①$$

成立,整理得

$$(k_1+k_3)\boldsymbol{\alpha}+(k_1+k_2)\boldsymbol{\beta}+(k_2+k_3)\boldsymbol{\gamma}=\mathbf{0}.$$

由于 $\boldsymbol{\alpha},\boldsymbol{\beta},\boldsymbol{\gamma}$ 线性无关,故

$$\begin{cases} k_1 \quad\quad + k_3 = 0, \\ k_1 + k_2 \quad\quad = 0, \\ \quad\quad k_2 + k_3 = 0. \end{cases} \qquad ②$$

因为 $\begin{vmatrix} 1 & 0 & 1 \\ 1 & 1 & 0 \\ 0 & 1 & 1 \end{vmatrix} = 2 \neq 0$，故方程组②仅有零解，即只有 $k_1 = k_2 = k_3 = 0$ 时①式才成立，因而向量组 $\boldsymbol{\alpha}+\boldsymbol{\beta}, \boldsymbol{\beta}+\boldsymbol{\gamma}, \boldsymbol{\gamma}+\boldsymbol{\alpha}$ 线性无关.

定理 3.5　如果向量组中有一部分向量(称为部分组)线性相关，则整个向量组线性相关.

证明　设向量组 $\boldsymbol{\alpha}_1, \boldsymbol{\alpha}_2, \cdots, \boldsymbol{\alpha}_s$ 中有 r 个($r \leqslant s$)向量线性相关，不妨设 $\boldsymbol{\alpha}_1, \boldsymbol{\alpha}_2, \cdots, \boldsymbol{\alpha}_r$ 线性相关，则存在不全为零的数 $k_1, k_2, \cdots, k_r$，使

$$k_1\boldsymbol{\alpha}_1 + k_2\boldsymbol{\alpha}_2 + \cdots + k_r\boldsymbol{\alpha}_r = \mathbf{0}$$

成立. 因而存在一组不全为零的数 $k_1, k_2, \cdots, k_r, 0, 0, \cdots, 0$，使

$$k_1\boldsymbol{\alpha}_1 + k_2\boldsymbol{\alpha}_2 + \cdots + k_r\boldsymbol{\alpha}_r + 0\boldsymbol{\alpha}_{r+1} + \cdots + 0\boldsymbol{\alpha}_s = \mathbf{0}$$

成立，即 $\boldsymbol{\alpha}_1, \boldsymbol{\alpha}_2, \cdots, \boldsymbol{\alpha}_s$ 线性相关.

此定理也可叙述如下：线性无关的向量组中任何部分向量组皆线性无关.

例 9　含有零向量的向量组线性相关.

因零向量线性相关，由定理 3.5 可知，该向量组也线性相关.

三、关于线性组合与线性相关的定理

定理 3.6　向量组 $\boldsymbol{\alpha}_1, \boldsymbol{\alpha}_2, \cdots, \boldsymbol{\alpha}_s (s \geqslant 2)$ 线性相关的充分必要条件是：其中至少有一个向量是其余 $s-1$ 个向量的线性组合.

证明　必要性：

因为 $\boldsymbol{\alpha}_1, \boldsymbol{\alpha}_2, \cdots, \boldsymbol{\alpha}_s$ 线性相关，故存在一组不全为零的数 $k_1, k_2, \cdots, k_s$，使

$$k_1\boldsymbol{\alpha}_1 + k_2\boldsymbol{\alpha}_2 + \cdots + k_s\boldsymbol{\alpha}_s = \mathbf{0}$$

成立. 不妨设 $k_1 \neq 0$，于是

$$\boldsymbol{\alpha}_1 = \left(-\frac{k_2}{k_1}\right)\boldsymbol{\alpha}_2 + \left(-\frac{k_3}{k_1}\right)\boldsymbol{\alpha}_3 + \cdots + \left(-\frac{k_s}{k_1}\right)\boldsymbol{\alpha}_s,$$

即 $\boldsymbol{\alpha}_1$ 为 $\boldsymbol{\alpha}_2, \boldsymbol{\alpha}_3, \cdots, \boldsymbol{\alpha}_s$ 的线性组合.

充分性：

如果 $\boldsymbol{\alpha}_1, \boldsymbol{\alpha}_2, \cdots, \boldsymbol{\alpha}_s$ 中至少有一个向量是其余 $s-1$ 个向量的线性组合，不妨设

$$\boldsymbol{\alpha}_1 = k_2\boldsymbol{\alpha}_2 + k_3\boldsymbol{\alpha}_3 + \cdots + k_s\boldsymbol{\alpha}_s,$$

因此存在一组不全为零的数 $-1, k_2, k_3, \cdots, k_s$，使

$$(-1)\boldsymbol{\alpha}_1 + k_2\boldsymbol{\alpha}_2 + \cdots + k_s\boldsymbol{\alpha}_s = \mathbf{0}$$

成立，即 $\boldsymbol{\alpha}_1, \boldsymbol{\alpha}_2, \cdots, \boldsymbol{\alpha}_s$ 线性相关.

例如,设有向量组 $\boldsymbol{\alpha}_1=(1,-1,1,0)$,$\boldsymbol{\alpha}_2=(1,0,1,0)$,$\boldsymbol{\alpha}_3=(0,1,0,0)$,因为 $\boldsymbol{\alpha}_1-\boldsymbol{\alpha}_2+\boldsymbol{\alpha}_3=\mathbf{0}$,故 $\boldsymbol{\alpha}_1,\boldsymbol{\alpha}_2,\boldsymbol{\alpha}_3$ 线性相关.

由 $\boldsymbol{\alpha}_1-\boldsymbol{\alpha}_2+\boldsymbol{\alpha}_3=\mathbf{0}$ 可得

$$\boldsymbol{\alpha}_1=\boldsymbol{\alpha}_2-\boldsymbol{\alpha}_3,\boldsymbol{\alpha}_2=\boldsymbol{\alpha}_1+\boldsymbol{\alpha}_3,\boldsymbol{\alpha}_3=-\boldsymbol{\alpha}_1+\boldsymbol{\alpha}_2$$

又如,$\boldsymbol{\alpha}_1=(1,-2)$,$\boldsymbol{\alpha}_2=\left(-\frac{1}{2},1\right)$,有 $\boldsymbol{\alpha}_1=-2\boldsymbol{\alpha}_2$,由此可得 $\boldsymbol{\alpha}_1+2\boldsymbol{\alpha}_2=\mathbf{0}$,即 $\boldsymbol{\alpha}_1,\boldsymbol{\alpha}_2$ 线性相关.

定理 3.7　如果向量组 $\boldsymbol{\alpha}_1,\boldsymbol{\alpha}_2,\cdots,\boldsymbol{\alpha}_s,\boldsymbol{\beta}$ 线性相关,而 $\boldsymbol{\alpha}_1,\boldsymbol{\alpha}_2,\cdots,\boldsymbol{\alpha}_s$ 线性无关,则向量 $\boldsymbol{\beta}$ 可由 $\boldsymbol{\alpha}_1,\boldsymbol{\alpha}_2,\cdots,\boldsymbol{\alpha}_s$ 向量组线性表示且表示法唯一.

证明　先证 $\boldsymbol{\beta}$ 可由 $\boldsymbol{\alpha}_1,\boldsymbol{\alpha}_2,\cdots,\boldsymbol{\alpha}_s$ 线性表示.

因 $\boldsymbol{\alpha}_1,\boldsymbol{\alpha}_2,\cdots,\boldsymbol{\alpha}_s,\boldsymbol{\beta}$ 线性相关,因而存在一组不全为零的数 $k_1,k_2,\cdots,k_s$ 及 k,使

$$k_1\boldsymbol{\alpha}_1+k_2\boldsymbol{\alpha}_2+\cdots+k_s\boldsymbol{\alpha}_s+k\boldsymbol{\beta}=\mathbf{0}$$

成立. 必有 $k\neq0$,否则,上式成为

$$k_1\boldsymbol{\alpha}_1+k_2\boldsymbol{\alpha}_2+\cdots+k_s\boldsymbol{\alpha}_s=\mathbf{0}$$

且 $k_1,k_2,\cdots,k_s$ 不全为零,这与 $\boldsymbol{\alpha}_1,\boldsymbol{\alpha}_2,\cdots,\boldsymbol{\alpha}_s$ 线性无关矛盾. 因此 $k\neq0$,

$$\boldsymbol{\beta}=\left(-\frac{k_1}{k}\right)\boldsymbol{\alpha}_1+\left(-\frac{k_2}{k}\right)\boldsymbol{\alpha}_2+\cdots+\left(-\frac{k_s}{k}\right)\boldsymbol{\alpha}_s,$$

即 $\boldsymbol{\beta}$ 是 $\boldsymbol{\alpha}_1,\boldsymbol{\alpha}_2,\cdots,\boldsymbol{\alpha}_s$ 的线性组合.

再证表示法唯一.

如果

$$\boldsymbol{\beta}=h_1\boldsymbol{\alpha}_1+h_2\boldsymbol{\alpha}_2+\cdots+h_s\boldsymbol{\alpha}_s$$

且

$$\boldsymbol{\beta}=l_1\boldsymbol{\alpha}_1+l_2\boldsymbol{\alpha}_2+\cdots+l_s\boldsymbol{\alpha}_s,$$

则有 $(h_1-l_1)\boldsymbol{\alpha}_1+(h_2-l_2)\boldsymbol{\alpha}_2+\cdots+(h_s-l_s)\boldsymbol{\alpha}_s=\mathbf{0}$ 成立.

由 $\boldsymbol{\alpha}_1,\boldsymbol{\alpha}_2,\cdots,\boldsymbol{\alpha}_s$ 线性无关可知

$$h_1-l_1=h_2-l_2=\cdots=h_s-l_s=0,$$

即 $h_1=l_1,h_2=l_2,\cdots,h_s=l_s$,所以表示法是唯一的.

例如,任意一向量 $\boldsymbol{\alpha}=(a_1,a_2,\cdots,a_n)$ 可由初始单位向量组 $\boldsymbol{\varepsilon}_1,\boldsymbol{\varepsilon}_2,\cdots,\boldsymbol{\varepsilon}_n$ 作出唯一的线性表示,即

$$\boldsymbol{\alpha}=a_1\boldsymbol{\varepsilon}_1+a_2\boldsymbol{\varepsilon}_2+\cdots+a_n\boldsymbol{\varepsilon}_n.$$

设有两个向量组

$$\boldsymbol{\alpha}_1,\boldsymbol{\alpha}_2,\cdots,\boldsymbol{\alpha}_s \tag{A}$$

及

$$\boldsymbol{\beta}_1,\boldsymbol{\beta}_2,\cdots,\boldsymbol{\beta}_t, \tag{B}$$

如果组(A)中每一向量都可由组(B)线性表示,则称向量组(A)可由向量组(B)线性表示.

定理 3.8 如果向量组(A)可由向量组(B)线性表示,而向量组(B)又可由向量组(C)线性表示,则向量组(A)也可由向量组(C)线性表示.

证明 设向量组

$$\boldsymbol{\alpha}_1,\boldsymbol{\alpha}_2,\cdots,\boldsymbol{\alpha}_s, \tag{A}$$

$$\boldsymbol{\beta}_1,\boldsymbol{\beta}_2,\cdots,\boldsymbol{\beta}_t, \tag{B}$$

$$\boldsymbol{\gamma}_1,\boldsymbol{\gamma}_2,\cdots,\boldsymbol{\gamma}_p, \tag{C}$$

如果

$$\boldsymbol{\alpha}_i=b_{i1}\boldsymbol{\beta}_1+b_{i2}\boldsymbol{\beta}_2+\cdots+b_{it}\boldsymbol{\beta}_t \quad (i=1,2,\cdots,s), \tag{①}$$

$$\boldsymbol{\beta}_k=c_{k1}\boldsymbol{\gamma}_1+c_{k2}\boldsymbol{\gamma}_2+\cdots+c_{kp}\boldsymbol{\gamma}_p \quad (k=1,2,\cdots,t), \tag{②}$$

将②代入①得

$$\begin{aligned}\boldsymbol{\alpha}_i=&b_{i1}(c_{11}\boldsymbol{\gamma}_1+c_{12}\boldsymbol{\gamma}_2+\cdots+c_{1p}\boldsymbol{\gamma}_p)\\&+b_{i2}(c_{21}\boldsymbol{\gamma}_1+c_{22}\boldsymbol{\gamma}_2+\cdots+c_{2p}\boldsymbol{\gamma}_p)\\&+\cdots\\&+b_{it}(c_{t1}\boldsymbol{\gamma}_1+c_{t2}\boldsymbol{\gamma}_2+\cdots+c_{tp}\boldsymbol{\gamma}_p) \quad (i=1,2,\cdots,s).\end{aligned}$$

整理后得

$$\begin{aligned}\boldsymbol{\alpha}_i=&(b_{i1}c_{11}+b_{i2}c_{21}+\cdots+b_{it}c_{t1})\boldsymbol{\gamma}_1\\&+(b_{i1}c_{12}+b_{i2}c_{22}+\cdots+b_{it}c_{t2})\boldsymbol{\gamma}_2\\&+\cdots\\&+(b_{i1}c_{1p}+b_{i2}c_{2p}+\cdots+b_{it}c_{tp})\boldsymbol{\gamma}_p \quad (i=1,2,\cdots,s),\end{aligned}$$

即向量组(A)可由(C)线性表示.

定理 3.9 设有两个向量组

$$\boldsymbol{\alpha}_1,\boldsymbol{\alpha}_2,\cdots,\boldsymbol{\alpha}_s \tag{A}$$

及

$$\boldsymbol{\beta}_1,\boldsymbol{\beta}_2,\cdots,\boldsymbol{\beta}_t, \tag{B}$$

向量组(B)可由向量组(A)线性表示. 如果 $s<t$,则向量组(B)线性相关.

证明 由定理条件知

$$\boldsymbol{\beta}_j=a_{1j}\boldsymbol{\alpha}_1+a_{2j}\boldsymbol{\alpha}_2+\cdots+a_{sj}\boldsymbol{\alpha}_s \quad (j=1,2,\cdots,t). \tag{①}$$

如果有一组数 $k_1,k_2,\cdots,k_t$,使

$$k_1\boldsymbol{\beta}_1+k_2\boldsymbol{\beta}_2+\cdots+k_t\boldsymbol{\beta}_t=\mathbf{0} \tag{②}$$

成立. 我们需要证明 $k_1,k_2,\cdots,k_t$ 可以不全为零.

把①代入②得

$$\begin{aligned}&k_1(a_{11}\boldsymbol{\alpha}_1+a_{21}\boldsymbol{\alpha}_2+\cdots+a_{s1}\boldsymbol{\alpha}_s)\\&+k_2(a_{12}\boldsymbol{\alpha}_1+a_{22}\boldsymbol{\alpha}_2+\cdots+a_{s2}\boldsymbol{\alpha}_s)\end{aligned}$$

$$+\cdots$$
$$+k_t(a_{1t}\boldsymbol{\alpha}_1+a_{2t}\boldsymbol{\alpha}_2+\cdots+a_{st}\boldsymbol{\alpha}_s)=\mathbf{0}. \qquad ③$$

整理后得

$$(a_{11}k_1+a_{12}k_2+\cdots+a_{1t}k_t)\boldsymbol{\alpha}_1$$
$$+(a_{21}k_1+a_{22}k_2+\cdots+a_{2t}k_t)\boldsymbol{\alpha}_2$$
$$+\cdots$$
$$+(a_{s1}k_1+a_{s2}k_2+\cdots+a_{st}k_t)\boldsymbol{\alpha}_t=\mathbf{0}. \qquad ④$$

因为 $s<t$,故齐次线性方程组

$$\begin{cases} a_{11}x_1+a_{12}x_2+\cdots+a_{1t}x_t=0, \\ a_{21}x_1+a_{22}x_2+\cdots+a_{2t}x_t=0, \\ \qquad\qquad\vdots \\ a_{s1}x_1+a_{s2}x_2+\cdots+a_{st}x_t=0. \end{cases} \qquad ⑤$$

有非零解. 因此可取 $k_1,k_2,\cdots,k_t$ 为上述齐次线性方程组⑤的一个非零解. 这个非零解可使④成立,因而可使③成立,即有不全为零的一组数 $k_1,k_2,\cdots,k_t$,使②成立. 所以,向量组(B)线性相关.

这个定理的另一种说法是:向量组(B)可由向量组(A)线性表示，如果向量组(B)线性无关,则 $t\leqslant s$.

推论 向量组(A)与(B)可以互相线性表示,如果(A),(B)都是线性无关的,则 $s=t$.

证明 (A)线性无关且可由(B)线性表示,则 $s\leqslant t$;(B)线性无关且可由(A)线性表示,则 $t\leqslant s$,于是 $s=t$.

3.4 向量组的秩

设 $\boldsymbol{\alpha}_1,\boldsymbol{\alpha}_2,\cdots,\boldsymbol{\alpha}_s$ 为不全为零向量的向量组,则至少有一个向量不为零向量,因而它至少有一个向量的部分组线性无关. 再考察两个向量的部分组,如果有两个向量的部分组线性无关,则往下考察三个向量的部分组. 依此类推，最后总能达到向量组中有 $r(\leqslant s)$ 个向量的部分组线性无关,而没有多于 $r(\leqslant s)$ 个向量的部分组线性无关,即向量组中 r 个向量的部分组是最大的线性无关的部分组.

定义 3.7 如果 n 维向量组 $\boldsymbol{\alpha}_1,\boldsymbol{\alpha}_2,\cdots,\boldsymbol{\alpha}_s$ 中存在一个线性无关的部分组 $\boldsymbol{\alpha}_{j_1},\boldsymbol{\alpha}_{j_2},\cdots,\boldsymbol{\alpha}_{j_r}$ $(r\leqslant s)$,而 r 个向量的部分组外还有向量,且任意 $r+1$ 个向量的部分组均线性相关,则 $\boldsymbol{\alpha}_{j_1},\boldsymbol{\alpha}_{j_2},\cdots,\boldsymbol{\alpha}_{j_r}$ 称为向量组 $\boldsymbol{\alpha}_1,\boldsymbol{\alpha}_2,\cdots,\boldsymbol{\alpha}_s$ 的一个**极大线性无关部分组**,简称**极大无关组**.

向量组的极大无关组可能不止一个,但由定义可知,其向量的个数是相同的.

例如,二维向量组 $\boldsymbol{\alpha}_1=(0,1),\boldsymbol{\alpha}_2=(1,0),\boldsymbol{\alpha}_3=(1,1),\boldsymbol{\alpha}_4=(0,2)$，因为任何 3 个二维向量的向量组必线性相关,又 $\boldsymbol{\alpha}_1,\boldsymbol{\alpha}_2$ 线性无关,故 $\boldsymbol{\alpha}_1,\boldsymbol{\alpha}_2$ 是向量组 $\boldsymbol{\alpha}_1,\boldsymbol{\alpha}_2,\boldsymbol{\alpha}_3,\boldsymbol{\alpha}_4$ 的一个极大无关

组，同样 $\boldsymbol{\alpha}_2,\boldsymbol{\alpha}_3$ 也是一个极大无关组.

定理 3.10　如果 $\boldsymbol{\alpha}_{j_1},\boldsymbol{\alpha}_{j_2},\cdots,\boldsymbol{\alpha}_{j_r}$ 是向量组 $\boldsymbol{\alpha}_1,\boldsymbol{\alpha}_2,\cdots,\boldsymbol{\alpha}_s$ 的线性无关部分组，它是极大无关组的充分必要条件是：$\boldsymbol{\alpha}_1,\boldsymbol{\alpha}_2,\cdots,\boldsymbol{\alpha}_s$ 中每一个向量都可由 $\boldsymbol{\alpha}_{j_1},\boldsymbol{\alpha}_{j_2},\cdots,\boldsymbol{\alpha}_{j_r}$ 线性表示.

证明　必要性：

如果 $\boldsymbol{\alpha}_{j_1},\boldsymbol{\alpha}_{j_2},\cdots,\boldsymbol{\alpha}_{j_r}$ 是 $\boldsymbol{\alpha}_1,\boldsymbol{\alpha}_2,\cdots,\boldsymbol{\alpha}_s$ 的一个极大无关组，则对于 $\boldsymbol{\alpha}_j(j=1,2,\cdots,s)$ 来说，当 j 是 $j_1,j_2,\cdots,j_r$ 中的数时，显然 $\boldsymbol{\alpha}_j$ 可由 $\boldsymbol{\alpha}_{j_1},\boldsymbol{\alpha}_{j_2},\cdots,\boldsymbol{\alpha}_{j_r}$ 线性表示；当 j 不是 $j_1,j_2,\cdots,j_r$ 中的数时，$\boldsymbol{\alpha}_{j_1},\boldsymbol{\alpha}_{j_2},\cdots,\boldsymbol{\alpha}_{j_r},\boldsymbol{\alpha}_j$ 线性相关，又 $\boldsymbol{\alpha}_{j_1},\boldsymbol{\alpha}_{j_2},\cdots,\boldsymbol{\alpha}_{j_r}$ 线性无关，根据定理 3.7，$\boldsymbol{\alpha}_j$ 可由 $\boldsymbol{\alpha}_{j_1},\boldsymbol{\alpha}_{j_2},\cdots,\boldsymbol{\alpha}_{j_r}$ 线性表示.

充分性：

如果 $\boldsymbol{\alpha}_1,\boldsymbol{\alpha}_2,\cdots,\boldsymbol{\alpha}_s$ 可由线性无关部分组 $\boldsymbol{\alpha}_{j_1},\boldsymbol{\alpha}_{j_2},\cdots,\boldsymbol{\alpha}_{j_r}$ 线性表示，根据定理 3.9，$\boldsymbol{\alpha}_1,\boldsymbol{\alpha}_2,\cdots,\boldsymbol{\alpha}_s$ 中任何 $r+1(s>r)$ 个向量的部分组都线性相关，那么 $\boldsymbol{\alpha}_{j_1},\boldsymbol{\alpha}_{j_2},\cdots,\boldsymbol{\alpha}_{j_r}$ 是极大无关组.

显然，向量组与其极大无关组可互相线性表示.

定义 3.8　向量组 $\boldsymbol{\alpha}_1,\boldsymbol{\alpha}_2,\cdots,\boldsymbol{\alpha}_s$ 的极大无关组所含向量的个数，称为**向量组的秩**，记为

$$r(\boldsymbol{\alpha}_1,\boldsymbol{\alpha}_2,\cdots,\boldsymbol{\alpha}_s).$$

现规定，全由零向量组成的向量组的秩为零. 上例中二维向量组

$$\boldsymbol{\alpha}_1=(0,1),\quad \boldsymbol{\alpha}_2=(1,0),\quad \boldsymbol{\alpha}_3=(1,1),\quad \boldsymbol{\alpha}_4=(0,2),$$

其秩 $r(\boldsymbol{\alpha}_1,\boldsymbol{\alpha}_2,\boldsymbol{\alpha}_3,\boldsymbol{\alpha}_4)=2$.

为了叙述简化，我们把矩阵 $\mathbf{A}$ 的行向量组的秩称为矩阵 $\mathbf{A}$ 的行秩，矩阵 $\mathbf{A}$ 的列向量组的秩称为矩阵 $\mathbf{A}$ 的列秩.

定理 3.11　$\mathbf{A}$ 为 $m\times n$ 矩阵，$r(\mathbf{A})=r$ 的充分必要条件是：$\mathbf{A}$ 的列(行)秩为 r.

证明　必要性：

设 $\mathbf{A}=(a_{ij})_{m\times n}$，如果 $r(\mathbf{A})=r$，则存在 $\mathbf{A}$ 的 r 阶子式不为零，不妨设

$$\begin{vmatrix} a_{11} & a_{12} & \cdots & a_{1r} \\ a_{21} & a_{22} & \cdots & a_{2r} \\ \vdots & \vdots & & \vdots \\ a_{r1} & a_{r2} & \cdots & a_{rr} \end{vmatrix}\neq 0.$$

令

$$\mathbf{A}_1=\begin{pmatrix} a_{11} & a_{12} & \cdots & a_{1r} \\ a_{21} & a_{22} & \cdots & a_{2r} \\ \vdots & \vdots & & \vdots \\ a_{r1} & a_{r2} & \cdots & a_{rr} \end{pmatrix},$$

则由定义 2.15 知 $r(\mathbf{A}_1)=r$，又由定理 3.4 的另一说法知 $\mathbf{A}_1$ 的 r 个列向量线性无关，即 $\mathbf{A}$ 中有 r 个列向量线性无关.

再证明 $\mathbf{A}$ 的任何 $r+1$ 个列向量线性相关.

用反证法，假设 $\mathbf{A}$ 中有 $r+1$ 个列向量线性无关，不妨设

$$\mathbf{A}_2=\begin{pmatrix} a_{11} & a_{12} & \cdots & a_{1r} & a_{1,r+1} \\ a_{21} & a_{22} & \cdots & a_{2r} & a_{2,r+1} \\ \vdots & \vdots & & \vdots & \vdots \\ a_{m1} & a_{m2} & \cdots & a_{mr} & a_{m,r+1} \end{pmatrix}$$

为 $\mathbf{A}$ 的 $r+1$ 个线性无关的列向量组成的矩阵，则由定理 3.4 的另一说法知 $r(\mathbf{A}_2)=r+1$. 由矩阵秩的定义知，A_2 有 $r+1$ 阶子式不为零，即 $\mathbf{A}$ 有 $r+1$ 阶子式不为零，这与 $r(\mathbf{A})=r$ 矛盾. 因此 $\mathbf{A}$ 的任何 $r+1$ 个列向量均线性相关，于是知 $\mathbf{A}$ 的列秩为 r.

充分性：

如果 $\mathbf{A}$ 的列秩为 r，不妨设 $\mathbf{A}$ 的前 r 列为 $\mathbf{A}$ 的列向量组的一个极大无关组.

设

$$\mathbf{A}_3=\begin{pmatrix} a_{11} & a_{12} & \cdots & a_{1r} \\ \vdots & \vdots & & \vdots \\ a_{r1} & a_{r2} & \cdots & a_{rr} \\ \vdots & \vdots & & \vdots \\ a_{m1} & a_{m2} & \cdots & a_{mr} \end{pmatrix}.$$

由定理 3.4 的另一说法，知 $r(\mathbf{A}_3)=r$，故 $\mathbf{A}_3$ 中有 r 阶子式不为零，即 $\mathbf{A}$ 中有 r 阶子式不为零.

再证 $\mathbf{A}$ 中任何 $r+1$ 阶子式全为零.

用反证法. 假设 A 中有一个 $r+1$ 阶子式不为零，不妨设

$$\begin{vmatrix} a_{11} & a_{12} & \cdots & a_{1,r+1} \\ a_{21} & a_{22} & \cdots & a_{2,r+1} \\ \vdots & \vdots & & \vdots \\ a_{r+1,1} & a_{r+1,2} & \cdots & a_{r+1,r+1} \end{vmatrix}\neq 0,$$

令

$$\mathbf{A}_4=\begin{pmatrix} a_{11} & a_{12} & \cdots & a_{1,r+1} \\ \vdots & \vdots & & \vdots \\ a_{r+1,1} & a_{r+1,2} & \cdots & a_{r+1,r+1} \\ \vdots & \vdots & & \vdots \\ a_{m1} & a_{m2} & \cdots & a_{m,r+1} \end{pmatrix},$$

则 $r(\mathbf{A}_4)=r+1$，即 $\mathbf{A}_4$ 的 $r+1$ 个列向量线性无关，亦即 $\mathbf{A}$ 的前 $r+1$ 个列向量线性无关，这与 $\mathbf{A}$ 的列秩为 r 矛盾，故 $\mathbf{A}$ 的所有 $r+1$ 阶子式均为零，于是 $r(\mathbf{A})=r$，即 $r(\mathbf{A})$ 等于 $\mathbf{A}$ 的列秩.

类似的方法可证：$r(\mathbf{A})=r$ 的充分必要条件是 $\mathbf{A}$ 的行秩为 r.

推论 矩阵 $\boldsymbol{A}$ 的行秩和列秩相等.

因为行秩、列秩均等于 $r(\boldsymbol{A})$.

我们还可以证明:如果对矩阵 $\boldsymbol{A}$ 仅施以初等行变换化为矩阵 $\bar{\boldsymbol{A}}$,则 $\bar{\boldsymbol{A}}$ 的列向量组与 $\boldsymbol{A}$ 的列向量组间有相同的线性关系,即

(1) 如果 $\boldsymbol{A}$ 的列向量组 $\boldsymbol{\alpha}_1,\boldsymbol{\alpha}_2,\cdots,\boldsymbol{\alpha}_n$ 中,部分组 $\boldsymbol{\alpha}_{j_1},\boldsymbol{\alpha}_{j_2},\cdots,\boldsymbol{\alpha}_{j_s}$ 线性无关,则 $\bar{\boldsymbol{A}}$ 的列向量组 $\bar{\boldsymbol{\alpha}}_1,\bar{\boldsymbol{\alpha}}_2,\cdots,\bar{\boldsymbol{\alpha}}_n$ 中,对应的 $\bar{\boldsymbol{\alpha}}_{j_1},\bar{\boldsymbol{\alpha}}_{j_2},\cdots,\bar{\boldsymbol{\alpha}}_{j_s}$ 也线性无关. 反之亦然.

(2) 如果 $\boldsymbol{A}$ 的列向量组 $\boldsymbol{\alpha}_1,\boldsymbol{\alpha}_2,\cdots,\boldsymbol{\alpha}_n$ 中,某个向量 $\boldsymbol{\alpha}_j$ 可由其中的 $\boldsymbol{\alpha}_{j_1},\boldsymbol{\alpha}_{j_2},\cdots,\boldsymbol{\alpha}_{j_s}$ 线性表示,即

$$\boldsymbol{\alpha}_j=k_1\boldsymbol{\alpha}_{j_1}+k_2\boldsymbol{\alpha}_{j_2}+\cdots+k_s\boldsymbol{\alpha}_{j_s},$$

$k_i(i=1,2,\cdots,s)$是不全为零的常数,则 $\bar{\boldsymbol{A}}$ 的列向量组 $\bar{\boldsymbol{\alpha}}_1,\bar{\boldsymbol{\alpha}}_2,\cdots,\bar{\boldsymbol{\alpha}}_n$ 中,对应的 $\bar{\boldsymbol{\alpha}}_j$ 可由其中的 $\bar{\boldsymbol{\alpha}}_{j_1},\bar{\boldsymbol{\alpha}}_{j_2},\cdots,\bar{\boldsymbol{\alpha}}_{j_s}$ 线性表示:

$$\bar{\boldsymbol{\alpha}}_j=k_1\bar{\boldsymbol{\alpha}}_{j_1}+k_2\bar{\boldsymbol{\alpha}}_{j_2}+\cdots+k_s\bar{\boldsymbol{\alpha}}_{j_s}.$$

类似地,如果对矩阵 $\boldsymbol{A}$ 仅施以初等列变换化为矩阵 $\boldsymbol{A}'$,则 $\boldsymbol{A}'$的行向量组与 $\boldsymbol{A}$ 的行向量组有相同的线性关系(证明略).

简言之,矩阵的初等行(列)变换不改变其列(行)向量间的线性关系.

例 1 求向量组 $\boldsymbol{\alpha}_1=(2,4,2),\boldsymbol{\alpha}_2=(1,1,0),\boldsymbol{\alpha}_3=(2,3,1),\boldsymbol{\alpha}_4=(3,5,2)$的一个极大无关组,并把其余向量用该极大无关组线性表示.

解 对矩阵 $\boldsymbol{A}=(\boldsymbol{\alpha}_1^{\mathrm{T}},\boldsymbol{\alpha}_2^{\mathrm{T}},\boldsymbol{\alpha}_3^{\mathrm{T}},\boldsymbol{\alpha}_4^{\mathrm{T}})$ 仅施以初等行变换:

$$\boldsymbol{A}=\begin{pmatrix}2&1&2&3\\4&1&3&5\\2&0&1&2\end{pmatrix}\to\begin{pmatrix}2&1&2&3\\0&-1&-1&-1\\0&-1&-1&-1\end{pmatrix}\to\begin{pmatrix}2&1&2&3\\0&1&1&1\\0&0&0&0\end{pmatrix}$$

$$\to\begin{pmatrix}1&0&\frac{1}{2}&1\\0&1&1&1\\0&0&0&0\end{pmatrix},$$

由最后一个矩阵可知:$\boldsymbol{\alpha}_1,\boldsymbol{\alpha}_2$ 为一个极大无关组,且

$$\begin{cases}\boldsymbol{\alpha}_3=\dfrac{1}{2}\boldsymbol{\alpha}_1+\boldsymbol{\alpha}_2,\\ \boldsymbol{\alpha}_4=\boldsymbol{\alpha}_1+\boldsymbol{\alpha}_2.\end{cases}$$

例 2 证明:如果向量组 $\boldsymbol{\alpha}_1,\boldsymbol{\alpha}_2,\cdots,\boldsymbol{\alpha}_s$ 与向量组 $\boldsymbol{\beta}_1,\boldsymbol{\beta}_2,\cdots,\boldsymbol{\beta}_t$ 可以互相线性表示,则

$$r(\boldsymbol{\alpha}_1,\boldsymbol{\alpha}_2,\cdots,\boldsymbol{\alpha}_s)=r(\boldsymbol{\beta}_1,\boldsymbol{\beta}_2,\cdots,\boldsymbol{\beta}_t)$$

证明 设 $\boldsymbol{\alpha}_1,\boldsymbol{\alpha}_2,\cdots,\boldsymbol{\alpha}_{r_1}$ 与 $\boldsymbol{\beta}_1,\boldsymbol{\beta}_2,\cdots,\boldsymbol{\beta}_{r_2}$ 分别为这两个向量组的极大无关组,由定理 3.8 知,它们可互相线性表示,由定理 3.9 的推论知,$r_1=r_2$, 即

$$r(\boldsymbol{\alpha}_1,\boldsymbol{\alpha}_2,\cdots,\boldsymbol{\alpha}_s)=r(\boldsymbol{\beta}_1,\boldsymbol{\beta}_2,\cdots,\boldsymbol{\beta}_t).$$

例 3　设 $\boldsymbol{A}_{m\times n}$ 及 $\boldsymbol{B}_{n\times s}$ 为两个矩阵，证明：$\boldsymbol{A}$ 与 $\boldsymbol{B}$ 乘积的秩不大于 $\boldsymbol{A}$ 的秩和 $\boldsymbol{B}$ 的秩，即

$$r(\boldsymbol{AB})\leqslant\min(r(\boldsymbol{A}),r(\boldsymbol{B})).$$

证明　设 $\boldsymbol{A}=(a_{ij})_{m\times n}=(\boldsymbol{\alpha}_1,\boldsymbol{\alpha}_2,\cdots,\boldsymbol{\alpha}_n)$，$\boldsymbol{B}=(b_{ij})_{n\times s}$，

$$\boldsymbol{AB}=\boldsymbol{C}=(c_{ij})_{m\times s}=(\boldsymbol{\gamma}_1,\boldsymbol{\gamma}_2,\cdots,\boldsymbol{\gamma}_s),$$

则

$$(\boldsymbol{\gamma}_1,\boldsymbol{\gamma}_2,\cdots,\boldsymbol{\gamma}_s)=(\boldsymbol{\alpha}_1,\boldsymbol{\alpha}_2,\cdots,\boldsymbol{\alpha}_n)\begin{pmatrix} b_{11} & \cdots & b_{1j} & \cdots & b_{1s} \\ b_{21} & \cdots & b_{2j} & \cdots & b_{2s} \\ \vdots & & \vdots & & \vdots \\ b_{n1} & \cdots & b_{nj} & \cdots & b_{ns} \end{pmatrix}.$$

因此有

$$\boldsymbol{\gamma}_j=b_{1j}\boldsymbol{\alpha}_1+b_{2j}\boldsymbol{\alpha}_2+\cdots+b_{nj}\boldsymbol{\alpha}_n(j=1,2,\cdots,s),$$

即 $\boldsymbol{AB}$ 的列向量组 $\boldsymbol{\gamma}_1,\boldsymbol{\gamma}_2,\cdots,\boldsymbol{\gamma}_s$ 可由 $\boldsymbol{A}$ 的列向量组 $\boldsymbol{\alpha}_1,\boldsymbol{\alpha}_2,\cdots,\boldsymbol{\alpha}_n$ 线性表示，故 $\boldsymbol{\gamma}_1,\boldsymbol{\gamma}_2,\cdots,\boldsymbol{\gamma}_s$ 的极大无关组可由 $\boldsymbol{\alpha}_1,\boldsymbol{\alpha}_2,\cdots,\boldsymbol{\alpha}_n$ 的极大无关组线性表示，由定理 3.9 及定理 3.11 有：$r(\boldsymbol{AB})\leqslant r(\boldsymbol{A})$.

类似方法：设 $\boldsymbol{B}=(b_{ij})_{n\times s}=\begin{pmatrix} \boldsymbol{\beta}_1 \\ \boldsymbol{\beta}_2 \\ \vdots \\ \boldsymbol{\beta}_n \end{pmatrix}$，$\boldsymbol{AB}=(a_{ij})_{m\times n}\begin{pmatrix} \boldsymbol{\beta}_1 \\ \boldsymbol{\beta}_2 \\ \vdots \\ \boldsymbol{\beta}_n \end{pmatrix}$，可以证明：$r(\boldsymbol{AB})\leqslant r(\boldsymbol{B})$.

因此，$r(\boldsymbol{AB})\leqslant\min(r(\boldsymbol{A}),r(\boldsymbol{B}))$.

3.5　线性方程组解的结构

对于线性方程组(3.1)，当 $r(\boldsymbol{A}\quad\boldsymbol{b})=r(\boldsymbol{A})=r<n$ 时，$\boldsymbol{A}$ 中不为零的 r 阶子式所含的 r 个列以外的 $n-r$ 个列对应的未知量称为自由未知量；当 $r<m$ 时，$\boldsymbol{A}$ 中不为零的 r 阶子式所含的 r 个行所对应的 r 个方程以外的 $m-r$ 个方程是多余的，可删去而不影响方程组(3.1)的解.

又 $r(\boldsymbol{A}\quad\boldsymbol{b})=r(\boldsymbol{A})=r<n$ 时，方程组(3.1)有无穷多个解，为什么方程组(3.8)代表了它的全部解？下面我们来讨论与这一问题有关的方程组解的结构.

一、齐次线性方程组解的结构

齐次线性方程组(3.9)的矩阵形式为

$$\boldsymbol{Ax}=\boldsymbol{0},$$

其中

$$\boldsymbol{A}=(a_{ij})_{m\times n},\quad \boldsymbol{x}=\begin{pmatrix} x_1 \\ x_2 \\ \vdots \\ x_n \end{pmatrix}.$$

方程组(3.9)的解有下列性质：

(1) 如果 $\boldsymbol{v}_1,\boldsymbol{v}_2$ 是齐次线性方程组(3.9)的两个解，则 $\boldsymbol{v}_1+\boldsymbol{v}_2$ 也是它的解.

(2) 如果 $\boldsymbol{v}$ 是齐次线性方程组(3.9)的解，则 $c\boldsymbol{v}$ 也是它的解(c 是常数).

(3) 如果 $\boldsymbol{v}_1,\boldsymbol{v}_2,\cdots,\boldsymbol{v}_s$ 都是齐次线性方程组(3.9)的解，则其线性组合

$$c_1\boldsymbol{v}_1+c_2\boldsymbol{v}_2+\cdots+c_s\boldsymbol{v}_s$$

也是它的解. 其中 $c_1,c_2,\cdots,c_s$ 都是任意常数.

证明　(1) 因为 $\boldsymbol{v}_1,\boldsymbol{v}_2$ 都是方程组(3.9)的解，因此

$$\boldsymbol{A}\boldsymbol{v}_1=\boldsymbol{0},\quad \boldsymbol{A}\boldsymbol{v}_2=\boldsymbol{0},$$

$$\boldsymbol{A}(\boldsymbol{v}_1+\boldsymbol{v}_2)=\boldsymbol{A}\boldsymbol{v}_1+\boldsymbol{A}\boldsymbol{v}_2=\boldsymbol{0}+\boldsymbol{0}=\boldsymbol{0},$$

即 $\boldsymbol{v}_1+\boldsymbol{v}_2$ 也是方程组(3.9)的解.

(2) 由

$$\boldsymbol{A}\boldsymbol{v}=\boldsymbol{0},$$

得

$$\boldsymbol{A}(c\boldsymbol{v})=c(\boldsymbol{A}\boldsymbol{v})=c\cdot\boldsymbol{0}=\boldsymbol{0},$$

即 $c\boldsymbol{v}$ 也是方程组(3.9)的解.

由此可知，如果一个齐次线性方程组有非零解，则它就有无穷多个解，这无穷多个解就构成了一个 n 维向量组. 如果我们能求出这个向量组的一个极大无关组，就能用它的线性组合来表示该齐次线性方程组的全部解.

定义 3.9　如果 $\boldsymbol{v}_1,\boldsymbol{v}_2,\cdots,\boldsymbol{v}_s$ 是齐次线性方程组(3.9)的解所构成的向量组的一个极大无关组，则称 $\boldsymbol{v}_1,\boldsymbol{v}_2,\cdots,\boldsymbol{v}_s$ 是方程组(3.9)的一个**基础解系**.

定理 3.12　如果齐次线性方程组(3.9)的系数矩阵 $\boldsymbol{A}$ 的秩数 $r(\boldsymbol{A})=r<n$，则方程组的基础解系存在，且每个基础解系中，恰含有 $n-r$ 个解.

证明　因为 $r(\boldsymbol{A})=r<n$，所以对方程组(3.9)的系数矩阵 $\boldsymbol{A}$ 施以初等行变换，可化为如下的形式：

$$\begin{pmatrix} 1 & 0 & \cdots & 0 & k_{1,r+1} & k_{1,r+2} & \cdots & k_{1n} \\ 0 & 1 & \cdots & 0 & k_{2,r+1} & k_{2,r+2} & \cdots & k_{2n} \\ \vdots & \vdots & & \vdots & \vdots & \vdots & & \vdots \\ 0 & 0 & \cdots & 1 & k_{r,r+1} & k_{r,r+2} & \cdots & k_{rn} \\ 0 & 0 & \cdots & 0 & 0 & \cdots & \cdots & 0 \\ \vdots & \vdots & & \vdots & \vdots & \cdots & & \vdots \\ 0 & 0 & \cdots & 0 & 0 & \cdots & \cdots & 0 \end{pmatrix}.$$

即方程组(3.9)与下面的方程组同解

$$\begin{cases} x_1=-k_{1,r+1}x_{r+1}-k_{1,r+2}x_{r+2}-\cdots-k_{1n}x_n, \\ x_2=-k_{2,r+1}x_{r+1}-k_{2,r+2}x_{r+2}-\cdots-k_{2n}x_n, \\ \quad\vdots \\ x_r=-k_{r,r+1}x_{r+1}-k_{r,r+2}x_{r+2}-\cdots-k_{rn}x_n. \end{cases}$$

其中，$x_{r+1}, x_{r+2}, \cdots, x_n$ 为自由未知量.

对 $n-r$ 个自由未知量分别取

$$\begin{pmatrix} 1 \\ 0 \\ \vdots \\ 0 \end{pmatrix}, \begin{pmatrix} 0 \\ 1 \\ \vdots \\ 0 \end{pmatrix}, \cdots, \begin{pmatrix} 0 \\ 0 \\ \vdots \\ 1 \end{pmatrix},$$

可得方程组(3.9)的 $n-r$ 个解：

$$\boldsymbol{v}_1 = \begin{pmatrix} -k_{1,r+1} \\ -k_{2,r+1} \\ \vdots \\ -k_{r,r+1} \\ 1 \\ 0 \\ \vdots \\ 0 \end{pmatrix}, \quad \boldsymbol{v}_2 = \begin{pmatrix} -k_{1,r+2} \\ -k_{2,r+2} \\ \vdots \\ -k_{r,r+2} \\ 0 \\ 1 \\ \vdots \\ 0 \end{pmatrix}, \quad \cdots, \quad \boldsymbol{v}_{n-r} = \begin{pmatrix} -k_{1n} \\ -k_{2n} \\ \vdots \\ -k_{rn} \\ 0 \\ 0 \\ \vdots \\ 1 \end{pmatrix}.$$

现在来证明 $\boldsymbol{v}_1, \boldsymbol{v}_2, \cdots, \boldsymbol{v}_{n-r}$ 就是方程组(3.9)的一个基础解系.

首先证明 $\boldsymbol{v}_1, \boldsymbol{v}_2, \cdots, \boldsymbol{v}_{n-r}$ 线性无关.

设

$$\boldsymbol{K} = \begin{pmatrix} -k_{1,r+1} & -k_{1,r+2} & \cdots & -k_{1n} \\ -k_{2,r+1} & -k_{2,r+2} & \cdots & -k_{2n} \\ \vdots & \vdots & & \vdots \\ -k_{r,r+1} & -k_{r,r+2} & \cdots & -k_{rn} \\ 1 & 0 & \cdots & 0 \\ 0 & 1 & \cdots & 0 \\ \vdots & \vdots & & \vdots \\ 0 & 0 & \cdots & 1 \end{pmatrix}_{n\times(n-r)},$$

有 $n-r$ 阶子式

$$\begin{vmatrix} 1 & 0 & 0 & \cdots & 0 \\ 0 & 1 & 0 & \cdots & 0 \\ 0 & 0 & 1 & \cdots & 0 \\ \vdots & \vdots & \vdots & & \vdots \\ 0 & 0 & 0 & \cdots & 1 \end{vmatrix} = 1 \neq 0,$$

即

$$r(\boldsymbol{K}) = n-r.$$

所以 $\boldsymbol{v}_1, \boldsymbol{v}_2, \cdots, \boldsymbol{v}_{n-r}$ 线性无关.

其次证明方程组(3.9)的任意一个解

$$\boldsymbol{v}=\begin{pmatrix} d_1 \\ d_2 \\ \vdots \\ d_n \end{pmatrix}$$

都是 $\boldsymbol{v}_1,\boldsymbol{v}_2,\cdots,\boldsymbol{v}_{n-r}$的线性组合.

因为

$$\begin{cases} d_1=-k_{1,r+1}d_{r+1}-k_{1,r+2}d_{r+2}-\cdots-k_{1n}d_n, \\ d_2=-k_{2,r+1}d_{r+1}-k_{2,r+2}d_{r+2}-\cdots-k_{2n}d_n, \\ \quad\vdots \\ d_r=-k_{r,r+1}d_{r+1}-k_{r,r+2}d_{r+2}-\cdots-k_{rn}d_n. \end{cases}$$

所以

$$\boldsymbol{v}=\begin{pmatrix} -k_{1,r+1}d_{r+1}-k_{1,r+2}d_{r+2}-\cdots-k_{1n}d_n \\ -k_{2,r+1}d_{r+1}-k_{2,r+2}d_{r+2}-\cdots-k_{2n}d_n \\ \vdots \\ -k_{r,r+1}d_{r+1}-k_{r,r+2}d_{r+2}-\cdots-k_{rn}d_n \\ d_{r+1} \\ d_{r+2} \\ \vdots \\ d_n \end{pmatrix}$$

$$=d_{r+1}\begin{pmatrix} -k_{1,r+1} \\ -k_{2,r+1} \\ \vdots \\ -k_{r,r+1} \\ 1 \\ 0 \\ \vdots \\ 0 \end{pmatrix}+d_{r+2}\begin{pmatrix} -k_{1,r+2} \\ -k_{2,r+2} \\ \vdots \\ -k_{r,r+2} \\ 0 \\ 1 \\ \vdots \\ 0 \end{pmatrix}+\cdots+d_n\begin{pmatrix} -k_{1n} \\ -k_{2n} \\ \vdots \\ -k_{rn} \\ 0 \\ 0 \\ \vdots \\ 1 \end{pmatrix}$$

$$=d_{r+1}\boldsymbol{v}_1+d_{r+2}\boldsymbol{v}_2+\cdots+d_n\boldsymbol{v}_{n-r},$$

即 $\boldsymbol{v}$ 是 $\boldsymbol{v}_1,\boldsymbol{v}_2,\cdots,\boldsymbol{v}_{n-r}$的线性组合.

所以 $\boldsymbol{v}_1,\boldsymbol{v}_2,\cdots,\boldsymbol{v}_{n-r}$是方程组(3.9)的一个基础解系,因此方程组(3.9)的全部解为

$$c_1\boldsymbol{v}_1+c_2\boldsymbol{v}_2+\cdots+c_{n-r}\boldsymbol{v}_{n-r}\quad(c_1,c_2,\cdots,c_{n-r}\text{为任意常数}).$$

定理的证明过程给我们指出了求齐次线性方程组的基础解系的方法.

例 1　求如下齐次线性方程组的一个基础解系：

$$\begin{cases} x_1-x_2+5x_3-x_4=0, \\ x_1+x_2-2x_3+3x_4=0, \\ 3x_1-x_2+8x_3+x_4=0. \end{cases}$$

解　对系数矩阵 $\boldsymbol{A}$ 施以如下的初等行变换：

$$\boldsymbol{A}=\begin{pmatrix} 1 & -1 & 5 & -1 \\ 1 & 1 & -2 & 3 \\ 3 & -1 & 8 & 1 \end{pmatrix} \rightarrow \begin{pmatrix} 1 & -1 & 5 & -1 \\ 0 & 2 & -7 & 4 \\ 0 & 2 & -7 & 4 \end{pmatrix} \rightarrow \begin{pmatrix} 1 & 0 & \frac{3}{2} & 1 \\ 0 & 2 & -7 & 4 \\ 0 & 0 & 0 & 0 \end{pmatrix} \rightarrow \begin{pmatrix} 1 & 0 & \frac{3}{2} & 1 \\ 0 & 1 & -\frac{7}{2} & 2 \\ 0 & 0 & 0 & 0 \end{pmatrix}.$$

即原方程组与下面方程组

$$\begin{cases} x_1=-\dfrac{3}{2}x_3-x_4, \\ x_2=\dfrac{7}{2}x_3-2x_4 \end{cases}$$

同解，其中 x_3,x_4 为自由未知量.

让自由未知量 $\begin{pmatrix} x_3 \\ x_4 \end{pmatrix}$ 取值 $\begin{pmatrix} 1 \\ 0 \end{pmatrix}$，$\begin{pmatrix} 0 \\ 1 \end{pmatrix}$，分别得方程组的解为

$$\boldsymbol{v}_1=\begin{pmatrix} -\frac{3}{2} \\ \frac{7}{2} \\ 1 \\ 0 \end{pmatrix}, \quad \boldsymbol{v}_2=\begin{pmatrix} -1 \\ -2 \\ 0 \\ 1 \end{pmatrix},$$

所以，$\boldsymbol{v}_1,\boldsymbol{v}_2$ 就是所给方程组的一个基础解系.

例 2　用基础解系表示如下线性方程组的全部解：

$$\begin{cases} x_1+x_2+x_3+4x_4-3x_5=0, \\ x_1-x_2+3x_3-2x_4-x_5=0, \\ 2x_1+x_2+3x_3+5x_4-5x_5=0, \\ 3x_1+x_2+5x_3+6x_4-7x_5=0. \end{cases}$$

解　$m=4,n=5,m<n$，因此所给方程组有无穷多个解. 对系数矩阵 $\boldsymbol{A}$ 施以初等行变换：

$$\boldsymbol{A}=\begin{pmatrix} 1 & 1 & 1 & 4 & -3 \\ 1 & -1 & 3 & -2 & -1 \\ 2 & 1 & 3 & 5 & -5 \\ 3 & 1 & 5 & 6 & -7 \end{pmatrix} \rightarrow \begin{pmatrix} 1 & 1 & 1 & 4 & -3 \\ 0 & -2 & 2 & -6 & 2 \\ 0 & -1 & 1 & -3 & 1 \\ 0 & -2 & 2 & -6 & 2 \end{pmatrix} \rightarrow \begin{pmatrix} 1 & 0 & 2 & 1 & -2 \\ 0 & 0 & 0 & 0 & 0 \\ 0 & 1 & -1 & 3 & -1 \\ 0 & 0 & 0 & 0 & 0 \end{pmatrix}$$

$$\rightarrow\begin{pmatrix}1&0&2&1&-2\\0&1&-1&3&-1\\0&0&0&0&0\\0&0&0&0&0\end{pmatrix},$$

即原方程组与方程组

$$\begin{cases}x_1=-2x_3-x_4+2x_5,\\x_2=x_3-3x_4+x_5\end{cases}$$

同解，其中 x_3,x_4,x_5 为自由未知量.

让自由未知量 $\begin{pmatrix}x_3\\x_4\\x_5\end{pmatrix}$ 取值 $\begin{pmatrix}1\\0\\0\end{pmatrix},\begin{pmatrix}0\\1\\0\end{pmatrix},\begin{pmatrix}0\\0\\1\end{pmatrix}$，分别得方程组的解为

$$\boldsymbol{v}_1=\begin{pmatrix}-2\\1\\1\\0\\0\end{pmatrix},\quad \boldsymbol{v}_2=\begin{pmatrix}-1\\-3\\0\\1\\0\end{pmatrix},\quad \boldsymbol{v}_3=\begin{pmatrix}2\\1\\0\\0\\1\end{pmatrix}.$$

所以，$\boldsymbol{v}_1,\boldsymbol{v}_2,\boldsymbol{v}_3$ 就是所给方程组的一个基础解系.

因此，方程组的全部解为

$$\boldsymbol{v}=c_1\begin{pmatrix}-2\\1\\1\\0\\0\end{pmatrix}+c_2\begin{pmatrix}-1\\-3\\0\\1\\0\end{pmatrix}+c_3\begin{pmatrix}2\\1\\0\\0\\1\end{pmatrix},$$

其中 c_1,c_2,c_3 为任意常数.

例 3　设矩阵 $\boldsymbol{A}=(a_{ij})_{m\times n}$，$\boldsymbol{B}=(b_{ij})_{n\times s}$ 满足 $\boldsymbol{AB}=\boldsymbol{O}$，并且 $r(\boldsymbol{A})=r$. 试证：$r(\boldsymbol{B})\leqslant n-r$.

证明　设矩阵 $\boldsymbol{B}=(\boldsymbol{\alpha}_1,\boldsymbol{\alpha}_2,\cdots,\boldsymbol{\alpha}_s)$，其中

$$\boldsymbol{\alpha}_j=(b_{1j},b_{2j},\cdots,b_{nj})^{\mathrm{T}}\quad(j=1,2,\cdots,s),$$

则

$$\boldsymbol{AB}=\boldsymbol{A}(\boldsymbol{\alpha}_1,\boldsymbol{\alpha}_2,\cdots,\boldsymbol{\alpha}_s)=(\boldsymbol{A\alpha}_1,\boldsymbol{A\alpha}_2,\cdots,\boldsymbol{A\alpha}_s).$$

由 $\boldsymbol{AB}=\boldsymbol{O}$ 可得

$$\boldsymbol{A\alpha}_j=\boldsymbol{0}\quad(j=1,2,\cdots,s).$$

考虑齐次线性方程组 $\boldsymbol{Ax}=\boldsymbol{0}$，其中

$$\boldsymbol{x}=(x_1,x_2,\cdots,x_n)^{\mathrm{T}}.$$

不难看出，矩阵 $\boldsymbol{B}$ 的列向量 $\boldsymbol{\alpha}_1,\boldsymbol{\alpha}_2,\cdots,\boldsymbol{\alpha}_s$ 都是方程组 $\boldsymbol{Ax}=\boldsymbol{0}$ 的解向量. 因为 $r(\boldsymbol{A})=r$，所以方程组 $\boldsymbol{Ax}=\boldsymbol{0}$ 的任一基础解系所含向量个数为 $n-r$. 由此可得

$$r(\boldsymbol{B})=r(\boldsymbol{\alpha}_1,\boldsymbol{\alpha}_2,\cdots,\boldsymbol{\alpha}_s)\leqslant n-r.$$

二、非齐次线性方程组解的结构

非齐次线性方程组(3.1)可以表示为

$$\boldsymbol{Ax}=\boldsymbol{b},$$

取 $\boldsymbol{b}=\boldsymbol{0}$,得到的齐次线性方程组

$$\boldsymbol{Ax}=\boldsymbol{0}$$

称为非齐次线性方程组 $\boldsymbol{Ax}=\boldsymbol{b}$ 的导出组.

非齐次线性方程组(3.1)的解与它的导出组(3.9)的解之间有下列性质:

(1) 如果 $\boldsymbol{u}_1$ 是非齐次线性方程组(3.1)的一个解,$\boldsymbol{v}_1$ 是其导出组的一个解,则 $\boldsymbol{u}_1+\boldsymbol{v}_1$ 也是方程组(3.1)的一个解.

(2) 如果 $\boldsymbol{u}_1,\boldsymbol{u}_2$ 是非齐次线性方程组的两个解,则 $\boldsymbol{u}_1-\boldsymbol{u}_2$ 是其导出组的解.

证明 (1) 因为 $\boldsymbol{u}_1$ 是非齐次线性方程组(3.1)的一个解,所以有 $\boldsymbol{Au}_1=\boldsymbol{b}$,同理 $\boldsymbol{Av}_1=\boldsymbol{0}$,则有

$$\boldsymbol{A}(\boldsymbol{u}_1+\boldsymbol{v}_1)=\boldsymbol{Au}_1+\boldsymbol{Av}_1=\boldsymbol{b}+\boldsymbol{0}=\boldsymbol{b},$$

所以 $\boldsymbol{u}_1+\boldsymbol{v}_1$ 是非齐次线性方程组(3.1)的解.

(2) 由 $\boldsymbol{Au}_1=\boldsymbol{b},\boldsymbol{Au}_2=\boldsymbol{b}$,得

$$\boldsymbol{A}(\boldsymbol{u}_1-\boldsymbol{u}_2)=\boldsymbol{Au}_1-\boldsymbol{Au}_2=\boldsymbol{b}-\boldsymbol{b}=\boldsymbol{0},$$

即 $\boldsymbol{u}_1-\boldsymbol{u}_2$ 为导出组的解.

定理 3.13 如果 $\boldsymbol{u}_1$ 是非齐次线性方程组的一个解,$\boldsymbol{v}$ 是其导出组的全部解,则 $\boldsymbol{u}=\boldsymbol{u}_1+\boldsymbol{v}$ 是非齐次线性方程组的全部解.

证明 由性质(1),$\boldsymbol{u}_1$ 加上其导出组的一个解仍是非齐次线性方程组的一个解,所以只需证明,非齐次线性方程组的任意一个解 $\boldsymbol{u}^*$,一定是 $\boldsymbol{u}_1$ 与其导出组某一个解 $\boldsymbol{v}_1$ 的和. 取

$$\boldsymbol{v}_1=\boldsymbol{u}^*-\boldsymbol{u}_1.$$

由性质(2),$\boldsymbol{v}_1$ 是导出组的一个解,于是得到

$$\boldsymbol{u}^*=\boldsymbol{u}_1+\boldsymbol{v}_1,$$

即非齐次线性方程组的任意一个解,都是其一个解 $\boldsymbol{u}_1$ 与其导出组某一个解的和.

由此定理可知,如果非齐次线性方程组有解,则只需求出它的一个解 $\boldsymbol{u}_1$,并求出其导出组的基础解系 $\boldsymbol{v}_1,\boldsymbol{v}_2,\cdots,\boldsymbol{v}_{n-r}$,则其全部解可以表示为

$$\boldsymbol{u}=\boldsymbol{u}_1+c_1\boldsymbol{v}_1+c_2\boldsymbol{v}_2+\cdots+c_{n-r}\boldsymbol{v}_{n-r}.$$

如果非齐次线性方程组的导出组仅有零解,则该非齐次线性方程组只有一个解,如果其导出组有无穷多个解,则它也有无穷多个解.

例 4 求解如下线性方程组:

$$\begin{cases}x_1+x_2-3x_3-x_4=1,\\3x_1-x_2-3x_3+4x_4=4,\\x_1+5x_2-9x_3-8x_4=0.\end{cases}$$

解　作方程组的增广矩阵$(\boldsymbol{A}\quad\boldsymbol{b})$，并对它施以初等行变换：

$$(\boldsymbol{A}\quad\boldsymbol{b})=\left(\begin{array}{cccc:c}1&1&-3&-1&1\\3&-1&-3&4&4\\1&5&-9&-8&0\end{array}\right)\rightarrow\left(\begin{array}{cccc:c}1&1&-3&-1&1\\0&-4&6&7&1\\0&4&-6&-7&-1\end{array}\right)$$

$$\rightarrow\left(\begin{array}{cccc:c}1&1&-3&-1&1\\0&1&-\frac{3}{2}&-\frac{7}{4}&-\frac{1}{4}\\0&0&0&0&0\end{array}\right)\rightarrow\left(\begin{array}{cccc:c}1&0&-\frac{3}{2}&\frac{3}{4}&\frac{5}{4}\\0&1&-\frac{3}{2}&-\frac{7}{4}&-\frac{1}{4}\\0&0&0&0&0\end{array}\right),$$

即原方程组与方程组

$$\begin{cases}x_1=\dfrac{5}{4}+\dfrac{3}{2}x_3-\dfrac{3}{4}x_4,\\x_2=-\dfrac{1}{4}+\dfrac{3}{2}x_3+\dfrac{7}{4}x_4\end{cases}$$

同解，其中 x_3,x_4 为自由未知量.

让自由未知量$\begin{pmatrix}x_3\\x_4\end{pmatrix}$取值$\begin{pmatrix}0\\0\end{pmatrix}$，得方程组的一个解

$$\boldsymbol{u}_1=\begin{pmatrix}\frac{5}{4}\\-\frac{1}{4}\\0\\0\end{pmatrix}.$$

原方程组的导出组与方程组

$$\begin{cases}x_1=\dfrac{3}{2}x_3-\dfrac{3}{4}x_4,\\x_2=\dfrac{3}{2}x_3+\dfrac{7}{4}x_4\end{cases}$$

同解，其中 x_3,x_4 为自由未知量.

对自由未知量$\begin{pmatrix}x_3\\x_4\end{pmatrix}$取值$\begin{pmatrix}1\\0\end{pmatrix}$，$\begin{pmatrix}0\\1\end{pmatrix}$，即得导出组的基础解系

$$\boldsymbol{v}_1=\begin{pmatrix}\frac{3}{2}\\\frac{3}{2}\\1\\0\end{pmatrix},\quad\boldsymbol{v}_2=\begin{pmatrix}-\frac{3}{4}\\\frac{7}{4}\\0\\1\end{pmatrix}.$$

因此所给方程组的通解为

$$u=u_1+c_1v_1+c_2v_2=\begin{pmatrix}\frac{5}{4}\\-\frac{1}{4}\\0\\0\end{pmatrix}+c_1\begin{pmatrix}\frac{3}{2}\\\frac{3}{2}\\1\\0\end{pmatrix}+c_2\begin{pmatrix}-\frac{3}{4}\\\frac{7}{4}\\0\\1\end{pmatrix},$$

其中 c_1,c_2 为任意常数.

3.6 应用举例

一、旅游管理模型

例 1 某旅行社主要经营 A、B、C、D 四种旅游线路，其公司的盈亏主要由此四种线路决定. 在资源有限的情况下，应计划四种线路的出行次数. A、B、C、D 四种线路的经营收入主要由交通服务收入、导游服务收入、购物点停车服务收入、门票收入组成，各线路每出行 1 次可获得的收入如表 3-1 所示. 若年度公司收入要达到 228000 元，其中交通服务收入 84000 元、导游服务收入 42000 元、购物点停车服务收入 42000 元、门票收入 60000 元，需要怎样计划各种线路的出行次数？

表 3-1 各线路每出行 1 次可获得的收入 单位：元

线路	交通服务收入	导游服务收入	购物点停车服务收入	门票收入
A	2000	500	500	800
B	1000	500	1500	1000
C	1000	1000	500	1000
D	1500	1500	1000	2000

解 把一年的计划营运额分至 12 个月，设 A、B、C、D 每种线路每月出行 x,y,z,w 次，由题意可得：

$$\begin{cases}2000x+1000y+1000z+1500w=7000,\\500x+500y+1000z+1500w=3500,\\500x+1500y+500z+1000w=3500,\\800x+1000y+1000z+2000w=5000.\end{cases}$$

对方程组的增广矩阵 $(\boldsymbol{A}\ \ \boldsymbol{b})$ 施以初等行变换：

$$(\boldsymbol{A}\ \ \boldsymbol{b})=\left(\begin{array}{cccc:c}2000&1000&1000&1500&7000\\500&500&1000&1500&3500\\500&1500&500&1000&3500\\800&1000&1000&2000&5000\end{array}\right)\to\left(\begin{array}{cccc:c}20&10&10&15&70\\5&5&10&15&35\\5&15&5&10&35\\8&10&10&20&50\end{array}\right)$$

$$\rightarrow\left(\begin{array}{cccc:c}1 & 0 & 0 & 0 & \frac{60}{29}\\ 0 & 1 & 0 & 0 & \frac{23}{29}\\ 0 & 0 & 1 & 0 & \frac{18}{29}\\ 0 & 0 & 0 & 1 & \frac{28}{29}\end{array}\right).$$

所以 A、B、C、D 四条线路每月出行次数分别为 $x=\frac{60}{29}, y=\frac{23}{29}, z=\frac{18}{29}, w=\frac{28}{29}$，从而每年应各出行约 25、10、7、12 次.

二、投入产出数学模型

投入产出分析是 20 世纪 30 年代由美国经济学家列昂惕夫首先提出的，它是研究一个经济系统各部门之间“投入”与“产出”关系的线性模型，一般称为投入产出模型. 投入产出模型可应用于微观经济系统，也可应用于宏观经济系统的综合平衡分析. 目前，这种分析方法已在全世界 90 多个国家和地区得到了普遍的推广和应用. 自 20 世纪 60 年代起，我国就开始把投入产出分析方法应用于各地区及全国的经济平衡分析. 这一方法已成为我国许多部门、地区进行现代化管理的重要工具.

(一) 投入产出平衡表

设一个经济系统可以分为 n 个生产部门，各部门分别用 $1,2,\cdots,n$ 表示. 部门 $i(i=1,2,\cdots,n)$ 只生产一种产品 i，并且没有联合生产，即产品 i 仅由部门 i 生产. 每一生产部门，一方面以自己的产品分配给各部门作为生产资料或满足社会的非生产性消费需要，并积累部分产品. 另一方面，每一生产部门在其生产过程中要消耗各部门的产品，所以各部门之间形成了一个复杂的互相交错的关系，这一关系可以用投入产出平衡表 3-2 来表示.

表 3-2　投入产出平衡表

项目		消耗部门					最终产品				总产品
		1	2	…	n	合计	消费	积累	…	合计	
生产部门	1	x_{11}	x_{12}	…	x_{1n}	$\sum_{j=1}^{n} x_{1j}$				y_1	x_1
	2	x_{21}	x_{22}	…	x_{2n}	$\sum_{j=1}^{n} x_{2j}$				y_2	x_2
	⋮	⋮	⋮	…	⋮	⋮				⋮	⋮

续表

项目		消耗部门					最终产品			总产品	
		1	2	…	n	合计	消费	积累	…	合计	
生产部门	n	x_{n1}	x_{n2}	…	x_{nn}	$\sum_{j=1}^{n} x_{nj}$				y_n	x_n
	合计	$\sum_{i=1}^{n} x_{i1}$	$\sum_{i=1}^{n} x_{i2}$	…	$\sum_{i=1}^{n} x_{in}$	$\sum_{j=1}^{n}\sum_{i=1}^{n} x_{ij} = \sum_{i=1}^{n}\sum_{j=1}^{n} x_{ij}$				$\sum_{i=1}^{n} y_i$	$\sum_{i=1}^{n} x_i$
新创造价值	劳动报酬	v_1	v_2	…	v_n	$\sum_{j=1}^{n} v_j$					
	纯收入	m_1	m_2	…	m_n	$\sum_{j=1}^{n} m_j$					
	合计	z_1	z_2	…	z_n	$\sum_{j=1}^{n} z_j$					
总产值		x_1	x_2	…	x_n	$\sum_{j=1}^{n} x_j$					

投入产出平衡表可以按实物形式编制，也可按价值形式编制，本节仅讨论价值型的投入产出模型. 因此，后面所提到的诸如“产品量”“单位产品”“总产品”“最终产品”等，分别指“产品的价值”“单位产品的价值”“总产值”“最终产品的价值”等.

$x_i(i=1,2,\cdots,n)$表示第 i 部门总产品；$y_i(i=1,2,\cdots,n)$表示第 i 部门的最终产品；$x_{ij}(i,j=1,2,\cdots,n)$表示第 i 部门分配给第 j 部门的产品量，或者说第 j 部门消耗第 i 部门的产品量；$z_j(j=1,2,\cdots,n)$表示第 j 部门新创造的价值；$v_j(j=1,2,\cdots,n)$表示第 j 部门的劳动报酬；$m_j(j=1,2,\cdots,n)$表示第 j 部门创造的纯收入(包括税收等).

投入产出平衡表分 4 个部分，称为 4 个象限.

左上角为第Ⅰ象限，在这一部分中，每一个部门都以生产者和消费者的双重身份出现. 从每一横行看，该部门作为生产部门以自己的产品分配给各部门；从每一纵列看，该部门又作为消耗部门在生产过程中消耗各部门的产品. 行与列交叉点是部门间流量，这个量也是以双重身份出现，它是行部门分配给列部门的产品量，也是列部门消耗行部门的产品量. 这一部分反映了该经济系统生产部门之间的技术性联系，它是投入产出平衡表最基本的部分.

右上角为第Ⅱ象限，反映各部门用于最终产品的部分. 从每一横行来看，其反映了该部门最终产品的分配情况；从每一纵列看，其表明用于消费、积累等方面的最终产品分别由各部门提供的数量.

左下角为第Ⅲ象限，反映总产品中新创造的价值部分. 每一列指出该部门的新创造价值，包括劳动报酬和该部门创造的纯收入.

右下角为第Ⅳ象限,这部分反映总收入的再分配,比较复杂,有待进一步研究.

(二) 平衡方程

1. 产品分配平衡方程组

从表3-2的行来看,第Ⅰ、Ⅱ象限每一行存在一个等式,即每一个部门作为生产部门分配给各部门用于生产消耗的产品,加上它本部门的最终产品,应等于它的总产品,即

$$\begin{cases} x_1 = x_{11} + x_{12} + \cdots + x_{1n} + y_1, \\ x_2 = x_{21} + x_{22} + \cdots + x_{2n} + y_2, \\ \quad \vdots \\ x_n = x_{n1} + x_{n2} + \cdots + x_{nn} + y_n. \end{cases} \tag{3.12}$$

用总和号表示可以写成

$$x_i = \sum_{j=1}^{n} x_{ij} + y_i (i = 1,2,\cdots,n). \tag{3.13}$$

这个方程组称为**产品分配平衡方程组**,其中 $\sum_{j=1}^{n} x_{ij}$ 为第 i 部门分配给各部门用于生产消耗的产品总和.

2. 产值构成平衡方程组

从表3-2的列来看,第Ⅰ、Ⅲ象限的每一列也存在一个等式,即每一个部门作为消耗部门,各部门为它的生产消耗转移的产品价值加上它本部门新创造的价值,应等于它的总产值,即

$$\begin{cases} x_1 = x_{11} + x_{21} + \cdots + x_{n1} + z_1, \\ x_2 = x_{12} + x_{22} + \cdots + x_{n2} + z_2, \\ \quad \vdots \\ x_n = x_{1n} + x_{2n} + \cdots + x_{nn} + z_n. \end{cases} \tag{3.14}$$

用总和号表示可以写成

$$x_j = \sum_{i=1}^{n} x_{ij} + z_j \quad (j = 1,2,\cdots,n).$$

这个方程组称为**产值构成平衡方程组**.

(三) 直接消耗系数

定义 3.10　第 j 部门生产单位产品直接消耗第 i 部门的产品量,称为第 j 部门对第 i 部门的**直接消耗系数**,用 a_{ij} 表示,即

$$a_{ij} = \frac{x_{ij}}{x_j} \quad (i,j=1,2,\cdots,n). \tag{3.15}$$

换句话说，a_{ij} 也就是第 j 部门生产单位产品需要第 i 部门直接分配给第 j 部门的产品量. 物质生产部门之间的直接消耗系数，基本上是技术性的，因而是相对稳定的，通常也叫作**技术系数**.

各部门间的直接消耗系数构成的 n 阶矩阵

$$\mathbf{A}=\begin{pmatrix} a_{11} & a_{12} & \cdots & a_{1n} \\ a_{21} & a_{22} & \cdots & a_{2n} \\ \vdots & \vdots & & \vdots \\ a_{n1} & a_{n2} & \cdots & a_{nn} \end{pmatrix}$$

称为**直接消耗系数矩阵**.

直接消耗系数 $a_{ij}(i,j=1,2,\cdots,n)$具有下列性质：

(1) $0\leqslant a_{ij}<1\ (i,j=1,2,\cdots,n)$.

这是因为在 $a_{ij}=\dfrac{x_{ij}}{x_j}$中有 $x_{ij}\geqslant 0, x_j>0$，且 $x_{ij}<x_j(i,j=1,2,\cdots,n)$，所以有

$$0\leqslant a_{ij}<1 \quad (i,j=1,2,\cdots,n).$$

(2) $\sum\limits_{i=1}^{n}|a_{ij}|<1\ (j=1,2,\cdots,n)$.

这是因为 $x_{ij}=a_{ij}x_j$，产值构成平衡方程(3.14)就可以化为

$$x_j=\sum_{i=1}^{n}a_{ij}x_j+z_j \quad (j=1,2,\cdots,n),$$

整理后得

$$\left(1-\sum_{i=1}^{n}a_{ij}\right)x_j=z_j \quad (j=1,2,\cdots,n),$$

$$x_j>0, z_j>0 \qquad (j=1,2,\cdots,n),$$

所以

$$1-\sum_{i=1}^{n}a_{ij}>0 \quad (j=1,2,\cdots,n),$$

即

$$\sum_{i=1}^{n}a_{ij}<1 \quad (j=1,2,\cdots,n).$$

由性质(1)，上式可写成

$$\sum_{i=1}^{n}|a_{ij}|<1 \quad (j=1,2,\cdots,n).$$

利用直接消耗系数矩阵 **A**，产品分配平衡方程组和产值构成平衡方程组可以写成矩阵形式.

将 $x_{ij}=a_{ij}x_j$ 代入产品分配平衡方程组(3.12)，得

$$\begin{cases} x_1=a_{11}x_1+a_{12}x_2+\cdots+a_{1n}x_n+y_1, \\ x_2=a_{21}x_1+a_{22}x_2+\cdots+a_{2n}x_n+y_2, \\ \quad\vdots \\ x_n=a_{n1}x_1+a_{n2}x_2+\cdots+a_{nn}x_n+y_n, \end{cases} \tag{3.16}$$

或写成

$$x_i = \sum_{j=1}^{n} a_{ij} x_j + y_i \quad (i = 1,2,\cdots,n). \tag{3.17}$$

设

$$\boldsymbol{x}=\begin{pmatrix} x_1 \\ x_2 \\ \vdots \\ x_n \end{pmatrix},\quad \boldsymbol{y}=\begin{pmatrix} y_1 \\ y_2 \\ \vdots \\ y_n \end{pmatrix},$$

则方程组(3.16)可以写成矩阵形式

$$\boldsymbol{x}=\boldsymbol{A}\boldsymbol{x}+\boldsymbol{y}, \tag{3.18}$$

或

$$(\boldsymbol{E}-\boldsymbol{A})\boldsymbol{x}=\boldsymbol{y}. \tag{3.19}$$

将 $x_{ij}=a_{ij}x_j$ 代入产值构成平衡方程组(3.14),得

$$\begin{cases} x_1=a_{11}x_1+a_{21}x_1+\cdots+a_{n1}x_1+z_1, \\ x_2=a_{12}x_2+a_{22}x_2+\cdots+a_{n2}x_2+z_2, \\ \quad\vdots \\ x_n=a_{1n}x_1+a_{2n}x_2+\cdots+a_{nn}x_n+z_n, \end{cases} \tag{3.20}$$

或写成

$$x_j = \sum_{i=1}^{n} a_{ij} x_j + z_j \quad (j = 1,2,\cdots,n). \tag{3.21}$$

设

$$\boldsymbol{D}=\begin{pmatrix} \sum_{i=1}^{n} a_{i1} & & & \\ & \sum_{i=1}^{n} a_{i2} & & \\ & & \ddots & \\ & & & \sum_{i=1}^{n} a_{in} \end{pmatrix},\quad \boldsymbol{z}=\begin{pmatrix} z_1 \\ z_2 \\ \vdots \\ z_n \end{pmatrix},$$

则方程组(3.20)可以写成矩阵形式

$$\boldsymbol{x}=\boldsymbol{D}\boldsymbol{x}+\boldsymbol{z}, \tag{3.22}$$

或

$$(\boldsymbol{E}-\boldsymbol{D})\boldsymbol{x}=\boldsymbol{z}. \tag{3.23}$$

(四) 平衡方程组的解

利用投入产出数学模型进行经济分析时,首先要根据该经济系统报告期的数据求出直接消耗系数矩阵 $\boldsymbol{A}$,并假设在未来计划期内直接消耗系数 $a_{ij}(i,j=1,2,\cdots,n)$不发生变化,则由

方程组(3.19)和(3.23)可求得平衡方程组的解.

1. 解产品分配平衡方程组

(1) 在(3.19)中,如果已知 $\boldsymbol{x}=(x_1,x_2,\cdots,x_n)^{\mathrm{T}}$,则可求得

$$\boldsymbol{y}=(\boldsymbol{E}-\boldsymbol{A})\boldsymbol{x}.$$

(2) 在(3.19)中,如果已知 $\boldsymbol{y}=(y_1,y_2,\cdots,y_n)^{\mathrm{T}}$,则可以证明矩阵$(\boldsymbol{E}-\boldsymbol{A})$可逆,且$(\boldsymbol{E}-\boldsymbol{A})^{-1}$为非负矩阵,于是可求得

$$\boldsymbol{x}=(\boldsymbol{E}-\boldsymbol{A})^{-1}\boldsymbol{y}.$$

2. 解产值构成平衡方程组

(1) 在(3.23)中,如果已知 $\boldsymbol{x}=(x_1,x_2,\cdots,x_n)^{\mathrm{T}}$,则可求得

$$\boldsymbol{z}=(\boldsymbol{E}-\boldsymbol{D})\boldsymbol{x}.$$

(2) 在(3.23)中,如果已知 $\boldsymbol{z}=(z_1,z_2,\cdots,z_n)^{\mathrm{T}}$,则可求得

$$\boldsymbol{x}=(\boldsymbol{E}-\boldsymbol{D})^{-1}\boldsymbol{z}.$$

不难求出

$$(\boldsymbol{E}-\boldsymbol{D})^{-1}=\begin{pmatrix}\left(1-\sum_{i=1}^{n}a_{i1}\right)^{-1} & & & \\ & \left(1-\sum_{i=1}^{n}a_{i2}\right)^{-1} & & \\ & & \ddots & \\ & & & \left(1-\sum_{i=1}^{n}a_{in}\right)^{-1}\end{pmatrix},$$

因此有

$$x_j=\frac{z_j}{1-\sum_{i=1}^{n}a_{ij}}\quad(j=1,2,\cdots,n).$$

例 2 设有一个经济系统包括 3 个部门,在某一个生产周期内各部门间的消耗系数及最终产品如表 3-3 所示.

表 3-3 一个生产周期内各部门间的消耗系数及最终产品

消耗系数		消耗部门			最终产品
		1	2	3	
生产部门	1	0.25	0.1	0.1	245
	2	0.2	0.2	0.1	90
	3	0.1	0.1	0.2	175

求各部门的总产品及部门间的流量.

解　设 $x_i(i=1,2,3)$表示第 i 部门的总产品.

已知

$$\boldsymbol{A}=(a_{ij})=\begin{pmatrix}0.25 & 0.1 & 0.1\\ 0.2 & 0.2 & 0.1\\ 0.1 & 0.1 & 0.2\end{pmatrix},\quad \boldsymbol{y}=(245,90,175)^{\mathrm{T}},$$

则

$$\boldsymbol{E}-\boldsymbol{A}=\begin{pmatrix}0.75 & -0.1 & -0.1\\ -0.2 & 0.8 & -0.1\\ -0.1 & -0.1 & 0.8\end{pmatrix},$$

可以求得

$$(\boldsymbol{E}-\boldsymbol{A})^{-1}=\frac{10}{891}\begin{pmatrix}126 & 18 & 18\\ 34 & 118 & 19\\ 20 & 17 & 116\end{pmatrix},$$

所以

$$\boldsymbol{x}=(\boldsymbol{E}-\boldsymbol{A})^{-1}\boldsymbol{y}=\frac{10}{891}\begin{pmatrix}126 & 18 & 18\\ 34 & 118 & 19\\ 20 & 17 & 116\end{pmatrix}\begin{pmatrix}245\\ 90\\ 175\end{pmatrix}=\begin{pmatrix}400\\ 250\\ 300\end{pmatrix}.$$

如果部门很多时,可借助计算机求近似解.

由

$$x_{ij}=a_{ij}x_j\ (i,j=1,2,\cdots,n)$$

和 $x_1=400,x_2=250,x_3=300$ 可计算部门间流量:

$$x_{11}=100,\quad x_{12}=25,\quad x_{13}=30,$$

$$x_{21}=80,\quad x_{22}=50,\quad x_{23}=30,$$

$$x_{31}=40,\quad x_{32}=25,\quad x_{33}=60.$$

现将所求得的各部门的总产量及部门间流量列成表 3-4.

表 3-4　各部门的总产量及部门间流量

部门间流量		消耗部门				
		1	2	3	最终产品	总产品
生产部门	1	100	25	30	245	400
	2	80	50	30	90	250
	3	40	25	60	175	300

实验四 基于 Python 语言的向量组相关性判定与求解

实验目的

掌握利用 Python 分析向量组线性相关性的方法，进一步理解向量组线性相关、线性无关的意义.

实验内容

一、判断向量组的线性相关性

首先，可以通过 numpy. array()函数来创建向量；然后可以采用如下几种方法进行判定.

方法一：由向量组形成矩阵 $\boldsymbol{A}$，根据 numpy. linalg. matrix_rank(A)或者 SymPy 库中的命令 A. rank()来求矩阵 $\boldsymbol{A}$ 的秩，判断向量组的线性相关性.

方法二：由向量组形成矩阵 $\boldsymbol{A}$，根据 numpy. linalg. det(A)或者 SymPy 库中的命令 A. det()来求方阵 $\boldsymbol{A}$ 的行列式. 若行列式非零，则向量组线性无关；若行列式等于零，则向量组线性相关.

方法三：由向量组形成矩阵 $\boldsymbol{A}$，利用 SymPy 库中的命令 A. rref()来求矩阵 $\boldsymbol{A}$ 的最简形，同时返回线性无关列的标号，判断向量组的线性相关性.

【示例 4.1】 判断向量

$$\boldsymbol{\alpha}_1=(1,2,3,-4)^{\mathrm{T}},\quad \boldsymbol{\alpha}_2=(0,1,-1,-1)^{\mathrm{T}},\quad \boldsymbol{\alpha}_3=(1,3,0,1)^{\mathrm{T}},\quad \boldsymbol{\alpha}_4=(0,-7,3,1)^{\mathrm{T}}$$

是否线性相关.

解 在单元格中按如下操作：

In
```
import numpy as np
import sympy as sy
a1=np.array([[1,2,3,-4]]).T
a2=np.array([[0,1,-1,-1]]).T
a3=np.array([[1,3,0,1]]).T
a4=np.array([[0,-7,3,1]]).T
#按水平方向(列顺序)堆叠数组构成一个新的数组
A=np.hstack((a1,a2,a3,a4))
C=sy.Matrix(A)
print('矩阵 A 为:\n',A)
print('矩阵 A 的秩为:',np.linalg.matrix_rank(A))
print('矩阵 A 的行列式为:',np.linalg.det(A))
print('矩阵 A 的行最简形为:\n',C.rref())
```

运行上述程序，命令窗口显示所得结果如下：

```
矩阵 A 为：
array([[ 1,  0,1,  0],
       [ 2,  1,3,-7],
       [ 3,-1,0,  3],
       [-4,-1,1,  1]])
矩阵 A 的秩为:4
矩阵 A 的行列式为:4.000000000000001
矩阵 A 的行最简形为：
(Matrix([
[1,0,0,0],
[0,1,0,0],
[0,0,1,0],
[0,0,0,1]]),(0,1,2,3))
```

从上述结果可以判断该向量组线性无关.

或者，在单元格中按如下操作：

In
```
from sympy import*
init_printing(use_unicode=True)
a1=[1,2,3,-4]
a2=[0,1,-1,-1]
a3=[1,3,0,1]
a4=[0,-7,3,1]
A=Matrix([a1,a2,a3,a4]).T
A
```

运行上述程序，命令窗口显示所得结果如下：

$$\begin{pmatrix} 1 & 0 & 1 & 0 \\ 2 & 1 & 3 & -7 \\ 3 & -1 & 0 & 3 \\ -4 & -1 & 1 & 1 \end{pmatrix}.$$

在单元格中继续操作：

In
```
A.det()
```

运行上述程序，命令窗口显示所得结果如下：

```
36
```

在单元格中继续操作：

In
```
A.rank()
```

运行上述程序，命令窗口显示所得结果如下：

```
4
```

在单元格中继续操作：

In

```
A.rref()
```

运行上述程序，命令窗口显示所得结果如下：

$$\left(\begin{pmatrix}1&0&0&0\\0&1&0&0\\0&0&1&0\\0&0&0&1\end{pmatrix},(0\quad 1\quad 2\quad 3)\right).$$

返回值为一个元组，元组第一个元素为矩阵的行最简形，第二个元素为线性无关列的标号形成的元组.

由上述运行结果可知：矩阵的行列式为 36，向量组的秩为 4，并且 a1，a2，a3，a4 是线性无关的.

二、求向量组的极大线性无关组

由示例 4.1 的内容可知，求一个向量组的极大线性无关组可以如下操作. 首先，由向量组形成矩阵 **A**，然后利用 SymPy 库中的命令 A. rref()来求矩阵 **A** 的最简形，同时返回线性无关列的标号. 其中线性无关列就是对应的极大无关组的向量所在列，进而可以求出其他向量以该极大无关组为基础的线性表示.

【示例 4.2】 求向量组

$$\boldsymbol{\alpha}_1=(1,-1,2,4),\quad \boldsymbol{\alpha}_2=(0,3,1,2),\quad \boldsymbol{\alpha}_3=(3,0,7,14),$$
$$\boldsymbol{\alpha}_4=(1,-1,2,0),\quad \boldsymbol{\alpha}_5=(2,1,5,0)$$

的极大无关组，并将其他向量用极大无关组线性表示.

解 在单元格中按如下操作：

In

```
from sympy import*
a1=[1,-1,2,4]
a2=[0,3,1,2]
a3=[3,0,7,14]
a4=[1,-1,2,0]
a5=[2,1,5,0]
A=Matrix([a1,a2,a3,a4,a5]).T
A.rref()
```

运行上述程序，命令窗口显示所得结果如下：

```
(Matrix([
[1,0,3,0,- 1/2],
[0,1,1,0,  1],
[0,0,0,1, 5/2],
[0,0,0,0,  0]]), (0,1,3))
```

在行最简形中有3个非零行，因此向量组的秩等于3. 非零行的首元素位于第1,2,4列，因此 $\boldsymbol{\alpha}_1,\boldsymbol{\alpha}_2,\boldsymbol{\alpha}_4$ 是向量组的一个极大无关组. 第3列的前2个元素分别是3,1，于是有

$$\boldsymbol{\alpha}_3=3\boldsymbol{\alpha}_1+\boldsymbol{\alpha}_2.$$

第5列的前3个元素分别是 $-1/2,1,5/2$，于是

$$\boldsymbol{\alpha}_5=-\frac{1}{2}\boldsymbol{\alpha}_1+\boldsymbol{\alpha}_2+\frac{5}{2}\boldsymbol{\alpha}_4.$$

【示例4.3】(烧烤酱配方问题)　一个佐料生产企业可以生产出三种不同型号的佐料，它们的具体配方比例如实验表4.1所示.

实验表4.1　烧烤酱配方

配　料	烧烤酱1	烧烤酱2	烧烤酱3
椒盐	10	10	10
胡椒粉	22	26	18
孜然粉	32	31	29
五香粉	53	64	50
辣椒粉	0	5	8

(1) 分析这三种烧烤酱是否可以用其中的两种来配出第三种.

(2) 现在有甲、乙两个用户要求烧烤酱中含椒盐、胡椒粉、孜然粉、五香粉、辣椒粉的比例分别为24∶52∶73∶133∶12和36∶75∶100∶185∶20. 能否用这三种烧烤酱配出满足甲、乙用户要求的烧烤酱？

解　(1) 把每种烧烤酱看成一个五维列向量，研究这三种烧烤酱是否可以由其中的两种配出，也就是分析这三个向量的线性相关性. 若线性相关，则可以用其中的两种来配出第三种，否则不能配出.

在单元格中按如下操作：

In
```
from sympy import*
init_printing(use_unicode=True)
a1=[10,22,32,53,0]
a2=[10,26,31,64,5]
```

In

```
a3=[10,18,29,50,8]
A=Matrix([a1,a2,a3]).T
A0,i=A.rref()
print('矩阵 A 的行最简形矩阵线性无关列的标号为:',i)
print('矩阵 A 的行最简形矩阵为:\n',)
A0
```

运行上述程序,命令窗口显示所得结果如下:

矩阵 A 的行最简形矩阵线性无关列的标号为:(0,1,2)

矩阵 A 的行最简形矩阵为:

$$\begin{pmatrix} 1 & 0 & 0 \\ 0 & 1 & 0 \\ 0 & 0 & 1 \\ 0 & 0 & 0 \\ 0 & 0 & 0 \end{pmatrix}$$

由运行结果可知,矩阵 $\boldsymbol{A}$ 的行最简形线性无关列的标号为(0,1,2),由矩阵最简形形成的新向量组与原向量组具有相同的线性结构可知,向量 **a1**,**a2**,**a3** 线性无关,所以不能由其中的两种烧烤酱配出第三种烧烤酱.

(2) 设甲、乙两用户提出的烧烤酱成分比例分别用向量 $\boldsymbol{v}_1=(24,52,73,133,12)^{\mathrm{T}}$,$\boldsymbol{v}_2=(36,75,100,185,20)^{\mathrm{T}}$ 表示.

在单元格中按如下操作:

In

```
from sympy import*
init_printing(use_unicode=True)
a1=[10,22,32,53,0]
a2=[10,26,31,64,5]
a3=[10,18,29,50,8]
v1=[24,52,73,133,12]
v2=[36,75,100,185,20]
A=Matrix([a1,a2,a3,v1,v2]).T
A0,i=A.rref()
print('矩阵 A 的行最简形矩阵线性无关列的标号为:',i)
print('矩阵 A 的行最简形矩阵为:\n',)
A0
```

运行上述程序,命令窗口显示所得结果如下:

```
矩阵 A 的行最简形矩阵线性无关列的标号为：(0,1,2,4)
矩阵 A 的行最简形矩阵为：
```

$$\begin{pmatrix} 1 & 0 & 0 & 3/5 & 0 \\ 0 & 1 & 0 & 4/5 & 0 \\ 0 & 0 & 1 & 1 & 0 \\ 0 & 0 & 0 & 0 & 1 \\ 0 & 0 & 0 & 0 & 0 \end{pmatrix}$$

由运行结果可知，矩阵 A 的行最简形线性无关列的标号为(0,1,2,4)，由矩阵最简形形成的新向量组与原向量组具有相同的线性结构，可知向量 **a1**，**a2**，**a3**，**v2** 线性无关，为向量组的一个极大无关组，所以甲用户要求的烧烤酱可由这三种烧烤酱配制，而乙用户要求的烧烤酱不能由这三种烧烤酱配制. 甲用户要求的烧烤酱与企业生产的三种烧烤酱在配制方面的线性关系为

$$\boldsymbol{v}_1=\frac{3}{5}\boldsymbol{\alpha}_1+\frac{4}{5}\boldsymbol{\alpha}_2+\boldsymbol{\alpha}_3.$$

实 验 训 练

1. 求向量组 $\boldsymbol{\alpha}_1=(0,0,1)$，$\boldsymbol{\alpha}_2=(0,1,1)$，$\boldsymbol{\alpha}_3=(1,1,1)$，$\boldsymbol{\alpha}_4=(1,0,0)$的秩.

2. 当 t 取何值时，向量组 $\boldsymbol{\alpha}_1=(1,1,1)$，$\boldsymbol{\alpha}_2=(1,2,3)$，$\boldsymbol{\alpha}_3=(1,3,t)$的秩最小？

3. 向量组 $\boldsymbol{\alpha}_1=(1,1,1,1)$，$\boldsymbol{\alpha}_2=(1,-1,-1,1)$，$\boldsymbol{\alpha}_3=(1,-1,1,-1)$，$\boldsymbol{\alpha}_4=(1,1,-1,1)$是否线性相关？

4. 求向量组 $\boldsymbol{\alpha}_1=(1,2,3,4)$，$\boldsymbol{\alpha}_2=(2,3,4,5)$，$\boldsymbol{\alpha}_3=(3,4,5,6)$的最大无关组，并用最大无关组线性表示其他向量.

5. 设向量 $\boldsymbol{\alpha}_1=(-1,3,6,0)$，$\boldsymbol{\alpha}_2=(8,3,-3,18)$，$\boldsymbol{\beta}_1=(3,0,-3,6)$，$\boldsymbol{\beta}_2=(2,3,3,6)$，求证：向量组 $\boldsymbol{\alpha}_1$，$\boldsymbol{\alpha}_2$ 与 $\boldsymbol{\beta}_1$，$\boldsymbol{\beta}_2$ 等价.

实验五　基于 Python 语言的线性方程组的求解

实 验 目 的

1. 了解利用 Python 语言求解线性方程组基础解系的方法.
2. 掌握利用 Python 语言求解线性方程组通解的方法.

实 验 内 容

一、求解线性方程组基础解系

求解线性方程组基础解系的方法比较多，比如可以使用 SciPy 包中的 linalg 模块的函数

null_space ()求解,也可以使用 SymPy 包中的函数 nullspace ()求解. 下面举例示范.

【示例 5.1】 求解齐次线性方程组$\begin{cases} x_1+2x_2+2x_3+x_4=0, \\ 2x_1+x_2-2x_3-2x_4=0, \\ x_1-x_2-4x_3-3x_4=0 \end{cases}$的基础解系.

解 在单元格中按如下操作:

In

```
#第一种方法:使用 SciPy 中的 linalg 模块求解
import numpy as np
from scipy import linalg
a1=[1,2,2,1]
a2=[2,1,-2,-2]
a3=[1,-1,-4,-3]
A=np.stack((a1,a2,a3))
#求解齐次线性方程组的基础解系
B=linalg.null_space(A)
B
```

运行上述程序,命令窗口显示所得结果如下:

```
array([[-0.67229849, -0.25276026],
   [ 0.49191172, 0.44996367],
   [ 0.11481769, -0.61938865],
   [-0.54116032, 0.59161022]])
```

从上述结果可以判断该向量组线性无关.

或者,在单元格中按如下操作:

In

```
#第二种方法使用 SymPy 包
from sympy import*
#输入系数矩阵 A
A=Matrix([ [1,2,2,1],[2,1,-2,-2],[1,-1,-4,-3]])
#计算线性方程组的基础解系
B=A.nullspace()
B
```

运行上述程序,命令窗口显示所得结果如下:

```
[Matrix([
[ 2],
[-2],
[ 1],
```

```
[ 0]]), Matrix([
[ 5/3],
[-4/3],
[   0],
[   1]])]
```

若线性方程组的基础解系存在且不唯一，则上述两种方法求得的基础解系不一样属于正常.

【示例 5.2】 求解非齐次线性方程组$\begin{cases} x_1+x_2-3x_3-x_4=1, \\ 3x_1-x_2-3x_3+4x_4=4, \\ x_1+5x_2-9x_3-8x_4=0 \end{cases}$的基础解系.

解　因为非齐次线性方程组的基础解系就是其对应导出组的基础解系，所以其求法与齐次线性方程组的基础解系求法一样.

在单元格中按如下操作：

In

```
from sympy import*
#输入系数矩阵 A
A=Matrix([[1,1,-3,-1],[3,-1,-3,4],[1,5,-9,-8]])
#计算线性方程组的基础解系
B=A.nullspace()
B
```

运行上述程序，命令窗口显示所得结果如下：

```
[Matrix([
[3/2],
[3/2],
[  1],
[  0]]), Matrix([
[-3/4],
[ 7/4],
[   0],
[   1]])]
```

二、求解线性方程组的通解

【示例 5.3】 求解齐次线性方程组$\begin{cases} x_1+2x_2+2x_3+x_4=0, \\ 2x_1+x_2-2x_3-2x_4=0, \\ x_1-x_2-4x_3-3x_4=0 \end{cases}$的通解.

解　由示例 5.1 可知该方程组的基础解系为

$$\boldsymbol{\xi}_1=(2,-2,1,0)^{\mathrm{T}},\quad \boldsymbol{\xi}_2=\left(\frac{5}{3},-\frac{4}{3},0,1\right)^{\mathrm{T}}.$$

所以,该齐次线性方程组的通解为

$$\boldsymbol{x}=c_1\boldsymbol{\xi}_1+c_2\boldsymbol{\xi}_2,\quad (c_1,c_2\text{ 为任意常数}).$$

另外一种方法:通过求原方程组系数矩阵的最简形,得到原方程组的同解方程组系数矩阵,然后写出同解方程组进行求解.

在单元格中按如下操作:

In
```
from sympy import*
A=Matrix([[1,2,2,1],[2,1,-2,-2],[1,-1,-4,-3]])
r=A.rank() #求系数矩阵 A 的秩,判断是否有非零解
B=A.rref()[0] #求矩阵 A 的最简形得到原方程组的同解方程组系数矩阵
print('矩阵 A 的秩为:',r)
print('矩阵 A 的行最简形为:\n',B)
```

运行上述程序,命令窗口显示所得结果如下:

```
矩阵 A 的秩为:2
矩阵 A 的行最简形为:
Matrix([
[1,0,-2,-5/3],
[0,1,2,4/3],
[0,0,0,0]])
```

从上述结果可以得到原方程组的同解方程组

$$\begin{cases} x_1 \qquad -2x_3-\dfrac{5}{3}x_4=0, \\ \qquad x_2+2x_3+\dfrac{4}{3}x_4=0. \end{cases}$$

上述方程组中可以取 $x_3=c_1,x_4=c_2$ 为自由未知量,其中 c_1,c_2 为任意常数,即

$$\begin{pmatrix} x_1\\ x_2\\ x_3\\ x_4 \end{pmatrix}=\begin{pmatrix} 2c_1+\dfrac{5}{3}c_2\\ -2c_1-\dfrac{4}{3}c_2\\ c_1\\ c_2 \end{pmatrix}=c_1\begin{pmatrix} 2\\ -2\\ 1\\ 0 \end{pmatrix}+c_2\begin{pmatrix} \dfrac{5}{3}\\ -\dfrac{4}{3}\\ 0\\ 1 \end{pmatrix}.$$

【示例 5.4】　求解非齐次线性方程组 $\begin{cases} x_1+x_2-3x_3-x_4=1, \\ 3x_1-x_2-3x_3+4x_4=4, \\ x_1+5x_2-9x_3-8x_4=0 \end{cases}$ 的通解.

解　由示例 5.2 可知该方程组的基础解系为

$$\boldsymbol{\xi}_1=\left(\frac{3}{2},\frac{3}{2},1,0\right)^{\mathrm{T}},\quad \boldsymbol{\xi}_2=\left(-\frac{3}{4},\frac{7}{4},0,1\right)^{\mathrm{T}}.$$

因此,再求得该非齐次线性方程组的一个特解即可.

在单元格中按如下操作:

In
```
from sympy import*
A=Matrix([[1,1,-3,-1],[3,-1,-3,4],[1,5,-9,-8]]) #输入系数矩阵 A
b=Matrix([1,4,0]) #输入常数项矩阵
x_t=A.pinv()*b #利用逆矩阵求解方程组的一个特解
B=A.nullspace() #计算线性方程组的基础解系
print('方程组的一个特解为:\n',x_t)
print('方程组的基础解系为:\n',B)
```

运行上述程序,命令窗口显示所得结果如下:

```
方程组的一个特解为:
Matrix([
[130/371],
[-34/371],
[-144/371],
[157/371]])
方程组的基础解系为:
[Matrix([
[3/2],
[3/2],
[  1],
[  0]]),Matrix([
[-3/4],
[ 7/4],
[   0],
[   1]])]
```

根据上述运行结果,可以得到该非齐次线性方程组的通解为

$$\boldsymbol{x}=c_1\boldsymbol{\xi}_1+c_2\boldsymbol{\xi}_2+\boldsymbol{x}_{特解}=c_1\begin{pmatrix}\frac{3}{2}\\ \frac{3}{2}\\ 1\\ 0\end{pmatrix}+c_2\begin{pmatrix}-\frac{3}{4}\\ \frac{7}{4}\\ 0\\ 1\end{pmatrix}+\begin{pmatrix}\frac{130}{371}\\ -\frac{34}{371}\\ -\frac{144}{371}\\ \frac{157}{371}\end{pmatrix},\quad (c_1,c_2\text{ 为任意常数}).$$

另外一种方法:通过求方程组的增广矩阵的最简形,得到原方程组的同解方程组的增广矩阵,据此可以通过方程组系数矩阵与增广矩阵的秩是否相等来判断方程组解的情况,并且可以写出同解方程组.

在单元格中按如下操作:

In

```
from sympy import*
#写出方程组的增广矩阵
A=Matrix([[1,1,-3,-1,1],[3,-1,-3,4,4],[1,5,-9,-8,0]])
#求增广矩阵 A 的最简形,得到原方程组的同解方程组增广矩阵
B=A.rref()[0]
print('矩阵 A 的行最简形为:\n',B)
```

运行上述程序,命令窗口显示所得结果如下:

```
矩阵 A 的行最简形为:
Matrix([
[1,0,-3/2,3/4,5/4],
[0,1,-3/2,-7/4,-1/4],
[0,0,0,0,0]])
```

从上述结果可知系数矩阵的秩与增广矩阵的秩都为 2,小于未知数的个数 4,因此方程组有无穷多个解.原方程组的同解方程组为

$$\begin{cases} x_1 \qquad -\frac{3}{2}x_3+\frac{3}{4}x_4=\frac{5}{4}, \\ x_2-\frac{3}{2}x_3-\frac{7}{4}x_4=-\frac{1}{4}. \end{cases}$$

上述方程组中可以取 $x_3=c_1,x_4=c_2$ 为自由未知量,其中 c_1,c_2 为任意常数,即得方程的通解

$$\boldsymbol{x}=c_1\begin{pmatrix}\frac{3}{2}\\ \frac{3}{2}\\ 1\\ 0\end{pmatrix}+c_2\begin{pmatrix}-\frac{3}{4}\\ \frac{7}{4}\\ 0\\ 1\end{pmatrix}+\begin{pmatrix}\frac{5}{4}\\ -\frac{1}{4}\\ 0\\ 0\end{pmatrix},\quad (c_1,c_2\text{ 为任意常数}).$$

实 验 训 练

1. 求齐次线性方程组 $\begin{cases}2x_1-x_2+3x_3=0,\\ 2x_1+2x_2+x_3=0,\\ 4x_1+x_2+2x_3=0\end{cases}$ 的基础解系与通解.

2. 求齐次线性方程组$\begin{cases}2x_1-4x_2+5x_3+3x_4=0,\\3x_1-6x_2+4x_3+2x_4=0,\\4x_1-8x_2+17x_3+11x_4=0\end{cases}$的基础解系与通解.

3. 求非齐次线性方程组$\begin{cases}x_1-2x_2+3x_3-4x_4=4,\\x_2-x_3+x_4=-3,\\x_1+x_3-2x_4=-2\end{cases}$的基础解系与通解.

4. 求非齐次线性方程组$\begin{cases}2x_1+x_2-x_3+x_4=1,\\3x_1-2x_2+x_3-2x_4=4,\\x_1+4x_2-3x_3+5x_4=-2\end{cases}$的基础解系与通解.

小　　结

求解线性方程组是线性代数最主要的任务，此类问题在科学研究和经济管理领域有着相当广泛的应用. 本章主要讨论一般线性方程组的解法、线性方程组解的存在性和解的结构等.

本章首先介绍了消元法求解线性方程组的一般方法和步骤，其实质是对线性方程组实施三种初等行变换. 在此基础上，归纳出线性方程组有解的充要条件是系数矩阵 $\boldsymbol{A}$ 的秩等于其增广矩阵$(\boldsymbol{A}\quad \boldsymbol{b})$的秩，并总结出非齐次线性方程组 $\boldsymbol{Ax}=\boldsymbol{b}$ 有唯一解、无穷多个解和无解的条件，以及齐次线性方程组 $\boldsymbol{Ax}=\boldsymbol{0}$ 只有零解和有非零解的条件.

为了深入地讨论线性方程组的问题，本章介绍了 n 维向量的有关概念，并在 n 维向量空间中定义了加法和数乘两种运算以及这两种运算满足的 8 条规律，紧接着介绍了向量间的线性相关关系. 为了讨论向量间的线性相关关系，本章首先介绍了线性组合的概念，并据此给出线性相关和线性无关的重要概念，即对于向量组 $\boldsymbol{\alpha}_1,\boldsymbol{\alpha}_2,\cdots,\boldsymbol{\alpha}_s$，如果存在一组不全为零的数 $k_1,k_2,\cdots,k_s$ 使关系式

$$k_1\boldsymbol{\alpha}_1+k_2\boldsymbol{\alpha}_2+\cdots+k_s\boldsymbol{\alpha}_s=\boldsymbol{0}$$

成立，则称向量组 $\boldsymbol{\alpha}_1,\boldsymbol{\alpha}_2,\cdots,\boldsymbol{\alpha}_s$ 线性相关；反之，如果当且仅当 $k_1=k_2=\cdots=k_s=0$ 时上述等式成立，则称向量组 $\boldsymbol{\alpha}_1,\boldsymbol{\alpha}_2,\cdots,\boldsymbol{\alpha}_s$ 线性无关. 随后给出 m 维列向量组 $\boldsymbol{\alpha}_1,\boldsymbol{\alpha}_2,\cdots,\boldsymbol{\alpha}_n$ 线性相关的充要条件及其推论.

给定向量组 $\boldsymbol{A}$:$\boldsymbol{\alpha}_1,\boldsymbol{\alpha}_2,\cdots,\boldsymbol{\alpha}_s$ 和向量 $\boldsymbol{\beta}$，若存在一组数 $k_1,k_2,\cdots,k_s$，使得

$$\boldsymbol{\beta}=k_1\boldsymbol{\alpha}_1+k_2\boldsymbol{\alpha}_2+\cdots+k_s\boldsymbol{\alpha}_s,$$

则称向量 $\boldsymbol{\beta}$ 是向量组 $\boldsymbol{A}$ 的线性组合，又称向量 $\boldsymbol{\beta}$ 能由向量组 $\boldsymbol{A}$ 线性表示（或线性表出）. 向量 $\boldsymbol{\beta}$ 能由向量组 $\boldsymbol{A}$ 线性表示与线性方程组的解之间具备紧密的联系。事实上，$\boldsymbol{\beta}$ 能由向量组 $\boldsymbol{\alpha}_1,\boldsymbol{\alpha}_2,\cdots,\boldsymbol{\alpha}_s$ 唯一线性表示的充要条件是线性方程组 $\boldsymbol{\alpha}_1x_1+\boldsymbol{\alpha}_2x_2+\cdots+\boldsymbol{\alpha}_sx_s=\boldsymbol{\beta}$ 有唯一解；$\boldsymbol{\beta}$ 能由向量组 $\boldsymbol{\alpha}_1,\boldsymbol{\alpha}_2,\cdots,\boldsymbol{\alpha}_s$ 线性表示且表示并不唯一的充要条件是线性方程组 $\boldsymbol{\alpha}_1x_1+\boldsymbol{\alpha}_2x_2+\cdots+$

$\boldsymbol{\alpha}_s x_s=\boldsymbol{\beta}$ 有无穷多个解；$\boldsymbol{\beta}$ 不能由向量组 $\boldsymbol{\alpha}_1,\boldsymbol{\alpha}_2,\cdots,\boldsymbol{\alpha}_s$ 线性表示的充要条件是线性方程组 $\boldsymbol{\alpha}_1 x_1+\boldsymbol{\alpha}_2 x_2+\cdots+\boldsymbol{\alpha}_s x_s=\boldsymbol{\beta}$ 无解.

向量组的秩在判断两个向量组是否等价时，起着至关重要的作用. 本章在定义一个向量组的极大无关组的前提下，给出了向量组的秩的概念，即一个向量组的极大无关组所含向量的个数. 尽管同一个向量组的极大无关组并不唯一，但其极大无关组所含向量的个数，即向量组的秩是唯一的. 随后，本章给出了矩阵 $\boldsymbol{A}$ 的行秩(行向量组的秩)、列秩(列向量组的秩)和秩的概念，并得到一个重要结论，矩阵 $\boldsymbol{A}$ 的秩等于其行向量组的秩，也等于其列向量组的秩，同时证明矩阵的初等行(列)变换不改变其列(行)向量间的线性关系.

本章最后给出了线性方程组解的结构. 首先给出基础解系的概念，即如果 $\boldsymbol{v}_1,\boldsymbol{v}_2,\cdots,\boldsymbol{v}_s$ 是齐次线性方程组 $\boldsymbol{Ax}=\boldsymbol{0}$ 的解构成的向量组的一个极大无关组，则称 $\boldsymbol{v}_1,\boldsymbol{v}_2,\cdots,\boldsymbol{v}_s$ 是方程组 $\boldsymbol{Ax}=\boldsymbol{0}$ 的一个基础解系，并指出如果 n 元齐次线性方程组 $\boldsymbol{Ax}=\boldsymbol{0}$ 的系数矩阵 $\boldsymbol{A}$ 的秩数 $r(\boldsymbol{A})=r<n$，则方程组的基础解系存在，且每个基础解系中，恰含有 $n-r$ 个解，不妨假定这 $n-r$ 个解分别为 $\boldsymbol{v}_1,\boldsymbol{v}_2,\cdots,\boldsymbol{v}_{n-r}$，则齐次线性方程组 $\boldsymbol{Ax}=\boldsymbol{0}$ 解的结构(即其通解)可以表示为：

$$\boldsymbol{v}=d_{r+1}\boldsymbol{v}_1+d_{r+2}\boldsymbol{v}_2+\cdots+d_n\boldsymbol{v}_{n-r}.$$

在此基础上，给出非齐次线性方程组解的结构. 对于非齐次线性方程组 $\boldsymbol{Ax}=\boldsymbol{b}$ 而言，其通解为它的一个特解再加上其导出组 $\boldsymbol{Ax}=\boldsymbol{0}$ 的通解.

重要术语及主题

消元法　初等变换　向量空间　线性运算　线性组合　线性表示　矩阵的秩　行秩　列秩　线性相关　线性无关　阶梯形矩阵　极大无关组　向量组的秩　基础解系　齐次线性方程组　非齐次线性方程组　解的结构　投入产出模型　平衡方程(组)　直接消耗系数　平衡方程组的解

习 题 三

习题三解答

(A)

1. 用消元法解下列线性方程组.

(1) $\begin{cases}x_1+2x_2-3x_3=0,\\ 2x_1+5x_2+2x_3=0,\\ 3x_1-x_2-4x_3=0;\end{cases}$

(2) $\begin{cases}x_1-2x_2+3x_3-x_4=1,\\ 3x_1-x_2+5x_3-3x_4=2,\\ 2x_1+x_2+2x_3-2x_4=3;\end{cases}$

(3) $\begin{cases} x_1-x_2+x_3-x_4=1, \\ x_1-x_2-x_3+x_4=0, \\ x_1-x_2-2x_3+2x_4=-\dfrac{1}{2}. \end{cases}$

2. 确定 a,b 的值使下列线性方程组有解,并求其解.

(1) $\begin{cases} ax_1+x_2+x_3=1, \\ x_1+ax_2+x_3=a, \\ x_1+x_2+ax_3=a^2; \end{cases}$

(2) $\begin{cases} x_1+2x_2-2x_3+2x_4=2, \\ x_2-x_3-x_4=1, \\ x_1+x_2-x_3+3x_4=a, \\ x_1-x_2+x_3+5x_4=b. \end{cases}$

3. 已知向量 $\boldsymbol{\alpha}=(3,5,7,9)$, $\boldsymbol{\beta}=(-1,5,2,0)$,

(1) 如果 $\boldsymbol{\alpha}+\boldsymbol{\xi}=\boldsymbol{\beta}$,求 $\boldsymbol{\xi}$;

(2) 如果 $3\boldsymbol{\alpha}-2\boldsymbol{\eta}=5\boldsymbol{\beta}$,求 $\boldsymbol{\eta}$.

4. 将下列各题中向量 $\boldsymbol{\beta}$ 表示为其他向量的线性组合.

(1) $\boldsymbol{\beta}=(3,5,-6)$,$\boldsymbol{\alpha}_1=(1,0,1)$,$\boldsymbol{\alpha}_2=(1,1,1)$,$\boldsymbol{\alpha}_3=(0,-1,-1)$;

(2) $\boldsymbol{\beta}=(2,-1,5,1)$,$\boldsymbol{\varepsilon}_1=(1,0,0,0)$,$\boldsymbol{\varepsilon}_2=(0,1,0,0)$,$\boldsymbol{\varepsilon}_3=(0,0,1,0)$,$\boldsymbol{\varepsilon}_4=(0,0,0,1)$.

5. 已知向量组(B):$\boldsymbol{\beta}_1,\boldsymbol{\beta}_2,\boldsymbol{\beta}_3$ 由向量组(A):$\boldsymbol{\alpha}_1,\boldsymbol{\alpha}_2,\boldsymbol{\alpha}_3$ 线性表示的表达式为

$$\boldsymbol{\beta}_1=\boldsymbol{\alpha}_1-\boldsymbol{\alpha}_2+\boldsymbol{\alpha}_3,$$
$$\boldsymbol{\beta}_2=\boldsymbol{\alpha}_1+\boldsymbol{\alpha}_2-\boldsymbol{\alpha}_3,$$
$$\boldsymbol{\beta}_3=-\boldsymbol{\alpha}_1+\boldsymbol{\alpha}_2+\boldsymbol{\alpha}_3,$$

试将向量组(A)的向量由向量组(B)线性表示.

6. 判定下列向量组是线性相关还是线性无关.

(1) $\boldsymbol{\alpha}_1=(1,0,-1)$,$\boldsymbol{\alpha}_2=(-2,2,0)$,$\boldsymbol{\alpha}_3=(3,-5,2)$;

(2) $\boldsymbol{\alpha}_1=(1,1,3,1)$,$\boldsymbol{\alpha}_2=(3,-1,2,4)$,$\boldsymbol{\alpha}_3=(2,2,7,-1)$.

7. 如果向量组 $\boldsymbol{\alpha}_1,\boldsymbol{\alpha}_2,\cdots,\boldsymbol{\alpha}_s$ 线性无关,试证:向量组 $\boldsymbol{\alpha}_1,\boldsymbol{\alpha}_1+\boldsymbol{\alpha}_2,\cdots,\boldsymbol{\alpha}_1+\boldsymbol{\alpha}_2+\cdots+\boldsymbol{\alpha}_s$ 线性无关.

8. 已知向量组 $\boldsymbol{\alpha}_1=(k,2,1)$,$\boldsymbol{\alpha}_2=(2,k,0)$,$\boldsymbol{\alpha}_3=(1,-1,1)$, 试求 k 为何值时,向量组 $\boldsymbol{\alpha}_1$,$\boldsymbol{\alpha}_2$,$\boldsymbol{\alpha}_3$ 线性相关或线性无关.

9. 求下列向量组的一个极大无关组,并将其余向量用此极大无关组线性表示.

(1) $\boldsymbol{\alpha}_1=(1,1,3,1)$,$\boldsymbol{\alpha}_2=(-1,1,-1,3)$,

$\boldsymbol{\alpha}_3=(5,-2,8,-9)$,$\boldsymbol{\alpha}_4=(-1,3,1,7)$;

(2) $\boldsymbol{\alpha}_1=(1,1,2,3)$,$\boldsymbol{\alpha}_2=(1,-1,1,1)$,

$\boldsymbol{\alpha}_3=(1,3,3,5)$,$\boldsymbol{\alpha}_4=(4,-2,5,6)$,

$\boldsymbol{\alpha}_5=(-3,-1,-5,-7)$.

10. 求下列齐次线性方程组的一个基础解系.

(1) $\begin{cases} x_1-2x_2+4x_3-7x_4=0, \\ 2x_1+x_2-2x_3+x_4=0, \\ 3x_1-x_2+2x_3-4x_4=0; \end{cases}$

(2) $\begin{cases} x_1-2x_2+x_3-x_4+x_5=0, \\ 2x_1+x_2-x_3+2x_4-3x_5=0, \\ 3x_1-2x_2-x_3+x_4-2x_5=0, \\ 2x_1-5x_2+x_3-2x_4+2x_5=0. \end{cases}$

11. 设矩阵 $\boldsymbol{A}=(a_{ij})_{m\times n}$,$\boldsymbol{B}=(b_{ij})_{n\times s}$. 证明:$\boldsymbol{AB}=\boldsymbol{O}$ 的充分必要条件是矩阵 $\boldsymbol{B}$ 的每一列向量都是齐次方程组 $\boldsymbol{Ax}=\boldsymbol{0}$ 的解.

12. 设矩阵 $\boldsymbol{A}$ 为 $m\times n$ 矩阵,$\boldsymbol{B}$ 为 n 阶矩阵. 已知 $r(\boldsymbol{A})=n$,试证:

(1) 若 $\boldsymbol{AB}=\boldsymbol{O}$,则 $\boldsymbol{B}=\boldsymbol{O}$;

(2) 若 $\boldsymbol{AB}=\boldsymbol{A}$,则 $\boldsymbol{B}=\boldsymbol{I}$.

13. 用基础解系表示出下列线性方程组的全部解.

(1) $\begin{cases} x_1-5x_2+2x_3-3x_4=0, \\ 5x_1+3x_2+6x_3-x_4=0, \\ 2x_1+4x_2+2x_3+x_4=0; \end{cases}$

(2) $\begin{cases} x_1+x_2-3x_3-x_4=1, \\ 3x_1+3x_2-8x_3-5x_4=7, \\ x_1+x_2-2x_3-3x_4=5; \end{cases}$

(3) $\begin{cases} x_1-5x_2+2x_3-3x_4=11, \\ 5x_1+3x_2+6x_3-x_4=-1, \\ 2x_1+4x_2+2x_3+x_4=-6. \end{cases}$

14. 已知某经济系统在一个生产周期内产品的生产与分配如下表.

消耗系数		消耗部门			最终产品	总产品
		1	2	3		
生产部门	1	100	25	30	y_1	400
	2	80	50	30	y_2	250
	3	40	25	60	y_3	300

(1) 求各部门最终产品 y_1, y_2, y_3;

(2) 求各部门新创造的价值 z_1, z_2, z_3;

(3) 求直接消耗系数矩阵.

15. 已知某经济系统在一个生产周期内直接消耗系数及最终产品如下表.

消耗系数		消耗部门			最终产品	总产品
		1	2	3		
生产部门	1	0.2	0.1	0.2	75	x_1
	2	0.1	0.2	0.2	120	x_2
	3	0.1	0.1	0.1	225	x_3

(1) 求各部门总产品 x_1, x_2, x_3;

(2) 列出平衡表,求出 $x_{ij}(i,j=1,2,3)$ 及 $z_j(j=1,2,3)$.

16. 一个包括三个部门的经济系统,已知报告期直接消耗系数矩阵为

$$\boldsymbol{A}=\begin{pmatrix} 0.2 & 0.2 & 0.3125 \\ 0.14 & 0.15 & 0.25 \\ 0.16 & 0.5 & 0.1875 \end{pmatrix},$$

(1) 如计划期最终产品为 $\boldsymbol{y}=\begin{pmatrix} 60 \\ 55 \\ 120 \end{pmatrix}$,求计划期的各部门总产品 $\boldsymbol{x}$;

(2) 如计划期最终产品改为 $\boldsymbol{y}=\begin{pmatrix} 70 \\ 55 \\ 120 \end{pmatrix}$,求计划期各部门的总产品 $\boldsymbol{x}$.

(B)

1. $\lambda=$(　　),下面方程组有唯一解.

$$\begin{cases} x_1+x_2+x_3=\lambda-1, \\ 2x_2-x_3=\lambda-2, \\ x_3=\lambda-3, \\ (\lambda-1)x_3=-(\lambda-3)(\lambda-1). \end{cases}$$

A. 0　　B. 2　　C. 3　　D. 4

2. $\lambda=$(　　),下面方程组有无穷多解.

$$\begin{cases} x_1+2x_2-x_3=\lambda-1 \\ 3x_2-x_3=\lambda-2 \\ \lambda x_2-x_3=(\lambda-3)(\lambda-4)+(\lambda-2) \end{cases}$$

A. 1　　B. 2　　C. 3　　D. 4

3. 有向量组 $\boldsymbol{\alpha}_1=(1,0,0),\boldsymbol{\alpha}_2=(0,0,1),\boldsymbol{\beta}=($　　$)$时，$\boldsymbol{\beta}$ 是 $\boldsymbol{\alpha}_1,\boldsymbol{\alpha}_2$ 的线性组合.

A. $(2,0,0)$　　B. $(-1,1,2)$　　C. $(1,1,0)$　　D. $(0,-1,0)$

4. 向量组 $\boldsymbol{\alpha}_1,\boldsymbol{\alpha}_2,\cdots,\boldsymbol{\alpha}_s(s\geqslant 2)$线性相关的充分必要条件是(　　).

A. $\boldsymbol{\alpha}_1,\boldsymbol{\alpha}_2,\cdots,\boldsymbol{\alpha}_s$ 中至少有一个零向量

B. $\boldsymbol{\alpha}_1,\boldsymbol{\alpha}_2,\cdots,\boldsymbol{\alpha}_s$ 中至少有两个向量成比例

C. $\boldsymbol{\alpha}_1,\boldsymbol{\alpha}_2,\cdots,\boldsymbol{\alpha}_s$ 中至少有一个向量可由其余向量线性表示

D. $\boldsymbol{\alpha}_1,\boldsymbol{\alpha}_2,\cdots,\boldsymbol{\alpha}_s$ 中任一部分组线性无关

5. 向量组 $\boldsymbol{\alpha}_1,\boldsymbol{\alpha}_2,\cdots,\boldsymbol{\alpha}_s$ 的秩为 r，则下列不正确的为(　　).

A. $\boldsymbol{\alpha}_1,\boldsymbol{\alpha}_2,\cdots,\boldsymbol{\alpha}_s$ 中至少有一个 r 个向量的部分组线性无关

B. $\boldsymbol{\alpha}_1,\boldsymbol{\alpha}_2,\cdots,\boldsymbol{\alpha}_s$ 中任何 r 个向量的线性无关部分组与 $\boldsymbol{\alpha}_1,\boldsymbol{\alpha}_2,\cdots,\boldsymbol{\alpha}_s$ 可互相线性表示

C. $\boldsymbol{\alpha}_1,\boldsymbol{\alpha}_2,\cdots,\boldsymbol{\alpha}_s$ 中 r 个向量的部分组皆线性无关

D. $\boldsymbol{\alpha}_1,\boldsymbol{\alpha}_2,\cdots,\boldsymbol{\alpha}_s$ 中 $r+1$ 个向量的部分组皆线性相关

6. 下列不是 n 阶矩阵可逆的充分必要条件是(　　).

A. $r(\boldsymbol{A})=n$

B. $\boldsymbol{A}$ 的列秩为 n

C. $\boldsymbol{A}$ 的每个行向量都是非零向量

D. 当 $\boldsymbol{x}\neq\boldsymbol{0}$ 时，$\boldsymbol{A}\boldsymbol{x}\neq\boldsymbol{0}$，其中 $\boldsymbol{x}=(x_1,x_2,\cdots,x_n)^{\mathrm{T}}$

7. 齐次线性方程组 $\boldsymbol{A}\boldsymbol{x}=\boldsymbol{0}$ 是线性方程组 $\boldsymbol{A}\boldsymbol{x}=\boldsymbol{b}$ 的导出组，则(　　).

A. $\boldsymbol{A}\boldsymbol{x}=\boldsymbol{0}$ 只有零解时，$\boldsymbol{A}\boldsymbol{x}=\boldsymbol{b}$ 有唯一解

B. $\boldsymbol{A}\boldsymbol{x}=\boldsymbol{0}$ 有非零解时，$\boldsymbol{A}\boldsymbol{x}=\boldsymbol{b}$ 有无穷多个解

C. $\boldsymbol{u}$ 是 $\boldsymbol{A}\boldsymbol{x}=\boldsymbol{0}$ 的通解，$\boldsymbol{x}_0$ 是 $\boldsymbol{A}\boldsymbol{x}=\boldsymbol{b}$ 的特解时，$\boldsymbol{x}_0+\boldsymbol{u}$ 是 $\boldsymbol{A}\boldsymbol{x}=\boldsymbol{b}$ 的通解

D. $\boldsymbol{v}_1,\boldsymbol{v}_2$ 是 $\boldsymbol{A}\boldsymbol{x}=\boldsymbol{b}$ 的解时，$\boldsymbol{v}_1-\boldsymbol{v}_2$ 不是 $\boldsymbol{A}\boldsymbol{x}=\boldsymbol{0}$ 的解

【拓展阅读】

线性方程组的发展

关于线性方程组的解法，中国古代的数学著作《九章算术》已作了比较完整的论述. 该书给出如何用“算筹”去演解(今人称筹算)线性方程组的方法，而书中方程组系数排列成的数阵，实际上相当于今天的矩阵，其中的演解算法相当于今天的矩阵运算. 宋、元时期的数学家秦九韶于 1247 年完成的《数书九章》，已给出相当于今天的对增广矩阵实施初等变换解方程组的方法，即高斯消元法. 在西方，线性方程组的研究是在 17 世纪后期由莱布尼茨开创的. 他曾研究含两个未知量的三个线性方程组成的方程组，证明了当方程组的结式等于零时方程有解. 1750

年，瑞士数学家克莱姆创立了解线性方程组的“克莱姆法则”. 18 世纪下半叶，法国数学家贝祖对线性方程组理论进行了一系列研究，证明 n 元齐次线性方程组有非零解的条件是系数行列式等于零，他还利用消元法将高次方程问题与线性方程组联系起来，提供了某些 n 次方程的解法.

到了 19 世纪，英国数学家史密斯和道奇森继续研究线性方程组理论，前者引进了方程组的增广矩阵和非增广矩阵的概念，后者证明了 n 个未知数 m 个方程的方程组相容的充要条件是系数矩阵和增广矩阵的秩相同，这正是现代线性方程组理论中的重要结果之一.

大量的科学技术问题，往往最终归结为解线性方程组的问题. 因此在线性方程组的数值解法得到发展的同时，线性方程组解的结构等理论性工作也取得了令人满意的进展. 现在，线性方程组的数值解法在计算数学中占有重要地位.

第 4 章　矩阵的特征值与特征向量

矩阵的特征值、特征向量和相似标准形的理论是矩阵理论的重要组成部分. 用矩阵来分析工程技术、数量经济等问题时,经常要用到矩阵的特征值理论. 本章将从介绍特征值与特征向量的概念与计算开始,引入相似矩阵的概念,给出矩阵与对角矩阵相似的充要条件及将矩阵化为相似对角矩阵的方法,并应用这些理论解决一些实际问题.

本章只在实数域上研究矩阵的特征值与特征向量,所讨论的矩阵都是方阵.

4.1　矩阵的特征值与特征向量

一、矩阵的特征值和特征向量的概念

定义 4.1　设 $\boldsymbol{A}$ 为 n 阶方阵,如果存在数 λ 和 n 维非零列向量 $\boldsymbol{x}$,使得

$$\boldsymbol{A}\boldsymbol{x}=\lambda\boldsymbol{x}, \tag{4.1}$$

成立,则称 λ 为 $\boldsymbol{A}$ 的一个特征值,相应的非零向量 $\boldsymbol{x}$ 称为 $\boldsymbol{A}$ 的特征值 λ 对应的特征向量.

等式 $\boldsymbol{A}\boldsymbol{x}=\lambda\boldsymbol{x}$ 的几何意义:用 $\boldsymbol{A}$ 左乘 $\boldsymbol{x}$,所得向量 $\boldsymbol{A}\boldsymbol{x}$ 与原来的向量 $\boldsymbol{x}$ 共线,特征值 λ 是特征向量 $\boldsymbol{x}$ 的伸缩系数. 当 $\lambda>0$ 时,向量 $\boldsymbol{A}\boldsymbol{x}$ 与 $\boldsymbol{x}$ 同向;当 $\lambda<0$ 时,向量 $\boldsymbol{A}\boldsymbol{x}$ 与 $\boldsymbol{x}$ 反向.

例 1　在实数域上,对于矩阵 $\boldsymbol{A}=\begin{pmatrix}2&3\\1&4\end{pmatrix}$,验证 $\lambda=5$,$\boldsymbol{x}=\begin{pmatrix}1\\1\end{pmatrix}$ 分别是该矩阵的一个特征值和这个特征值对应的一个特征向量.

解　因为 $\boldsymbol{A}\boldsymbol{x}=\begin{pmatrix}2&3\\1&4\end{pmatrix}\begin{pmatrix}1\\1\end{pmatrix}=\begin{pmatrix}5\\5\end{pmatrix}=5\begin{pmatrix}1\\1\end{pmatrix}=\lambda\boldsymbol{x}$,故由定义 4.1 可知,$\lambda=5$ 是矩阵 $\boldsymbol{A}$ 的一个特征值,$\boldsymbol{x}=\begin{pmatrix}1\\1\end{pmatrix}$ 是 $\boldsymbol{A}$ 当特征值 $\lambda=5$ 时的一个特征向量.

此外,对于向量 $2\boldsymbol{x}=\begin{pmatrix}2\\2\end{pmatrix}=\boldsymbol{x}_1$,$-\boldsymbol{x}=\begin{pmatrix}-1\\-1\end{pmatrix}=\boldsymbol{x}_2$,$\frac{1}{3}\boldsymbol{x}=\begin{pmatrix}\frac{1}{3}\\\frac{1}{3}\end{pmatrix}=\boldsymbol{x}_3$,有

$$\boldsymbol{A}\boldsymbol{x}_1=\begin{pmatrix}2&3\\1&4\end{pmatrix}\begin{pmatrix}2\\2\end{pmatrix}=\begin{pmatrix}10\\10\end{pmatrix}=5\begin{pmatrix}2\\2\end{pmatrix}=\lambda\boldsymbol{x}_1,$$

$$\boldsymbol{A}\boldsymbol{x}_2=\begin{pmatrix}2&3\\1&4\end{pmatrix}\begin{pmatrix}-1\\-1\end{pmatrix}=\begin{pmatrix}-5\\-5\end{pmatrix}=5\begin{pmatrix}-1\\-1\end{pmatrix}=\lambda\boldsymbol{x}_2,$$

$$Ax_3=\begin{pmatrix}2&3\\1&4\end{pmatrix}\begin{pmatrix}\frac{1}{3}\\\frac{1}{3}\end{pmatrix}=\begin{pmatrix}\frac{5}{3}\\\frac{5}{3}\end{pmatrix}=5\begin{pmatrix}\frac{1}{3}\\\frac{1}{3}\end{pmatrix}=\lambda x_3.$$

由定义 4.1 可知，$\lambda=5$ 也是特征向量 x_1,x_2,x_3 对应的特征值，即对应 $\lambda=5$ 的特征向量是不唯一的.

注：(1) 在讨论矩阵 A 的特征值与特征向量问题时，A 是方阵；

(2) 方阵 A 与特征值 λ 对应的特征向量不唯一，即如果向量 x 是矩阵 A 与特征值 λ 对应的特征向量，则向量 $kx(k\neq 0)$ 都是矩阵 A 的与特征值 λ 对应的特征向量；

例 2　设 λ 是方阵 A 的特征值，证明：

(1) λ^2 是 A^2 的特征值；

(2) 当 A 可逆时，$\frac{1}{\lambda}$ 是 A^{-1} 的特征值；

(3) 当 A^* 可逆时，$\frac{1}{\lambda}|A|$ 是 A^* 的特征值.

证明　因 λ 是 A 的特征值，故有 $p\neq 0$ 使 $Ap=\lambda p$. 于是，

(1) 因为 $A^2p=A(Ap)=A(\lambda p)=\lambda(Ap)=\lambda^2p$，所以 λ^2 是 A^2 的特征值.

(2) 当 A 可逆时，由 $Ap=\lambda p$，有 $p=\lambda A^{-1}p$，因 $p\neq 0$，知 $\lambda\neq 0$，故

$$A^{-1}p=\frac{1}{\lambda}p,$$

所以 $\frac{1}{\lambda}$ 是 A^{-1} 的特征值.

(3) 由 $Ap=\lambda p$，两边左乘 A^*，得 $A^*Ap=\lambda A^*p$，即 $|A|p=\lambda A^*p$，从而 $A^*p=\frac{1}{\lambda}|A|p$.

所以 $\frac{1}{\lambda}|A|$ 是 A^* 的特征值.

例 3　设 4 阶方阵 A 满足条件：

$$|3E+A|=0,\quad AA^{\mathrm{T}}=2E,\quad |A|<0,$$

求 A^* 的一个特征值.

解　因为 $|A|<0$，故 A 可逆. 由 $|3E+A|=0$，可知 -3 是 A 的一个特征值，则 $-\frac{1}{3}$ 是 A^{-1} 的一个特征值.

又由 $AA^{\mathrm{T}}=2E$ 得 $|AA^{\mathrm{T}}|=|2E|=16$，即 $|A|^2=16$，于是 $|A|=\pm 4$，但 $|A|<0$，因此 $|A|=-4$，故 A^* 有一个特征值为 $\frac{4}{3}$.

例 4　如果矩阵 A 满足 $A^2=A$，则称 A 是幂等矩阵，试证幂等矩阵的特征值只能是 0 或 1.

证明　设 $A\alpha=\lambda\alpha$，$(\alpha\neq 0)$，用矩阵 A 左乘两边，得

$$\boldsymbol{A}^2\boldsymbol{\alpha}=\lambda\boldsymbol{A}\boldsymbol{\alpha}\Rightarrow\boldsymbol{A}\boldsymbol{\alpha}=\lambda\lambda\boldsymbol{\alpha}\Rightarrow\lambda\boldsymbol{\alpha}=\lambda^2\boldsymbol{\alpha}.$$

由此，可得

$$(\lambda-\lambda^2)\boldsymbol{\alpha}=\boldsymbol{0}.$$

因为 $\boldsymbol{\alpha}\neq\boldsymbol{0}$，所以有 $\lambda-\lambda^2=0$，得 $\lambda=0$ 或？$\lambda=1$.

由证明过程可得结论，若 λ 是 $\boldsymbol{A}$ 的特征值，则λ^2是$\boldsymbol{A}^2$的特征值，进而λ^k是$\boldsymbol{A}^k$的特征值.

例 5 试证：n 阶矩阵 $\boldsymbol{A}$ 是不可逆矩阵的充分必要条件是 $\boldsymbol{A}$ 有一个特征值为零.

证明 必要性：

如果 $\boldsymbol{A}$ 是不可逆矩阵，则 $|\boldsymbol{A}|=0$. 于是，

$$|0\boldsymbol{E}-\boldsymbol{A}|=|-\boldsymbol{A}|=(-1)^n|\boldsymbol{A}|=0.$$

即 0 是 $\boldsymbol{A}$ 的一个特征值.

充分性：

设 $\boldsymbol{A}$ 有一个特征值为 0，对应的特征向量为 $\boldsymbol{x}$. 由特征值的定义，有

$$\boldsymbol{A}\boldsymbol{x}=0\boldsymbol{x}=\boldsymbol{0}\quad(\boldsymbol{x}\neq\boldsymbol{0}).$$

所以齐次线性方程组 $\boldsymbol{A}\boldsymbol{x}=\boldsymbol{0}$ 有非零解 $\boldsymbol{x}$. 由此可知 $|\boldsymbol{A}|=0$，即 $\boldsymbol{A}$ 为不可逆矩阵.

此例也可以叙述为：n 阶矩阵 $\boldsymbol{A}$ 可逆的充分必要条件是它的任一特征值不为零.

例 6 若 λ 是 $\boldsymbol{A}$ 的一个特征值，

$$f(\boldsymbol{A})=a_m\boldsymbol{A}^m+a_{m-1}\boldsymbol{A}^{m-1}+\cdots+a_1\boldsymbol{A}+a_0\boldsymbol{E},$$

证明：$f(\lambda)=a_m\lambda^m+a_{m-1}\lambda^{m-1}+\cdots+a_1\lambda+a_0$是矩阵 $f(\boldsymbol{A})$ 的一个特征值.

证明 因为 λ 是 $\boldsymbol{A}$ 的一个特征值，由 $\boldsymbol{A}\boldsymbol{x}=\lambda\boldsymbol{x}$，有

$$\boldsymbol{A}^2\boldsymbol{x}=\boldsymbol{A}(\boldsymbol{A}\boldsymbol{x})=\boldsymbol{A}(\lambda\boldsymbol{x})=\lambda\boldsymbol{A}\boldsymbol{x}=\lambda^2\boldsymbol{x}.$$

所以

$$\boldsymbol{A}^k\boldsymbol{x}=\lambda^k\boldsymbol{x}\ (k=1,2,\cdots,n).$$

即λ^i是$\boldsymbol{A}^i$ $(i=1,2,\cdots,m)$ 的一个特征值，故

$$\begin{aligned}f(\boldsymbol{A})\boldsymbol{x}&=(a_m\boldsymbol{A}^m+a_{m-1}\boldsymbol{A}^{m-1}+\cdots+a_1\boldsymbol{A}+a_0\boldsymbol{E})\boldsymbol{x}\\&=a_m(\boldsymbol{A}^m\boldsymbol{x})+a_{m-1}(\boldsymbol{A}^{m-1}\boldsymbol{x})+\cdots+a_1(\boldsymbol{A}\boldsymbol{x})+a_0(\boldsymbol{E}\boldsymbol{x})\\&=a_m\lambda^m\boldsymbol{x}+a_{m-1}\lambda^{m-1}\boldsymbol{x}+\cdots+a_1\lambda\boldsymbol{x}+a_0\boldsymbol{E}\boldsymbol{x}\\&=(a_m\lambda^m+a_{m-1}\lambda^{m-1}+\cdots+a_1\lambda+a_0)\boldsymbol{x}.\end{aligned}$$

所以 $f(\lambda)=a_m\lambda^m+a_{m-1}\lambda^{m-1}+\cdots+a_1\lambda+a_0$是矩阵 $f(\boldsymbol{A})$的一个特征值.

二、矩阵的特征值和特征向量的求法

为了求 n 阶方阵 $\boldsymbol{A}=(a_{ij})$的特征值和特征向量，可将式(4.1)$\boldsymbol{A}\boldsymbol{x}=\lambda\boldsymbol{x}$ 改写为

$$(\lambda\boldsymbol{E}-\boldsymbol{A})\boldsymbol{x}=\boldsymbol{0},\ \boldsymbol{x}\neq\boldsymbol{0}.\tag{4.2}$$

上式说明 x 是 n 元齐次线性方程组

$$\begin{cases}(\lambda-a_{11})x_1-a_{12}x_2-\cdots-a_{1n}x_n=0,\\-a_{21}x_1+(\lambda-a_{22})x_2-\cdots-a_{2n}x_n=0,\\\qquad\vdots\\-a_{n1}x_1-a_{n2}x_2-\cdots+(\lambda-a_{nn})x_n=0.\end{cases}\tag{4.3}$$

的非零解，而齐次线性方程组$(\lambda\boldsymbol{E}-\boldsymbol{A})\boldsymbol{x}=\boldsymbol{0}$有非零解的充分必要条件为系数行列式$|\lambda\boldsymbol{E}-\boldsymbol{A}|=0$，即

$$\begin{vmatrix}\lambda-a_{11} & -a_{12} & \cdots & -a_{1n}\\-a_{21} & \lambda-a_{22} & \cdots & -a_{2n}\\\vdots & \vdots & & \vdots\\-a_{n1} & -a_{n2} & \cdots & \lambda-a_{nn}\end{vmatrix}=0.\tag{4.4}$$

上式是一个以λ为未知量的一元n次方程，这说明$\boldsymbol{A}$的特征值是方程$|\lambda\boldsymbol{E}-\boldsymbol{A}|=0$的根，因此，$\boldsymbol{A}$的特征值也称为特征根.

反之，如果可以求出方程$|\lambda\boldsymbol{E}-\boldsymbol{A}|=0$的根$\lambda$，则齐次线性方程组$(\lambda\boldsymbol{E}-\boldsymbol{A})\boldsymbol{x}=\boldsymbol{0}$的任一非零解$\boldsymbol{\alpha}$都是$\boldsymbol{A}$的对应特征值$\lambda$的特征向量.

根据上述分析，给出下面的定义.

定义 4.2　设$\boldsymbol{A}$为n阶矩阵，含有未知量λ的矩阵$\lambda\boldsymbol{E}-\boldsymbol{A}$称为$\boldsymbol{A}$的特征矩阵，其行列式$|\lambda\boldsymbol{E}-\boldsymbol{A}|$为$\lambda$的$n$次多项式，称为$\boldsymbol{A}$的特征多项式，$|\lambda\boldsymbol{E}-\boldsymbol{A}|=0$称为$\boldsymbol{A}$的特征方程.

例 7　求矩阵$\boldsymbol{A}=\begin{pmatrix}3 & -1\\-1 & 3\end{pmatrix}$的特征值与特征向量.

解　矩阵$\boldsymbol{A}$的特征方程为

$$|\lambda\boldsymbol{E}-\boldsymbol{A}|=\begin{vmatrix}\lambda-3 & 1\\1 & \lambda-3\end{vmatrix}=(\lambda-3)^2-1=8-6\lambda+\lambda^2=0.$$

化简得

$$(4-\lambda)(2-\lambda)=0.$$

所以$\lambda_1=2$，$\lambda_2=4$是矩阵$\boldsymbol{A}$的两个不同的特征值.

以$\lambda_1=2$代入与特征方程对应的齐次线性方程组(4.3)，得

$$\begin{cases}-x_1+x_2=0,\\x_1-x_2=0,\end{cases}$$

它的基础解系是$\boldsymbol{x}_1=\begin{pmatrix}1\\1\end{pmatrix}$，所以$c_1\boldsymbol{x}_1(c_1\neq0)$是矩阵$\boldsymbol{A}$对应于特征值$\lambda_1=2$的全部特征向量.

同理，以$\lambda_2=4$代入与特征方程对应的齐次线性方程组(4.3)，得

$$\begin{cases}x_1+x_2=0,\\x_1+x_2=0,\end{cases}$$

它的基础解系是 $\boldsymbol{x}_2=\begin{pmatrix}1\\-1\end{pmatrix}$，所以 $c_2\boldsymbol{x}_2(c_2\neq 0)$ 是矩阵 $\boldsymbol{A}$ 对应于特征值 $\lambda_2=4$ 的全部特征向量.

例 8　求矩阵

$$\boldsymbol{A}=\begin{pmatrix}-1&1&0\\-4&3&0\\1&0&2\end{pmatrix}$$

的特征值和特征向量.

解　矩阵 $\boldsymbol{A}$ 的特征方程为

$$|\lambda\boldsymbol{E}-\boldsymbol{A}|=\begin{vmatrix}\lambda+1&-1&0\\4&\lambda-3&0\\-1&0&\lambda-2\end{vmatrix}=0.$$

化简得 $(\lambda-2)(\lambda-1)^2=0$，所以 $\lambda_1=2,\lambda_2=\lambda_3=1$ 是矩阵 $\boldsymbol{A}$ 的特征值，其中 1 是矩阵 $\boldsymbol{A}$ 的二重特征值.

以 $\lambda_1=2$ 代入与特征方程对应的齐次线性方程组(4.3)，得

$$\begin{cases}3x_1-x_2+0x_3=0,\\4x_1-x_2+0x_3=0,\\-x_1+0x_2+0x_3=0,\end{cases}\quad\text{即}\quad\begin{cases}3x_1-x_2=0,\\4x_1-x_2=0,\\-x_1=0,\end{cases}$$

它的基础解系是 $\begin{pmatrix}0\\0\\1\end{pmatrix}$，所以 $c_1\begin{pmatrix}0\\0\\1\end{pmatrix}(c_1\neq 0)$ 是矩阵 $\boldsymbol{A}$ 对应于特征值 $\lambda_1=2$ 的全部特征向量.

以 $\lambda_2=\lambda_3=1$ 代入与特征方程对应的齐次线性方程组，得

$$\begin{cases}2x_1-x_2=0,\\4x_1-2x_2=0,\\-x_1-x_3=0,\end{cases}$$

它的基础解系是 $\begin{pmatrix}1\\2\\-1\end{pmatrix}$，所以 $c_2\begin{pmatrix}1\\2\\-1\end{pmatrix}(c_2\neq 0)$ 是矩阵 $\boldsymbol{A}$ 对应于二重特征值 $\lambda_2=\lambda_3=1$ 的全部特征向量.

例 9　求矩阵

$$\boldsymbol{A}=\begin{pmatrix}1&-1&1\\2&-2&2\\-1&1&-1\end{pmatrix}$$

的特征值与特征向量.

解　由

$$|\lambda \boldsymbol{E}-\boldsymbol{A}|=\begin{vmatrix}\lambda-1 & 1 & -1\\ -2 & \lambda+2 & -2\\ 1 & -1 & \lambda+1\end{vmatrix}=\lambda^2(\lambda+2)=0.$$

得特征值 $\lambda_1=\lambda_2=0,\lambda_3=-2$.

当 $\lambda_1=\lambda_2=0$ 时，有

$$\begin{cases}-x_1+x_2-x_3=0,\\ -2x_1+2x_2-2x_3=0,\\ x_1-x_2+x_3=0,\end{cases}$$

它的基础解系是向量 $\boldsymbol{x}_1=\begin{pmatrix}1\\1\\0\end{pmatrix}$ 及 $\boldsymbol{x}_2=\begin{pmatrix}-1\\0\\1\end{pmatrix}$，所以对于特征值 $\lambda_1=\lambda_2=0$，矩阵 $\boldsymbol{A}$ 的全部特征向量是 $c_1\boldsymbol{x}_1+c_2\boldsymbol{x}_2$（$c_1,c_2$ 是不全为零的常数）.

当 $\lambda_3=-2$ 时，有

$$\begin{cases}-3x_1+x_2-x_3=0,\\ -2x_1-2x_3=0,\\ x_1-x_2-x_3=0,\end{cases}$$

它的基础解系是向量 $\boldsymbol{x}_3=\begin{pmatrix}-1\\-2\\1\end{pmatrix}$，所以对于 $\lambda_3=-2$，矩阵 $\boldsymbol{A}$ 的全部特征向量是 $c\boldsymbol{x}_3$（$c\neq0$）.

此例说明同一特征值的不同特征向量的任意非零线性组合依然是这一特征值的特征向量.

例 10　求矩阵

$$\boldsymbol{A}=\begin{pmatrix}1 & 2 & 2\\ 2 & 1 & -2\\ -2 & -2 & 1\end{pmatrix}$$

的特征值和特征向量.

解　矩阵 $\boldsymbol{A}$ 的特征方程为

$$|\lambda \boldsymbol{E}-\boldsymbol{A}|=\begin{vmatrix}\lambda-1 & -2 & -2\\ -2 & \lambda-1 & 2\\ 2 & 2 & \lambda-1\end{vmatrix}=0.$$

化简得$(\lambda+1)(\lambda-1)(\lambda-3)=0$，所以 $\lambda_1=-1,\lambda_2=1,\lambda_3=3$ 分别是矩阵 $\boldsymbol{A}$ 的特征值.

以 $\lambda_1=-1$ 代入与特征方程对应的齐次线性方程组(4.3)，得

$$\begin{cases}-2x_1-2x_2-2x_3=0,\\-2x_1-2x_2+2x_3=0,\\2x_1+2x_2-2x_3=0,\end{cases}$$

它的基础解系是 $\boldsymbol{x}_1=\begin{pmatrix}-1\\1\\0\end{pmatrix}$，所以 $c\boldsymbol{x}_1(c\neq0)$是矩阵 $\boldsymbol{A}$ 对应于 $\lambda_1=-1$ 的全部特征向量.

以 $\lambda_2=1$ 代入与特征方程对应的齐次线性方程组(4.3)，得

$$\begin{cases}0x_1-2x_2-2x_3=0,\\-2x_1+0x_2+2x_3=0,\\2x_1+2x_2+0x_3=0,\end{cases}\quad 即\quad\begin{cases}-2x_2-2x_3=0,\\-2x_1+2x_3=0,\\2x_1+2x_2=0,\end{cases}$$

它的基础解系是 $\boldsymbol{x}_2=\begin{pmatrix}1\\-1\\1\end{pmatrix}$，所以 $c\boldsymbol{x}_2(c\neq0)$是矩阵 $\boldsymbol{A}$ 对应于特征值 $\lambda_2=1$ 的全部特征向量.

以 $\lambda_3=3$ 代入与特征方程对应的齐次线性方程组，得

$$\begin{cases}2x_1-2x_2-2x_3=0,\\-2x_1+2x_2+2x_3=0,\\2x_1+2x_2+2x_3=0,\end{cases}$$

它的基础解系是 $\boldsymbol{x}_3=\begin{pmatrix}0\\1\\-1\end{pmatrix}$，所以 $c\boldsymbol{x}_3(c\neq0)$是矩阵 $\boldsymbol{A}$ 对应于特征值 $\lambda_3=3$ 的全部特征向量.

三、特征值与特征向量的性质

定理 4.1　n 阶矩阵 $\boldsymbol{A}$ 与它的转置矩阵 $\boldsymbol{A}^{\mathrm{T}}$ 有相同的特征值.

证明　由$(\lambda\boldsymbol{E}-\boldsymbol{A})^{\mathrm{T}}=\lambda\boldsymbol{E}-\boldsymbol{A}^{\mathrm{T}}$，则

$$|\lambda\boldsymbol{E}-\boldsymbol{A}^{\mathrm{T}}|=|(\lambda\boldsymbol{E}-\boldsymbol{A})^{\mathrm{T}}|=|\lambda\boldsymbol{E}-\boldsymbol{A}|,$$

于是 $\boldsymbol{A}$ 与 $\boldsymbol{A}^{\mathrm{T}}$ 有相同的特征多项式，所以它们的特征值相同.

注：虽然 $\boldsymbol{A}$ 与 $\boldsymbol{A}^{\mathrm{T}}$ 有相同的特征多项式，但它们与同一特征值对应的特征向量不一定相同.

定理 4.2　n 阶矩阵 $\boldsymbol{A}$ 互不相同的特征值 $\lambda_1,\lambda_2,\cdots,\lambda_m$ 对应的特征向量 $\boldsymbol{x}_1,\boldsymbol{x}_2,\cdots,\boldsymbol{x}_m$ 线性无关.

证明　用数学归纳法证明.

当 $m=1$ 时，由于特征向量不为零，因此定理成立.

设 $\boldsymbol{A}$ 的 $m-1$ 个互不相同的特征值为 $\lambda_1,\lambda_2,\cdots,\lambda_{m-1}$，其对应的特征向量 $\boldsymbol{x}_1,\boldsymbol{x}_2,\cdots,\boldsymbol{x}_{m-1}$ 线性无关. 现证明对 m 个互不相同的特征值，其对应的特征向量 $\boldsymbol{x}_1,\boldsymbol{x}_2,\cdots,\boldsymbol{x}_m$ 线性无关.

设

$$k_1\boldsymbol{x}_1+\cdots+k_{m-1}\boldsymbol{x}_{m-1}+k_m\boldsymbol{x}_m=0 \quad ①$$

成立，以矩阵 $\boldsymbol{A}$ 乘①式两端，由 $\boldsymbol{A}\boldsymbol{x}_i=\lambda\boldsymbol{x}_i(i=1,2,\cdots,m)$，整理后得

$$k_1\lambda_1\boldsymbol{x}_1+\cdots+k_{m-1}\lambda_{m-1}\boldsymbol{x}_{m-1}+k_m\lambda_m\boldsymbol{x}_m=0, \quad ②$$

由①$-\lambda_m$②式，消去 $\boldsymbol{x}_m$，得

$$k_1(\lambda_1-\lambda_m)\boldsymbol{x}_1+\cdots+k_{m-1}(\lambda_{m-1}-\lambda_m)\boldsymbol{x}_{m-1}=0.$$

由归纳法所设，$\boldsymbol{x}_1,\boldsymbol{x}_2,\cdots,\boldsymbol{x}_{m-1}$线性无关，于是 $k_i(\lambda_i-\lambda_m)=0\ (i=1,2,\cdots,m-1)$. 因 $\lambda_i-\lambda_m\neq0\ (i=1,2,\cdots,m-1)$，所以 $k_1=k_2=\cdots=k_{m-1}=0$，于是①式化为

$$k_m\boldsymbol{x}_m=0.$$

又因 $\boldsymbol{x}_m\neq0$，应有 $k_m=0$，因而 $\boldsymbol{x}_1,\boldsymbol{x}_2,\cdots,\boldsymbol{x}_{m-1},\boldsymbol{x}_m$ 线性无关.

推论　若 λ_0 是 n 阶矩阵 $\boldsymbol{A}$ 的 k 重特征值，则 $\boldsymbol{A}$ 的与 λ_0 对应的线性无关的特征向量最多有 k 个.

例如，例 8 中与 2 重特征值 $\lambda=1$ 对应的线性无关的特征向量的个数为 1 个，而例 9 中与 2 重特征值 $\lambda=0$ 对应的线性无关的特征向量的个数刚好为 2 个，例 7 则表明每个单根对应的线性无关的特征向量刚好是 1 个.

例 11　设 λ_1 与 λ_2 是矩阵 $\boldsymbol{A}$ 的两个不同特征值，对应的特征向量分别为 $\boldsymbol{x}_1$ 与 $\boldsymbol{x}_2$，证明：$\boldsymbol{x}_1+\boldsymbol{x}_2$ 不是 $\boldsymbol{A}$ 的特征向量.

解　设 $\boldsymbol{A}\boldsymbol{x}_1=\lambda_1\boldsymbol{x}_1,\boldsymbol{A}\boldsymbol{x}_2=\lambda_2\boldsymbol{x}_2$，则有

$$\boldsymbol{A}(\boldsymbol{x}_1+\boldsymbol{x}_2)=\boldsymbol{A}\boldsymbol{x}_1+\boldsymbol{A}\boldsymbol{x}_2=\lambda_1\boldsymbol{x}_1+\lambda_2\boldsymbol{x}_2. \quad (1)$$

反证法：设 $\boldsymbol{x}_1+\boldsymbol{x}_2$ 是 $\boldsymbol{A}$ 的特征向量，则存在数 λ，有

$$\boldsymbol{A}(\boldsymbol{x}_1+\boldsymbol{x}_2)=\lambda(\boldsymbol{x}_1+\boldsymbol{x}_2). \quad (2)$$

由(1)，(2)可得，$\lambda(\boldsymbol{x}_1+\boldsymbol{x}_2)=\lambda_1\boldsymbol{x}_1+\lambda_2\boldsymbol{x}_2$，即

$$(\lambda-\lambda_1)\boldsymbol{x}_1+(\lambda-\lambda_2)\boldsymbol{x}_2=0.$$

由定理 4.2 知，$\boldsymbol{x}_1,\boldsymbol{x}_2$线性无关，有

$$\lambda-\lambda_1=\lambda-\lambda_2=0.$$

故 $\lambda=\lambda_1,\lambda=\lambda_2$与题设矛盾，因此 $\boldsymbol{x}_1+\boldsymbol{x}_2$ 不是 A 的特征向量.

注：(1) 与不同特征值对应的特征向量是线性无关的；

(2) 与同一特征值对应的特征向量的非零线性组合仍是这个特征值的特征向量；

(3) 不同特征值所对应的特征向量是不同的，即一个特征向量只能属于一个特征值.

定理 4.3　设 n 阶矩阵 $\boldsymbol{A}=(a_{ij})$的 n 个特征值为$\lambda_1,\lambda_2,\cdots,\lambda_m$，则：

(1) $\sum\limits_{i=1}^{n}\lambda_i=\sum\limits_{i=1}^{n}a_{ii}$，且称$\sum\limits_{i=1}^{n}a_{ii}=a_{11}+a_{22}+\cdots a_{nn}$ 为矩阵 $\boldsymbol{A}$ 的迹，记作 $\mathrm{tr}(\boldsymbol{A})$；

(2) $\prod_{i=1}^{n}\lambda_i=\lambda_1\lambda_2\cdots\lambda_n=|\boldsymbol{A}|$.

该定理反映了矩阵 $\boldsymbol{A}$ 的全部特征值的和与矩阵 $\boldsymbol{A}$ 的主对角线上元素的关系，以及矩阵 $\boldsymbol{A}$ 的全部特征值的积与矩阵 $\boldsymbol{A}$ 的行列式之间的关系. 定理的证明要用到 n 次多项式根与系数的关系，在此证明从略.

4.2 相似矩阵

一、相似矩阵及其性质

定义 4.3 设 $\boldsymbol{A},\boldsymbol{B}$ 为 n 阶方阵，如果存在 n 阶可逆矩阵 $\boldsymbol{P}$，使得 $\boldsymbol{P}^{-1}\boldsymbol{A}\boldsymbol{P}=\boldsymbol{B}$ 成立，则称矩阵 $\boldsymbol{A}$ 与 $\boldsymbol{B}$ 相似，记为 $\boldsymbol{A}\sim\boldsymbol{B}$.

例如，

$$\boldsymbol{A}=\begin{pmatrix}3&1\\5&-1\end{pmatrix},\quad \boldsymbol{B}=\begin{pmatrix}4&0\\0&-2\end{pmatrix},\quad \boldsymbol{P}=\begin{pmatrix}1&1\\1&-5\end{pmatrix},$$

则 $\boldsymbol{P}^{-1}=\begin{pmatrix}\frac{5}{6}&\frac{1}{6}\\ \frac{1}{6}&-\frac{1}{6}\end{pmatrix}$，并且

$$\boldsymbol{P}^{-1}\boldsymbol{A}\boldsymbol{P}=\begin{pmatrix}\frac{5}{6}&\frac{1}{6}\\ \frac{1}{6}&-\frac{1}{6}\end{pmatrix}\begin{pmatrix}3&1\\5&-1\end{pmatrix}\begin{pmatrix}1&1\\1&-5\end{pmatrix}=\begin{pmatrix}4&0\\0&-2\end{pmatrix}=\boldsymbol{B}.$$

所以 $\boldsymbol{A}\sim\boldsymbol{B}$，即 $\begin{pmatrix}3&1\\5&-1\end{pmatrix}\sim\begin{pmatrix}4&0\\0&-2\end{pmatrix}$.

定理 4.4 如果 n 阶矩阵 $\boldsymbol{A},\boldsymbol{B}$ 相似，则它们有相同的特征值.

证明 设 $\boldsymbol{P}^{-1}\boldsymbol{A}\boldsymbol{P}=\boldsymbol{B}$，因为

$$\begin{aligned}|\lambda\boldsymbol{E}-\boldsymbol{B}|&=|\lambda\boldsymbol{E}-\boldsymbol{P}^{-1}\boldsymbol{A}\boldsymbol{P}|=|\boldsymbol{P}^{-1}(\lambda\boldsymbol{E})\boldsymbol{P}-\boldsymbol{P}^{-1}\boldsymbol{A}\boldsymbol{P}|\\&=|\boldsymbol{P}^{-1}(\lambda\boldsymbol{E}-\boldsymbol{A})\boldsymbol{P}|=|\boldsymbol{P}^{-1}|\cdot|\lambda\boldsymbol{E}-\boldsymbol{A}|\cdot|\boldsymbol{P}|\\&=|\lambda\boldsymbol{E}-\boldsymbol{A}|.\end{aligned}$$

即 $\boldsymbol{A},\boldsymbol{B}$ 有相同的特征多项式，所以它们有相同的特征值.

如上例中，矩阵 $\boldsymbol{A},\boldsymbol{B}$ 相似，由

$$|\lambda\boldsymbol{E}-\boldsymbol{A}|=\begin{vmatrix}\lambda-3&-1\\-5&\lambda+1\end{vmatrix}=(\lambda-4)(\lambda+2),$$

$$|\lambda\boldsymbol{E}-\boldsymbol{B}|=\begin{vmatrix}\lambda-4&0\\0&\lambda+2\end{vmatrix}=(\lambda-4)(\lambda+2).$$

可见，它们具有相同的特征值：$\lambda_1=4,\lambda_2=-2$.

利用定义 4.3,我们可以证明相似矩阵还具有下述性质:

(1) 相似矩阵有相同的秩;

(2) 相似矩阵的行列式相等;

证明　设 n 阶矩阵 $\boldsymbol{A}$ 与 $\boldsymbol{B}$ 相似. 由定义 4.3,存在非奇异矩阵 $\boldsymbol{P}_{n\times n}$,使得 $\boldsymbol{P}^{-1}\boldsymbol{A}\boldsymbol{P}=\boldsymbol{B}$. 所以

$$|\boldsymbol{P}^{-1}\boldsymbol{A}\boldsymbol{P}|=|\boldsymbol{B}|,$$

$$|\boldsymbol{P}^{-1}|\cdot|\boldsymbol{A}|\cdot|\boldsymbol{P}|=|\boldsymbol{B}|,$$

由此可得

$$|\boldsymbol{A}|=|\boldsymbol{B}|.$$

(3) 相似矩阵的特征多项式相同.

二、矩阵的相似对角化

相似的矩阵具有许多共同的性质,因此,对于 n 阶矩阵 $\boldsymbol{A}$,我们希望在与 $\boldsymbol{A}$ 相似的矩阵中寻求一个较简单的矩阵. 在研究 $\boldsymbol{A}$ 的性质时,只需先研究这一简单矩阵的同类性质. 一般我们会考虑 n 阶矩阵是否与一个对角矩阵相似的问题.

定理 4.5　n 阶矩阵 $\boldsymbol{A}$ 与 n 阶对角矩阵

$$\boldsymbol{\Lambda}=\begin{pmatrix}\lambda_1 & & & \\ & \lambda_2 & & \\ & & \ddots & \\ & & & \lambda_n\end{pmatrix}$$

相似的充分必要条件为矩阵 $\boldsymbol{A}$ 有 n 个线性无关的特征向量.

证明　必要性:

如果 $\boldsymbol{A}$ 与对角矩阵 $\boldsymbol{\Lambda}$ 相似,则存在可逆矩阵 P 使 $\boldsymbol{P}^{-1}\boldsymbol{A}\boldsymbol{P}=\boldsymbol{\Lambda}$.

设 $\boldsymbol{P}=(\boldsymbol{x}_1,\boldsymbol{x}_2,\cdots,\boldsymbol{x}_n)$,由 $\boldsymbol{A}\boldsymbol{P}=\boldsymbol{P}\boldsymbol{\Lambda}$ 有

$$\boldsymbol{A}(\boldsymbol{x}_1,\boldsymbol{x}_2,\cdots,\boldsymbol{x}_n)=(\boldsymbol{x}_1,\boldsymbol{x}_2,\cdots,\boldsymbol{x}_n)\begin{pmatrix}\lambda_1 & & & \\ & \lambda_2 & & \\ & & \ddots & \\ & & & \lambda_n\end{pmatrix}.$$

可得

$$\boldsymbol{A}\boldsymbol{x}_i=\lambda_i\boldsymbol{x}_i\quad(i=1,2,\cdots,n).$$

因为 $\boldsymbol{P}$ 可逆,有 $|\boldsymbol{P}|\neq0$,所以 $\boldsymbol{x}_i(i=1,2,\cdots,n)$ 都是非零向量,因而 $\boldsymbol{x}_1,\boldsymbol{x}_2,\cdots,\boldsymbol{x}_n$ 都是 $\boldsymbol{A}$ 的特征向量,并且这 n 个特征向量线性无关.

充分性:

设 $\boldsymbol{x}_1,\boldsymbol{x}_2,\cdots,\boldsymbol{x}_n$ 为 $\boldsymbol{A}$ 的 n 个线性无关特征向量,它们所对应的特征值依次为 $\lambda_1,\lambda_2,\cdots,\lambda_n$,则有

$$\boldsymbol{A}\boldsymbol{x}_i=\lambda_i\boldsymbol{x}_i \quad (i=1,2,\cdots,n).$$

令 $\boldsymbol{P}=(\boldsymbol{x}_1,\boldsymbol{x}_2,\cdots,\boldsymbol{x}_n)$，因为 $\boldsymbol{x}_1,\boldsymbol{x}_2,\cdots,\boldsymbol{x}_n$ 线性无关，所以 $\boldsymbol{P}$ 可逆. 且

$$\begin{aligned}\boldsymbol{AP}&=\boldsymbol{A}(\boldsymbol{x}_1,\boldsymbol{x}_2,\cdots,\boldsymbol{x}_n)\\&=(\boldsymbol{A}\boldsymbol{x}_1,\boldsymbol{A}\boldsymbol{x}_2,\cdots,\boldsymbol{A}\boldsymbol{x}_n)\\&=(\lambda_1\boldsymbol{x}_1,\lambda_2\boldsymbol{x}_2,\cdots,\lambda_n\boldsymbol{x}_n)\\&=(\boldsymbol{x}_1,\boldsymbol{x}_2,\cdots,\boldsymbol{x}_n)\begin{pmatrix}\lambda_1&&&\\&\lambda_2&&\\&&\ddots&\\&&&\lambda_n\end{pmatrix}\\&=\boldsymbol{P\Lambda}\end{aligned}$$

用 $\boldsymbol{P}^{-1}$ 左乘上式两端得 $\boldsymbol{P}^{-1}\boldsymbol{AP}=\boldsymbol{\Lambda}$，即矩阵 $\boldsymbol{A}$ 与对角矩阵 $\boldsymbol{\Lambda}$ 相似.

推论 若 n 阶矩阵 $\boldsymbol{A}$ 有 n 个互异的特征值 $\lambda_1,\lambda_2,\cdots,\lambda_n$，则 $\boldsymbol{A}$ 与对角矩阵

$$\boldsymbol{\Lambda}=\begin{pmatrix}\lambda_1&&&\\&\lambda_2&&\\&&\ddots&\\&&&\lambda_n\end{pmatrix}$$

相似.

注：$\boldsymbol{A}$ 有 n 个互异特征值只是 $\boldsymbol{A}$ 可化为对角矩阵的充分条件而不是必要条件.

例 1 判断矩阵 $\boldsymbol{A}=\begin{pmatrix}3&1\\5&-1\end{pmatrix}$ 能否相似对角化.

解 容易验证 $\lambda_1=4,\lambda_2=-2$ 是矩阵 $\boldsymbol{A}$ 的两个不同的特征值，且对应的特征向量分别为

$$\boldsymbol{x}_1=\begin{pmatrix}1\\1\end{pmatrix},\quad \boldsymbol{x}_2=\begin{pmatrix}1\\-5\end{pmatrix}.$$

如果取 $\boldsymbol{\Lambda}_1=\begin{pmatrix}4&0\\0&-2\end{pmatrix}$，$\boldsymbol{P}=(\boldsymbol{x}_1,\boldsymbol{x}_2)=\begin{pmatrix}1&1\\1&-5\end{pmatrix}$，则 $\boldsymbol{P}^{-1}\boldsymbol{AP}=\boldsymbol{\Lambda}_1$，所以有 $\boldsymbol{A}\sim\boldsymbol{\Lambda}_1$.

如果取 $\boldsymbol{\Lambda}_2=\begin{pmatrix}-2&0\\0&4\end{pmatrix}$，则亦有 $\boldsymbol{A}\sim\boldsymbol{\Lambda}_2$，但此时 $\boldsymbol{P}=(\boldsymbol{x}_2,\boldsymbol{x}_1)=\begin{pmatrix}1&1\\-5&1\end{pmatrix}$.

显然，根据定理 4.5，矩阵 A 可对角化.

又如，已知 $\boldsymbol{A}=\begin{pmatrix}4&6&0\\-3&-5&0\\-3&-6&1\end{pmatrix}$ 的 3 个特征向量为

$$\boldsymbol{x}_1=\begin{pmatrix}-1\\1\\1\end{pmatrix},\quad \boldsymbol{x}_2=\begin{pmatrix}-2\\1\\0\end{pmatrix},\quad \boldsymbol{x}_3=\begin{pmatrix}0\\0\\1\end{pmatrix}.$$

容易验证 $\boldsymbol{x}_1,\boldsymbol{x}_2,\boldsymbol{x}_3$ 线性无关.

令 $\boldsymbol{P}=(\boldsymbol{x}_1,\boldsymbol{x}_2,\boldsymbol{x}_3)=\begin{pmatrix}-1&-2&0\\1&1&0\\1&0&1\end{pmatrix}$，则

$$\boldsymbol{P}^{-1}=\begin{pmatrix}1&2&0\\-1&-1&0\\-1&-2&1\end{pmatrix}.$$

可得 $\boldsymbol{P}^{-1}\boldsymbol{AP}=\begin{pmatrix}-2&&\\&1&\\&&1\end{pmatrix}$，所以 $\boldsymbol{A}$ 与对角矩阵 $\begin{pmatrix}-2&&\\&1&\\&&1\end{pmatrix}$ 相似.

这个例子说明了 $\boldsymbol{A}$ 的特征值不全相异时，$\boldsymbol{A}$ 也可能化为对角矩阵.

定理 4.6　n 阶矩阵 $\boldsymbol{A}$ 与对角矩阵相似的充分必要条件是对于每一个 n_i 重特征根 λ_i，矩阵 $\lambda_i\boldsymbol{E}-\boldsymbol{A}$ 的秩是 $n-n_i$.

例 2　判断矩阵 $\boldsymbol{A}=\begin{pmatrix}-2&1&-2\\-5&3&-3\\1&0&2\end{pmatrix}$ 是否可以对角化.

解　$|\lambda\boldsymbol{E}-\boldsymbol{A}|=\begin{vmatrix}\lambda+2&-1&2\\5&\lambda-3&3\\-1&0&\lambda-2\end{vmatrix}=(\lambda-1)^3$，所以 $\boldsymbol{A}$ 的特征值 $\lambda_1=\lambda_2=\lambda_3=1$，

当 $\lambda=1$ 时，解方程组 $(\boldsymbol{E}-\boldsymbol{A})\boldsymbol{x}=\boldsymbol{0}$，得基础解系 $\boldsymbol{\xi}=\begin{pmatrix}1\\1\\-1\end{pmatrix}$，故 $\boldsymbol{A}$ 不能对角化.

例 3　设 $\boldsymbol{A}=\begin{pmatrix}4&6&0\\-3&-5&0\\-3&-6&1\end{pmatrix}$，判断 $\boldsymbol{A}$ 能否对角化. 若能对角化，求出可逆矩阵 $\boldsymbol{P}$，使得 $\boldsymbol{P}^{-1}\boldsymbol{AP}=\boldsymbol{\Lambda}$ 为对角矩阵.

解　$|\lambda\boldsymbol{E}-\boldsymbol{A}|=\begin{vmatrix}\lambda-4&-6&0\\3&\lambda+5&0\\3&6&\lambda-1\end{vmatrix}=-(\lambda+2)(\lambda-1)^2$，所以 $\boldsymbol{A}$ 的特征值

$$\lambda_1=\lambda_2=1,\quad \lambda_3=-2.$$

当 $\lambda_1=\lambda_2=1$ 时，解方程组 $(\boldsymbol{E}-\boldsymbol{A})\boldsymbol{x}=\boldsymbol{0}$，得基础解系 $\boldsymbol{\xi}_1=\begin{pmatrix}-2\\1\\0\end{pmatrix}$，$\boldsymbol{\xi}_2=\begin{pmatrix}0\\0\\1\end{pmatrix}$.

当 $\lambda_3=-2$ 时，解方程组 $(-2\boldsymbol{E}-\boldsymbol{A})\boldsymbol{x}=\boldsymbol{0}$，得基础解系 $\boldsymbol{\xi}_3=\begin{pmatrix}-1\\1\\1\end{pmatrix}$.

由于 $\boldsymbol{\xi}_1,\boldsymbol{\xi}_2,\boldsymbol{\xi}_3$ 线性无关，所以 $\boldsymbol{A}$ 可对角化.

令 $\boldsymbol{P}=(\boldsymbol{\xi}_1,\boldsymbol{\xi}_2,\boldsymbol{\xi}_3)=\begin{pmatrix}-2&0&-1\\1&0&1\\0&1&1\end{pmatrix}$，则有

$$\boldsymbol{P}^{-1}\boldsymbol{A}\boldsymbol{P}=\begin{pmatrix}1&0&0\\0&1&0\\0&0&-2\end{pmatrix}.$$

注：若令 $\boldsymbol{P}=(\boldsymbol{\xi}_1,\boldsymbol{\xi}_2,\boldsymbol{\xi}_3)=\begin{pmatrix}-1&-2&0\\1&1&0\\1&0&1\end{pmatrix}$，则有 $\boldsymbol{P}^{-1}\boldsymbol{A}\boldsymbol{P}=\begin{pmatrix}-2&0&0\\0&1&0\\0&0&1\end{pmatrix}$，即矩阵 $\boldsymbol{P}$ 的列向量和对角矩阵中特征值的位置要相互对应.

例 4 设

$$\boldsymbol{A}=\begin{pmatrix}0&0&1\\1&1&t\\1&0&0\end{pmatrix},$$

t 为何值时，矩阵 $\boldsymbol{A}$ 能对角化？

解 $|\lambda\boldsymbol{E}-\boldsymbol{A}|=\begin{vmatrix}\lambda&0&-1\\-1&\lambda-1&-t\\-1&0&\lambda\end{vmatrix}=(\lambda-1)\begin{vmatrix}\lambda&-1\\-1&\lambda\end{vmatrix}=(\lambda-1)^2(\lambda+1)$，故特征值为

$$\lambda_1=-1,\quad \lambda_2=\lambda_3=1.$$

当单根 $\lambda_1=-1$ 时，可求得线性无关的特征向量恰有 1 个，因此矩阵 $\boldsymbol{A}$ 可否对角化取决于重根的特征根 $\lambda_2=\lambda_3=1$ 是否对应 2 个线性无关的特征向量，即方程 $(\boldsymbol{E}-\boldsymbol{A})\boldsymbol{x}=\boldsymbol{0}$ 是否有 2 个线性无关的解，或者说系数矩阵 $\boldsymbol{E}-\boldsymbol{A}$ 的秩 $r(\boldsymbol{E}-\boldsymbol{A})$ 是否等于 1 .

由于

$$\boldsymbol{E}-\boldsymbol{A}=\begin{pmatrix}1&0&-1\\-1&0&-t\\-1&0&1\end{pmatrix}\stackrel{r}{\sim}\begin{pmatrix}1&0&-1\\0&0&-t-1\\0&0&0\end{pmatrix},$$

要使 $r(\boldsymbol{E}-\boldsymbol{A})=1$，得 $-t-1=0$ ，即 $t=-1$.

因此，当 $t=-1$ 时，矩阵 $\boldsymbol{A}$ 能对角化.

例 5 二阶方阵 $\boldsymbol{A}$ 的特征值为 $1,-5$，相对应的特征向量分别为 $\begin{pmatrix}1\\1\end{pmatrix}$，$\begin{pmatrix}2\\-1\end{pmatrix}$，求 $\boldsymbol{A}$.

解　由已知条件可知相似变换矩阵 $\boldsymbol{P}=\begin{pmatrix}1&2\\1&-1\end{pmatrix}$，对角矩阵

$$\boldsymbol{\Lambda}=\begin{pmatrix}1&0\\0&-5\end{pmatrix},\quad 且\quad \boldsymbol{P}^{-1}\boldsymbol{A}\boldsymbol{P}=\boldsymbol{\Lambda},$$

$$\boldsymbol{A}=\boldsymbol{P}\boldsymbol{\Lambda}\boldsymbol{P}^{-1}=\begin{pmatrix}1&2\\1&-1\end{pmatrix}\begin{pmatrix}1&0\\0&-5\end{pmatrix}\begin{pmatrix}1&2\\1&-1\end{pmatrix}^{-1}=\begin{pmatrix}-3&4\\2&-1\end{pmatrix}.$$

例 6　已知 $\boldsymbol{A}=\begin{pmatrix}2&0&0\\0&0&1\\0&1&x\end{pmatrix}$ 与 $\boldsymbol{B}=\begin{pmatrix}2&0&0\\0&y&0\\0&0&-1\end{pmatrix}$ 相似，求 x,y.

解　因为相似矩阵有相同的特征值，故 $\boldsymbol{A},\boldsymbol{B}$ 有相同的特征值 $2,y,-1$.

根据特征方程根与系数的关系，有

$$2+0+x=2+y+(-1),\quad |\boldsymbol{A}|=-2y.$$

而 $|\boldsymbol{A}|=-2$，故 $x=0,y=1$.

4.3　实对称矩阵的特征值和特征向量

一个 n 阶矩阵具备什么条件才能对角化？这是一个较复杂的问题. 我们对此不进行一般性的讨论，而仅讨论当 $\boldsymbol{A}$ 为对称矩阵的情形. 对称矩阵的特征值、特征向量具有许多特殊的性质，下面先介绍几个关于对称矩阵的特征值和特征向量的性质.

一、向量内积

在前面，我们定义了向量空间 $\mathbf{R}^n$ 中向量的线性运算. 为了描述 $\mathbf{R}^n$ 中向量的度量性质，须引入向量内积的概念.

定义 4.4　在 $\mathbf{R}^n$ 中，设向量 $\boldsymbol{\alpha}=\begin{pmatrix}a_1\\a_2\\\vdots\\a_n\end{pmatrix}$，$\boldsymbol{\beta}=\begin{pmatrix}b_1\\b_2\\\vdots\\b_n\end{pmatrix}$，实数 $a_1b_1+a_2b_2+\cdots+a_nb_n=\sum\limits_{i=1}^{n}a_ib_i$ 称为向量 $\boldsymbol{\alpha}$ 和 $\boldsymbol{\beta}$ 的内积，记作 $\boldsymbol{\alpha}^{\mathrm{T}}\boldsymbol{\beta}$. 即 $\boldsymbol{\alpha}^{\mathrm{T}}\boldsymbol{\beta}=\sum\limits_{i=1}^{n}a_ib_i$.

例如，设 $\boldsymbol{\alpha}=(-1,1,0,2)^{\mathrm{T}}$，$\boldsymbol{\beta}=(2,0,-1,3)^{\mathrm{T}}$，则 $\boldsymbol{\alpha}$ 和 $\boldsymbol{\beta}$ 的内积为

$$\boldsymbol{\alpha}^{\mathrm{T}}\boldsymbol{\beta}=(-1)\times2+1\times0+0\times(-1)+2\times3=4.$$

根据定义 4.4，不难验证内积具有下述性质：

(1) $\boldsymbol{\alpha}^{\mathrm{T}}\boldsymbol{\beta}=\boldsymbol{\beta}^{\mathrm{T}}\boldsymbol{\alpha}$；

(2) $(k\boldsymbol{\alpha})^{\mathrm{T}}\boldsymbol{\beta}=k\boldsymbol{\alpha}^{\mathrm{T}}\boldsymbol{\beta}$（$k$ 为实数）；

(3) $(\boldsymbol{\alpha}+\boldsymbol{\beta})^{\mathrm{T}}\boldsymbol{\gamma}=\boldsymbol{\alpha}^{\mathrm{T}}\boldsymbol{\gamma}+\boldsymbol{\beta}^{\mathrm{T}}\boldsymbol{\gamma}$;

(4) $\boldsymbol{\alpha}^{\mathrm{T}}\boldsymbol{\alpha}\geqslant 0$,当且仅当 $\boldsymbol{\alpha}=\mathbf{0}$ 时,有 $\boldsymbol{\alpha}^{\mathrm{T}}\boldsymbol{\alpha}=0$.

其中 $\boldsymbol{\alpha},\boldsymbol{\beta},\boldsymbol{\gamma}$ 为 $\mathbf{R}^n$ 中的任意向量.

由于对任一向量 $\boldsymbol{\alpha}$,$\boldsymbol{\alpha}^{\mathrm{T}}\boldsymbol{\alpha}\geqslant 0$,因此可引入向量长度的概念.

定义 4.5　对 $\mathbf{R}^n$ 中的向量 $\boldsymbol{\alpha}=(a_1,a_2,\cdots,a_n)^{\mathrm{T}}$,令

$$\|\boldsymbol{\alpha}\|=\sqrt{\boldsymbol{\alpha}^{\mathrm{T}}\boldsymbol{\alpha}}=\sqrt{a_1^2+a_2^2+\cdots+a_n^2},$$

称其为 n 维向量 $\boldsymbol{\alpha}$ 的长度或范数.

例如,在 $\mathbf{R}^2$ 中,向量 $\boldsymbol{\alpha}=(-3,4)^{\mathrm{T}}$ 的长度 $\|\boldsymbol{\alpha}\|=\sqrt{\boldsymbol{\alpha}^{\mathrm{T}}\boldsymbol{\alpha}}=\sqrt{(-3)^2+4^2}=5$.

不难看出,在 $\mathbf{R}^2$ 中向量 $\boldsymbol{\alpha}$ 的长度,就是坐标平面上对应的点到原点的距离.

向量长度具有以下性质:

(1) $\|\boldsymbol{\alpha}\|\geqslant 0$,当且仅当 $\boldsymbol{\alpha}=0$ 时,$\|\boldsymbol{\alpha}\|=0$;

(2) $\|k\boldsymbol{\alpha}\|=|k|\cdot\|\boldsymbol{\alpha}\|$ (k 为实数);

(3) 对任意向量 $\boldsymbol{\alpha},\boldsymbol{\beta}$,有 $|\boldsymbol{\alpha}^{\mathrm{T}}\boldsymbol{\beta}|\leqslant\|\boldsymbol{\alpha}\|\cdot\|\boldsymbol{\beta}\|$.

如果 $\boldsymbol{\alpha}=(a_1,a_2,\cdots,a_n)^{\mathrm{T}}$,$\boldsymbol{\beta}=(b_1,b_2,\cdots,b_n)^{\mathrm{T}}$,上面的不等式可写为

$$\left|\sum_{i=1}^{n}a_ib_i\right|\leqslant\sqrt{\sum_{i=1}^{n}a_i^2}\cdot\sqrt{\sum_{i}^{n}b_i^2}.$$

这一不等式称为柯西-布涅柯夫斯基不等式,它说明 $\mathbf{R}^n$ 中任意两个向量的内积与它们长度之间的关系.

当 $\|\boldsymbol{\alpha}\|=1$,$\boldsymbol{\alpha}$ 称为单位向量,对于 $\mathbf{R}^n$ 中的任一非零向量 $\boldsymbol{\alpha}$,向量 $\dfrac{1}{\|\boldsymbol{\alpha}\|}\boldsymbol{\alpha}$ 是一个单位向量. 实际上,利用前面向量长度的性质(2),有 $\left\|\dfrac{1}{\|\boldsymbol{\alpha}\|}\boldsymbol{\alpha}\right\|=\dfrac{1}{\|\boldsymbol{\alpha}\|}\cdot\|\boldsymbol{\alpha}\|=1$,

例如 $\begin{pmatrix}-1\\0\\0\end{pmatrix},\dfrac{1}{\sqrt{2}}\begin{pmatrix}0\\1\\1\end{pmatrix},\dfrac{1}{\sqrt{3}}\begin{pmatrix}1\\1\\1\end{pmatrix}$ 都是 3 维单位向量.

用向量 $\boldsymbol{\alpha}(\neq\mathbf{0})$ 去除向量 $\boldsymbol{\alpha}$ 的长度,就得到一个单位向量,通常称为把向量 $\boldsymbol{\alpha}$ 单位化.

二、正交向量组

定义 4.6　如果两个向量 $\boldsymbol{\alpha}$ 与 $\boldsymbol{\beta}$ 的内积等于零,即 $\boldsymbol{\alpha}^{\mathrm{T}}\boldsymbol{\beta}=0$,则称向量 $\boldsymbol{\alpha}$ 与 $\boldsymbol{\beta}$ 互相正交(垂直).

注:(1) 零向量与任意向量的内积为零,因此零向量与任意向量正交;

(2) $\mathbf{R}^n$ 中的初始单位向量组 $\boldsymbol{\varepsilon}_1,\boldsymbol{\varepsilon}_2,\cdots,\boldsymbol{\varepsilon}_n$ 是两两正交的:$\boldsymbol{\varepsilon}_i^{\mathrm{T}}\boldsymbol{\varepsilon}_j=0$ $(i\neq j)$.

定义 4.7　如果 $\mathbf{R}^n$ 中的非零向量组 $\boldsymbol{\alpha}_1,\boldsymbol{\alpha}_2,\cdots,\boldsymbol{\alpha}_s$ 两两正交,即

$$\boldsymbol{\alpha}_i^{\mathrm{T}}\boldsymbol{\alpha}_j=0\quad(i\neq j;i,j=1,2,\cdots,s),$$

则称该向量组为正交向量组.

定理 4.7　$\mathbf{R}^n$ 中的正交向量组线性无关.

证明　设 $\boldsymbol{\alpha}_1,\boldsymbol{\alpha}_2,\cdots,\boldsymbol{\alpha}_s$ 为 $\mathbf{R}^n$ 中的正交向量组,且有数 $k_1,k_2,\cdots,k_s$,使得

$$k_1\boldsymbol{\alpha}_1+k_2\boldsymbol{\alpha}_2+\cdots k_s\boldsymbol{\alpha}_s=\mathbf{0}.$$

上式两边与向量组中的任意向量 $\boldsymbol{\alpha}_i$ 求内积,得

$$\boldsymbol{\alpha}_i^{\mathrm{T}}(k_1\boldsymbol{\alpha}_1+k_2\boldsymbol{\alpha}_2+\cdots+k_s\boldsymbol{\alpha}_s)=0\quad(1\leqslant i\leqslant s),$$

即

$$k_1\boldsymbol{\alpha}_i^{\mathrm{T}}\boldsymbol{\alpha}_1+k_2\boldsymbol{\alpha}_i^{\mathrm{T}}\boldsymbol{\alpha}_2+\cdots+k_s\boldsymbol{\alpha}_i^{\mathrm{T}}\boldsymbol{\alpha}_s=0.$$

由于 $\boldsymbol{\alpha}_i^{\mathrm{T}}\boldsymbol{\alpha}_j=0\ (i\neq j)$,所以 $k_i\boldsymbol{\alpha}_i^{\mathrm{T}}\boldsymbol{\alpha}_i=\mathbf{0}$,但 $\boldsymbol{\alpha}_i\neq\mathbf{0}$,有 $\boldsymbol{\alpha}_i^{\mathrm{T}}\boldsymbol{\alpha}_i>0$,所以 $k_i=0\ (1\leqslant i\leqslant s)$,则 $\boldsymbol{\alpha}_1,\boldsymbol{\alpha}_2,\cdots,\boldsymbol{\alpha}_s$ 线性无关.

如果已知 $\mathbf{R}^n$ 中的线性无关向量组 $\boldsymbol{\alpha}_1,\boldsymbol{\alpha}_2,\cdots,\boldsymbol{\alpha}_s$,则可以生成正交向量组 $\boldsymbol{\beta}_1,\boldsymbol{\beta}_2,\cdots,\boldsymbol{\beta}_s$,并使这两个向量组可以相互线性表示. 由一个线性无关向量组生成满足上述性质的正交向量组的过程,一般称为将该向量组正交化,将一个向量组正交化可以应用施密特正交化方法. 施密特正交化方法的步骤如下:

对于 $\mathbf{R}^n$ 中的线性无关向量组 $\boldsymbol{\alpha}_1,\boldsymbol{\alpha}_2,\cdots,\boldsymbol{\alpha}_s$,令

$$\begin{aligned}
\boldsymbol{\beta}_1&=\boldsymbol{\alpha}_1,\\
\boldsymbol{\beta}_2&=\boldsymbol{\alpha}_2-\frac{\boldsymbol{\alpha}_2^{\mathrm{T}}\boldsymbol{\beta}_1}{\boldsymbol{\beta}_1^{\mathrm{T}}\boldsymbol{\beta}_1}\boldsymbol{\beta}_1,\\
\boldsymbol{\beta}_3&=\boldsymbol{\alpha}_3-\frac{\boldsymbol{\alpha}_3^{\mathrm{T}}\boldsymbol{\beta}_1}{\boldsymbol{\beta}_1^{\mathrm{T}}\boldsymbol{\beta}_1}\boldsymbol{\beta}_1-\frac{\boldsymbol{\alpha}_3^{\mathrm{T}}\boldsymbol{\beta}_2}{\boldsymbol{\beta}_2^{\mathrm{T}}\boldsymbol{\beta}_2}\boldsymbol{\beta}_2,\\
&\ \vdots\\
\boldsymbol{\beta}_s&=\boldsymbol{\alpha}_s-\frac{\boldsymbol{\alpha}_s^{\mathrm{T}}\boldsymbol{\beta}_1}{\boldsymbol{\beta}_1^{\mathrm{T}}\boldsymbol{\beta}_1}\boldsymbol{\beta}_1-\frac{\boldsymbol{\alpha}_s^{\mathrm{T}}\boldsymbol{\beta}_2}{\boldsymbol{\beta}_2^{\mathrm{T}}\boldsymbol{\beta}_2}\boldsymbol{\beta}_2-\cdots-\frac{\boldsymbol{\alpha}_s^{\mathrm{T}}\boldsymbol{\beta}_{s-1}}{\boldsymbol{\beta}_{s-1}^{\mathrm{T}}\boldsymbol{\beta}_{s-1}}\boldsymbol{\beta}_{s-1},
\end{aligned}$$

或写成

$$\boldsymbol{\beta}_i=\boldsymbol{\alpha}_i-\sum_{k=1}^{i-1}\frac{\boldsymbol{\alpha}_i^{\mathrm{T}}\boldsymbol{\beta}_k}{\boldsymbol{\beta}_k^{\mathrm{T}}\boldsymbol{\beta}_k}\boldsymbol{\beta}_k\quad(i=1,2,\cdots,s).$$

可以验证,向量组 $\boldsymbol{\beta}_1,\boldsymbol{\beta}_2,\cdots,\boldsymbol{\beta}_s$ 是正交向量组,并且与向量组 $\boldsymbol{\alpha}_1,\boldsymbol{\alpha}_2,\cdots,\boldsymbol{\alpha}_s$ 可以相互线性表示.

例 1　设线性无关的向量组

$$\boldsymbol{\alpha}_1=(1,1,1,1)^{\mathrm{T}},\quad\boldsymbol{\alpha}_2=(3,3,-1,-1)^{\mathrm{T}},\quad\boldsymbol{\alpha}_3=(-2,0,6,8)^{\mathrm{T}},$$

试将 $\boldsymbol{\alpha}_1,\boldsymbol{\alpha}_2,\boldsymbol{\alpha}_3$ 正交化.

解　利用施密特正交化方法,令

$$\boldsymbol{\beta}_1=\boldsymbol{\alpha}_1=(1,1,1,1)^{\mathrm{T}},$$

$$\boldsymbol{\beta}_2=\boldsymbol{\alpha}_2-\frac{\boldsymbol{\alpha}_2^{\mathrm{T}}\boldsymbol{\beta}_1}{\boldsymbol{\beta}_1^{\mathrm{T}}\boldsymbol{\beta}_1}\boldsymbol{\beta}_1=(3,3,-1,-1)^{\mathrm{T}}-\frac{4}{4}(1,1,1,1)^{\mathrm{T}}=(2,2,-2,-2)^{\mathrm{T}},$$

$$\begin{aligned}
\boldsymbol{\beta}_3&=\boldsymbol{\alpha}_3-\frac{\boldsymbol{\alpha}_3^{\mathrm{T}}\boldsymbol{\beta}_1}{\boldsymbol{\beta}_1^{\mathrm{T}}\boldsymbol{\beta}_1}\boldsymbol{\beta}_1-\frac{\boldsymbol{\alpha}_3^{\mathrm{T}}\boldsymbol{\beta}_2}{\boldsymbol{\beta}_2^{\mathrm{T}}\boldsymbol{\beta}_2}\boldsymbol{\beta}_2\\
&=(-2,0,6,8)^{\mathrm{T}}-\frac{12}{4}(1,1,1,1)^{\mathrm{T}}-\frac{(-32)}{16}(2,2,-2,-2)^{\mathrm{T}}=(-1,1,-1,1)^{\mathrm{T}}.
\end{aligned}$$

不难验证，$\boldsymbol{\beta}_1,\boldsymbol{\beta}_2,\boldsymbol{\beta}_3$ 为正交向量组，且与 $\boldsymbol{\alpha}_1,\boldsymbol{\alpha}_2,\boldsymbol{\alpha}_3$ 可互相线性表示.

例 2 已知 3 维向量空间 $\mathbf{R}^3$ 中两个向量

$$\boldsymbol{\alpha}_1=\begin{pmatrix}1\\1\\1\end{pmatrix},\quad \boldsymbol{\alpha}_2=\begin{pmatrix}1\\-2\\1\end{pmatrix}$$

正交，试求一个非零向量 $\boldsymbol{\alpha}_3$，使 $\boldsymbol{\alpha}_1,\boldsymbol{\alpha}_2,\boldsymbol{\alpha}_3$ 两两正交.

解 记

$$\boldsymbol{A}=\begin{pmatrix}\boldsymbol{\alpha}_1^{\mathrm{T}}\\\boldsymbol{\alpha}_2^{\mathrm{T}}\end{pmatrix}=\begin{pmatrix}1&1&1\\1&-2&1\end{pmatrix},$$

$\boldsymbol{\alpha}_3$ 应满足齐次线性方程 $\boldsymbol{A}\boldsymbol{\alpha}_3=\mathbf{0}$，即

$$\begin{pmatrix}1&1&1\\1&-2&1\end{pmatrix}\begin{pmatrix}x_1\\x_2\\x_3\end{pmatrix}=\begin{pmatrix}0\\0\end{pmatrix},$$

由

$$A\overset{r}{\sim}\begin{pmatrix}1&1&1\\0&-3&0\end{pmatrix}\overset{r}{\sim}\begin{pmatrix}1&0&1\\0&1&0\end{pmatrix},$$

得$\begin{cases}x_1=-x_3\\x_2=0\end{cases}$，从而有基础解系$\begin{pmatrix}-1\\0\\1\end{pmatrix}$. 取 $\boldsymbol{\alpha}_3=\begin{pmatrix}-1\\0\\1\end{pmatrix}$即为所求.

三、正交矩阵

定义 4.8 设 n 阶实矩阵 $\boldsymbol{Q}$，满足

$$\boldsymbol{Q}^{\mathrm{T}}\boldsymbol{Q}=\boldsymbol{E},$$

则称 $\boldsymbol{Q}$ 为正交矩阵.

例如，单位矩阵 $\boldsymbol{E}$ 为正交矩阵. 平面解析几何中，两直角坐标系间的坐标变换矩阵

$$\boldsymbol{Q}=\begin{pmatrix}\cos\theta&-\sin\theta\\\sin\theta&\cos\theta\end{pmatrix}$$

是正交矩阵.

正交矩阵具有下述性质：

(1) 若 $\boldsymbol{Q}$ 为正交矩阵，则其行列式的值为 1 或 -1；

(2) 若 $\boldsymbol{Q}$ 为正交矩阵，则 $\boldsymbol{Q}$ 可逆，且 $\boldsymbol{Q}^{-1}=\boldsymbol{Q}^{\mathrm{T}}$；

(3) 若 $\boldsymbol{P}$、$\boldsymbol{Q}$ 都是正交矩阵，则它们的积 $\boldsymbol{PQ}$ 也是正交矩阵.

上述性质可由定义 4.8 直接得出，作为习题，请读者自证.

定理 4.8　设 Q 为 n 阶实矩阵，则 Q 为正交矩阵的充分必要条件是其列(行)向量组是单位正交向量组.

证明　设 $\boldsymbol{Q}=(\boldsymbol{\alpha}_1,\boldsymbol{\alpha}_2,\cdots,\boldsymbol{\alpha}_n)$，其中 $\boldsymbol{\alpha}_1,\boldsymbol{\alpha}_2,\cdots,\boldsymbol{\alpha}_n$ 为 $\boldsymbol{Q}$ 的列向量组. $\boldsymbol{Q}$ 是正交矩阵等价于 $\boldsymbol{Q}^{\mathrm{T}}\boldsymbol{Q}=\boldsymbol{E}$，而

$$\boldsymbol{Q}^{\mathrm{T}}\boldsymbol{Q}=\begin{pmatrix}\boldsymbol{\alpha}_1^{\mathrm{T}}\\ \boldsymbol{\alpha}_2^{\mathrm{T}}\\ \vdots\\ \boldsymbol{\alpha}_n^{\mathrm{T}}\end{pmatrix}(\boldsymbol{\alpha}_1,\boldsymbol{\alpha}_2,\cdots,\boldsymbol{\alpha}_n)=\begin{pmatrix}\boldsymbol{\alpha}_1^{\mathrm{T}}\boldsymbol{\alpha}_1 & \boldsymbol{\alpha}_1^{\mathrm{T}}\boldsymbol{\alpha}_2 & \cdots & \boldsymbol{\alpha}_1^{\mathrm{T}}\boldsymbol{\alpha}_n\\ \boldsymbol{\alpha}_2^{\mathrm{T}}\boldsymbol{\alpha}_1 & \boldsymbol{\alpha}_2^{\mathrm{T}}\boldsymbol{\alpha}_2 & \cdots & \boldsymbol{\alpha}_2^{\mathrm{T}}\boldsymbol{\alpha}_n\\ \vdots & \vdots & & \vdots\\ \boldsymbol{\alpha}_n^{\mathrm{T}}\boldsymbol{\alpha}_1 & \boldsymbol{\alpha}_n^{\mathrm{T}}\boldsymbol{\alpha}_2 & \cdots & \boldsymbol{\alpha}_n^{\mathrm{T}}\boldsymbol{\alpha}_n\end{pmatrix}.$$

因此，可知 $\boldsymbol{Q}^{\mathrm{T}}\boldsymbol{Q}=\boldsymbol{E}$ 等价于

$$\begin{cases}\boldsymbol{\alpha}_i^{\mathrm{T}}\boldsymbol{\alpha}_i=1, & (i=1,2,\cdots,n),\\ \boldsymbol{\alpha}_i^{\mathrm{T}}\boldsymbol{\alpha}_j=0, & (i\neq j;i,j=1,2,\cdots,n).\end{cases}$$

即 Q 为正交矩阵的充分必要条件是其列向量组是单位正交向量组.

同理可证，$\boldsymbol{Q}$ 为正交矩阵的充分必要条件是其行向量组为单位正交向量组.

例 3　　验证矩阵

$$\boldsymbol{P}=\begin{pmatrix}\frac{1}{2} & -\frac{1}{2} & \frac{1}{2} & -\frac{1}{2}\\ \frac{1}{2} & -\frac{1}{2} & -\frac{1}{2} & \frac{1}{2}\\ \frac{1}{\sqrt{2}} & \frac{1}{\sqrt{2}} & 0 & 0\\ 0 & 0 & \frac{1}{\sqrt{2}} & \frac{1}{\sqrt{2}}\end{pmatrix}$$

是正交矩阵.

证明　$\boldsymbol{P}$ 的每个列向量都是单位向量，且两两正交，由定理 4.9 可得，$\boldsymbol{P}$ 是正交矩阵.

四、实对称矩阵的相似对角化

在上一节，我们已经知道任意的 n 阶矩阵不一定能与对角矩阵相似，然而，实对称矩阵却一定能与对角矩阵相似，其特征值、特征向量具有许多特殊的性质.

定理 4.9　实对称矩阵的特征值都是实数.

定理 4.10　实对称矩阵对应于不同特征值的特征向量相互正交.

证明　设 $\boldsymbol{A}$ 为 n 阶实对称矩阵，$\boldsymbol{x}_1,\boldsymbol{x}_2$ 分别是 $\boldsymbol{A}$ 的对应于不同特征值 λ_1,λ_2 的特征向量. 于是

$$\boldsymbol{A}\boldsymbol{x}_1=\lambda_1\boldsymbol{x}_1\quad(\boldsymbol{x}_1\neq\boldsymbol{0}),$$

$$\boldsymbol{A}\boldsymbol{x}_2=\lambda_2\boldsymbol{x}_2\quad(\boldsymbol{x}_2\neq\boldsymbol{0}),$$

所以
$$\boldsymbol{x}_2^{\mathrm{T}}\boldsymbol{A}\boldsymbol{x}_1=\lambda_1\boldsymbol{x}_2^{\mathrm{T}}\boldsymbol{x}_1,\quad \boldsymbol{x}_1^{\mathrm{T}}\boldsymbol{A}\boldsymbol{x}_2=\lambda_2\boldsymbol{x}_1^{\mathrm{T}}\boldsymbol{x}_2.$$

因为 $\boldsymbol{A}$ 为实对称矩阵，$\boldsymbol{x}_2^{\mathrm{T}}\boldsymbol{A}\boldsymbol{x}_1$ 是一个数，所以
$$\boldsymbol{x}_2^{\mathrm{T}}\boldsymbol{A}\boldsymbol{x}_1=(\boldsymbol{x}_2^{\mathrm{T}}\boldsymbol{A}\boldsymbol{x}_1)^{\mathrm{T}}=\boldsymbol{x}_1^{\mathrm{T}}\boldsymbol{A}\boldsymbol{x}_2.$$

由此可得
$$\lambda_1\boldsymbol{x}_2^{\mathrm{T}}\boldsymbol{x}_1=\lambda_2\boldsymbol{x}_1^{\mathrm{T}}\boldsymbol{x}_2,$$
而 $\boldsymbol{x}_2^{\mathrm{T}}\boldsymbol{x}_1=\boldsymbol{x}_1^{\mathrm{T}}\boldsymbol{x}_2$，所以 $(\lambda_1-\lambda_2)\boldsymbol{x}_2^{\mathrm{T}}\boldsymbol{x}_1=0$. 由 $\lambda_1\neq\lambda_2$ 可得 $\boldsymbol{x}_2^{\mathrm{T}}\boldsymbol{x}_1=0$，即 $\boldsymbol{x}_1$ 与 $\boldsymbol{x}_2$ 正交.

如果 n 阶实对称矩阵 $\boldsymbol{A}$ 有 m 个不同的特征值 $\lambda_1,\lambda_2,\cdots,\lambda_m$，其重数分别为 $k_1,k_2,\cdots,k_m$，且
$$k_1+k_2+\cdots+k_m=n.$$
可以证明：对于 $\boldsymbol{A}$ 的 k_i 重特征根 λ_i，$\boldsymbol{A}$ 恰有 k_i 个对应于特征值 λ_i 的线性无关的特征向量（证明略）. 利用施密特正交化方法把这 k_i 个特征向量正交化，正交化后的 k_i 个向量仍是 $\boldsymbol{A}$ 的对应于特征值 λ_i 的特征向量. 由于 $\boldsymbol{A}$ 的对应于不同特征值的特征向量相互正交，我们可求得 $k_1+k_2+\cdots+k_n=n$ 个正交化的特征向量组. 把这些特征向量单位化，它们仍是正交向量组. 因此可以引出如下定理.

定理 4.11　设 $\boldsymbol{A}$ 为实对称矩阵，则存在正交矩阵 $\boldsymbol{Q}$，使 $\boldsymbol{Q}^{-1}\boldsymbol{A}\boldsymbol{Q}$ 为对角矩阵，且对角线元素为 $\boldsymbol{A}$ 的所有特征值.

例 4　设实对称矩阵 $\boldsymbol{A}$ 的特征值为 $\lambda_1=1,\lambda_2=3,\lambda_3=-3$，与 λ_1,λ_2 对应的特征向量依次为 $\boldsymbol{p}_1=\begin{pmatrix}1\\-1\\0\end{pmatrix}$，$\boldsymbol{p}_2=\begin{pmatrix}1\\1\\1\end{pmatrix}$，求 $\boldsymbol{A}$.

解　设 $\boldsymbol{p}_3=\begin{pmatrix}x_1\\x_2\\x_3\end{pmatrix}$，由 $\boldsymbol{p}_1\perp\boldsymbol{p}_3,\boldsymbol{p}_2\perp\boldsymbol{p}_3$ 可得 $\begin{cases}x_1-x_2=0,\\x_1+x_2+x_3=0.\end{cases}$

该齐次方程组的一个非零解为 $\boldsymbol{p}_3=\begin{pmatrix}1\\1\\-2\end{pmatrix}$.

令 $\boldsymbol{P}=(\boldsymbol{p}_1,\boldsymbol{p}_2,\boldsymbol{p}_3)=\begin{pmatrix}1&1&1\\-1&1&1\\0&1&-2\end{pmatrix}$，$\boldsymbol{\Lambda}=\begin{pmatrix}1&0&0\\0&3&0\\0&0&-3\end{pmatrix}$，则有
$$\boldsymbol{P}^{-1}\boldsymbol{A}\boldsymbol{P}=\boldsymbol{\Lambda},$$
$$\boldsymbol{A}=\boldsymbol{P}\boldsymbol{\Lambda}\boldsymbol{P}^{-1}=\begin{pmatrix}1&0&2\\0&1&2\\2&2&-1\end{pmatrix}.$$

例 5　设实对称矩阵

$$A=\begin{pmatrix}1&-2&0\\-2&2&-2\\0&-2&3\end{pmatrix},$$

求正交矩阵 Q,使 $Q^{-1}AQ$ 为对角矩阵.

解　矩阵 A 的特征方程为

$$|\lambda E-A|=\begin{vmatrix}\lambda-1&2&0\\2&\lambda-2&2\\0&2&\lambda-3\end{vmatrix}=0.$$

由此得$(\lambda+1)(\lambda-2)(\lambda-5)=0$,所以 A 的特征值为$\lambda_1=-1,\lambda_2=2,\lambda_3=5$.

当 $\lambda_1=-1$ 时,解齐次线性方程组 $(-E-A)x=0$,得其基础解系为 $x_1=(2,2,1)^{T}$.

当 $\lambda_2=2$ 时,解齐次线性方程组 $(2E-A)x=0$,得其基础解系为 $x_2=(2,-1,-2)^{T}$.

当 $\lambda_3=5$ 时,解齐次线性方程组 $(5E-A)x=0$,得其基础解系为 $x_3=(1,-2,2)^{T}$.

不难验证 x_1,x_2,x_3 是正交向量组. 把 x_1,x_2,x_3 单位化,得

$$\bar{x}_1=\frac{1}{\|x_1\|}x_1=\begin{pmatrix}\frac{2}{3}\\\frac{2}{3}\\\frac{1}{3}\end{pmatrix},\quad \bar{x}_2=\frac{1}{\|x_2\|}x_2=\begin{pmatrix}\frac{2}{3}\\-\frac{1}{3}\\-\frac{2}{3}\end{pmatrix},\quad \bar{x}_3=\frac{1}{\|x_3\|}x_3=\begin{pmatrix}\frac{1}{3}\\-\frac{2}{3}\\\frac{2}{3}\end{pmatrix}.$$

令

$$Q=(\bar{x}_1,\bar{x}_2,\bar{x}_3)=\begin{pmatrix}\frac{2}{3}&\frac{2}{3}&\frac{1}{3}\\\frac{2}{3}&-\frac{1}{3}&-\frac{2}{3}\\\frac{1}{3}&-\frac{2}{3}&\frac{2}{3}\end{pmatrix},$$

则

$$Q^{-1}AQ=Q^{T}AQ=\begin{pmatrix}-1&0&0\\0&2&0\\0&0&5\end{pmatrix}.$$

例 6　设 $A=\begin{pmatrix}2&-1\\-1&2\end{pmatrix}$,求 A^n.

解　因 A 对称,故 A 可对角化,即有可逆矩阵 P 及对角矩阵 Λ ,使 $P^{-1}AP=\Lambda$. 于是 $A=P\Lambda P^{-1}$,从而 $A^n=P\Lambda^nP^{-1}$. 由

$$|\lambda \boldsymbol{E}-\boldsymbol{A}|=\begin{vmatrix}\lambda-2 & 1\\ 1 & \lambda-2\end{vmatrix}=\lambda^2-4\lambda+3=(\lambda-1)(\lambda-3)$$

得 $\boldsymbol{A}$ 的特征值 $\lambda_1=1,\lambda_2=3$. 于是,

$$\boldsymbol{\Lambda}=\begin{pmatrix}1 & 0\\ 0 & 3\end{pmatrix},\quad \boldsymbol{\Lambda}^n=\begin{pmatrix}1 & 0\\ 0 & 3^n\end{pmatrix}.$$

对应 $\lambda_1=1$,由 $\boldsymbol{E}-\boldsymbol{A}=\begin{pmatrix}-1 & 1\\ 1 & -1\end{pmatrix}\overset{r}{\sim}\begin{pmatrix}-1 & 1\\ 0 & 0\end{pmatrix}$,得 $\boldsymbol{\xi}_1=\begin{pmatrix}1\\ 1\end{pmatrix}$;

对应 $\lambda_2=3$,由 $3\boldsymbol{E}-\boldsymbol{A}=\begin{pmatrix}1 & 1\\ 1 & 1\end{pmatrix}\overset{r}{\sim}\begin{pmatrix}1 & 1\\ 0 & 0\end{pmatrix}$,得 $\boldsymbol{\xi}_2=\begin{pmatrix}1\\ -1\end{pmatrix}$.

并有 $\boldsymbol{P}=(\boldsymbol{\xi}_1,\boldsymbol{\xi}_2)=\begin{pmatrix}1 & 1\\ 1 & -1\end{pmatrix}$,再求出 $\boldsymbol{P}^{-1}=\dfrac{1}{2}\begin{pmatrix}1 & 1\\ 1 & -1\end{pmatrix}$. 于是,

$$\boldsymbol{A}^n=\boldsymbol{P}\boldsymbol{\Lambda}^n\boldsymbol{P}^{-1}=\frac{1}{2}\begin{pmatrix}1 & 1\\ 1 & -1\end{pmatrix}\begin{pmatrix}1 & 0\\ 0 & 3^n\end{pmatrix}\begin{pmatrix}1 & 1\\ 1 & -1\end{pmatrix}=\frac{1}{2}\begin{pmatrix}1+3^n & 1-3^n\\ 1-3^n & 1+3^n\end{pmatrix}.$$

4.4 应用举例

矩阵的特征值与特征向量的应用是多方面的,不仅在数学领域里,而且在物理学、经济学等方面都有十分广泛的应用. 可以这样说,在自然科学领域(如控制论、弹性力学、图论等)和工程应用领域(如结构设计、振动系统、矩阵对策)的研究中都离不开矩阵特征值理论. 下面将介绍几个典型应用实例,让同学们更加直观地理解特征值与特征向量.

一、人员流动问题讨论

例 1 某试验性生产线每年一月份进行熟练工与非熟练工的人数统计,然后将 $\dfrac{1}{6}$ 的熟练工调往其他生产部门,其缺额通过招收新的非熟练工补齐. 非熟练工经过培训及实践至年终考核有 $\dfrac{2}{5}$ 成为熟练工. 假设第一年一月份统计的熟练工和非熟练工各占一半,求以后每年一月份统计的熟练工和非熟练工所占百分比.

解 设第 n 年一月份统计的熟练工和非熟练工所占百分比分别为 x_n 和 y_n,记成向量 $\begin{pmatrix}x_n\\ y_n\end{pmatrix}$. 因为第一年统计的熟练工和非熟练工各占一半,所以 $\begin{pmatrix}x_1\\ y_1\end{pmatrix}=\begin{pmatrix}1/2\\ 1/2\end{pmatrix}$. 为了求以后每年一月份统计的熟练工和非熟练工所占百分比,先求从第二年起每年一月份统计的熟练工和非熟练工所占百分比与上一年度统计的百分比之间的关系,即求 $\begin{pmatrix}x_{n+1}\\ y_{n+1}\end{pmatrix}$ 与 $\begin{pmatrix}x_n\\ y_n\end{pmatrix}$ 的关系式,然后

再根据这个关系求 $\begin{pmatrix} x_{n+1} \\ y_{n+1} \end{pmatrix}$.

从题目已知条件可得：

$$x_{n+1}=\left(1-\frac{1}{6}\right)x_n+\frac{2}{5}\left(\frac{1}{6}x_n+y_n\right)=\frac{9}{10}x_n+\frac{2}{5}y_n,$$

$$y_{n+1}=\left(1-\frac{2}{5}\right)\left(\frac{1}{6}x_n+y_n\right)=\frac{1}{10}x_n+\frac{3}{5}y_n.$$

即

$$\begin{pmatrix} x_{n+1} \\ y_{n+1} \end{pmatrix}=\begin{pmatrix} \frac{9}{10} & \frac{2}{5} \\ \frac{1}{10} & \frac{3}{5} \end{pmatrix}\begin{pmatrix} x_n \\ y_n \end{pmatrix}.$$

令 $\boldsymbol{A}=\begin{pmatrix} \frac{9}{10} & \frac{2}{5} \\ \frac{1}{10} & \frac{3}{5} \end{pmatrix}$，则

$$\begin{pmatrix} x_{n+1} \\ y_{n+1} \end{pmatrix}=\boldsymbol{A}\begin{pmatrix} x_n \\ y_n \end{pmatrix}=\boldsymbol{A}^2\begin{pmatrix} x_{n-1} \\ y_{n-1} \end{pmatrix}=\cdots=\boldsymbol{A}^n\begin{pmatrix} x_1 \\ y_1 \end{pmatrix}.$$

$$|\lambda\boldsymbol{E}-\boldsymbol{A}|=\begin{vmatrix} \lambda-\frac{9}{10} & -\frac{2}{5} \\ -\frac{1}{10} & \lambda-\frac{3}{5} \end{vmatrix}=(\lambda-1)\left(\lambda-\frac{1}{2}\right),$$

由此可得 $\boldsymbol{A}$ 的两个特征值 $\lambda_1=1,\lambda_2=\frac{1}{2}$.

由 $(\boldsymbol{E}-\boldsymbol{A})\boldsymbol{x}=\boldsymbol{0}$，得对应于 $\lambda_1=1$ 的一个特征向量 $\boldsymbol{\xi}_1=(4,1)^{\mathrm{T}}$.

由 $\left(\frac{1}{2}\boldsymbol{E}-\boldsymbol{A}\right)\boldsymbol{x}=\boldsymbol{0}$，得对应于 $\lambda_2=\frac{1}{2}$ 的一个特征向量 $\boldsymbol{\xi}_2=(-1,1)^{\mathrm{T}}$.

令 $\boldsymbol{P}=\begin{pmatrix} 4 & -1 \\ 1 & 1 \end{pmatrix}$，则

$$\boldsymbol{P}^{-1}\boldsymbol{A}\boldsymbol{P}=\boldsymbol{\Lambda}=\begin{pmatrix} 1 & 0 \\ 0 & 1/2 \end{pmatrix},$$

又 $\boldsymbol{A}=\boldsymbol{P}\boldsymbol{\Lambda}\boldsymbol{P}^{-1},\boldsymbol{A}^n=(\boldsymbol{P}\boldsymbol{\Lambda}\boldsymbol{P}^{-1})^n=\boldsymbol{P}\boldsymbol{\Lambda}^n\boldsymbol{P}^{-1}$，所以

$$\begin{pmatrix} x_{n+1} \\ y_{n+1} \end{pmatrix}=\boldsymbol{A}^n\begin{pmatrix} x_1 \\ y_1 \end{pmatrix}=\boldsymbol{P}\boldsymbol{\Lambda}^n\boldsymbol{P}^{-1}\begin{pmatrix} x_1 \\ y_1 \end{pmatrix}=\begin{pmatrix} 4 & -1 \\ 1 & 1 \end{pmatrix}\begin{pmatrix} 1 & 0 \\ 0 & \frac{1}{2^n} \end{pmatrix}\begin{pmatrix} \frac{1}{5} & \frac{1}{5} \\ -\frac{1}{5} & \frac{4}{5} \end{pmatrix}\begin{pmatrix} \frac{1}{2} \\ \frac{1}{2} \end{pmatrix}$$

$$=\left(\frac{4-3\times 2^{-n-1}}{5},\frac{1+3\times 2^{-n-1}}{5}\right)^{\mathrm{T}}.$$

当 $n\to\infty$ 时，$\frac{4-3\times 2^{-n-1}}{5}\to\frac{4}{5}$，$\frac{1+3\times 2^{-n-1}}{5}\to\frac{1}{5}$. 这意味着，随着 n 增加，熟练工和非熟练工所占百分比趋于稳定，分别趋向于 80% 和 20%.

二、劳动力从业情况模型讨论

例 2　社会调查表明，某地劳动力从业转移情况是：在从农人员中每年有 3/4 改为从事非

农工作，在非农从业人员中每年有 1/20 改为从农工作. 2020 年底该地从农工作和从事非农工作人员各占全部劳动力的 1/5 和 4/5，试预测到 2025 年底该地劳动力从业情况以及多年之后该地劳动力从业情况的发展趋势.

解　到 2021 年底该地从农工作和从事非农工作人员占全部劳动力的比例分别为：

$$\frac{1}{4}\times\frac{1}{5}+\frac{1}{20}\times\frac{4}{5}\quad 和 \quad \frac{3}{4}\times\frac{1}{5}+\frac{19}{20}\times\frac{4}{5}$$

如果引入 2 阶矩阵 $\boldsymbol{A}=(a_{ij})$，其中 $a_{12}=\frac{1}{20}$，表示每年非农从业人员中有 $\frac{1}{20}$ 改为从农工作，$a_{21}=\frac{3}{4}$ 表示每年从农人员中有 $\frac{3}{4}$ 改为从事非农工作，于是有

$$\boldsymbol{A}=\begin{pmatrix}\frac{1}{4} & \frac{1}{20}\\ \frac{3}{4} & \frac{19}{20}\end{pmatrix}.$$

再引入 2 维列向量，其分量依次为到某年底从农工作和从事非农工作人员各占全部劳动力的比例，如向量

$$\boldsymbol{x}=\begin{pmatrix}\frac{1}{5}\\ \frac{4}{5}\end{pmatrix}$$

表示 2020 年底该地从农工作和从事非农工作人员各占全部劳动力的 $\frac{1}{5}$ 和 $\frac{4}{5}$. 那么，2021 年底该地从农工作和从事非农工作人员各占全部劳动力的比例就可由下述运算得出

$$\boldsymbol{Ax}=\begin{pmatrix}\frac{1}{4} & \frac{1}{20}\\ \frac{3}{4} & \frac{19}{20}\end{pmatrix}\begin{pmatrix}\frac{1}{5}\\ \frac{4}{5}\end{pmatrix}=\begin{pmatrix}\frac{1}{4}\times\frac{1}{5}+\frac{1}{20}\times\frac{4}{5}\\ \frac{3}{4}\times\frac{1}{5}+\frac{19}{20}\times\frac{4}{5}\end{pmatrix}=\begin{pmatrix}\frac{9}{100}\\ \frac{91}{100}\end{pmatrix},$$

于是，到 2025 年底该地从农工作和从事非农工作人员各占全部劳动力的百分比应为 $\boldsymbol{A}^5\boldsymbol{x}$，$k$ 年后该地劳动力的从业情况可由计算 $\boldsymbol{A}^k\boldsymbol{x}$ 得到.

矩阵 $\boldsymbol{A}$ 的特征多项式

$$|\lambda\boldsymbol{E}-\boldsymbol{A}|=\begin{vmatrix}\lambda-\frac{1}{4} & -\frac{1}{20}\\ -\frac{3}{4} & \lambda-\frac{19}{20}\end{vmatrix}=\left(\lambda-\frac{1}{5}\right)(\lambda-1),$$

得 $\boldsymbol{A}$ 的特征值 $\lambda_1=1/5$，$\lambda_2=1$. 据定理 4 的推论，$\boldsymbol{A}$ 能与对角矩阵相似.

当特征值 $\lambda_1=1/5$ 时，对应的特征向量为 $\begin{pmatrix}1\\ -1\end{pmatrix}$.

当特征值 $\lambda_1=1$ 时,对应的特征向量为 $\begin{pmatrix}1\\15\end{pmatrix}$.

取矩阵 $\boldsymbol{P}=\begin{pmatrix}1 & 1\\-1 & 15\end{pmatrix}$,则 $\boldsymbol{P}$ 为可逆矩阵,且使得 $\boldsymbol{P}^{-1}\boldsymbol{A}\boldsymbol{P}=\begin{pmatrix}\frac{1}{5} & 0\\0 & 1\end{pmatrix}$.

因为 $\boldsymbol{P}^{-1}=\frac{1}{16}\begin{pmatrix}15 & -1\\1 & 1\end{pmatrix}$,所以

$$\begin{aligned}\boldsymbol{A}^5\boldsymbol{x}&=\boldsymbol{P}\begin{pmatrix}1/5 & 0\\0 & 1\end{pmatrix}^5\boldsymbol{P}^{-1}\boldsymbol{x}=\boldsymbol{P}\begin{pmatrix}(1/5)^5 & 0\\0 & 1\end{pmatrix}\boldsymbol{P}^{-1}\boldsymbol{x}\\&=\begin{pmatrix}1 & 1\\-1 & 15\end{pmatrix}\begin{pmatrix}(1/5)^5 & 0\\0 & 1\end{pmatrix}\left(\frac{1}{16}\begin{pmatrix}15 & -1\\1 & 1\end{pmatrix}\right)\begin{pmatrix}1/5\\4/5\end{pmatrix}\\&=\frac{1}{16}\begin{pmatrix}1+\frac{11}{5^6}\\15-\frac{11}{5^6}\end{pmatrix}.\end{aligned}$$

类似地,第 k 年底该地劳动力的从业情况为

$$\begin{aligned}\boldsymbol{A}^k\boldsymbol{x}&=\frac{1}{16}\begin{pmatrix}1 & 1\\-1 & 15\end{pmatrix}\begin{pmatrix}(1/5)^k & 0\\0 & 1\end{pmatrix}\begin{pmatrix}15 & -1\\1 & 1\end{pmatrix}\begin{pmatrix}1/5\\4/5\end{pmatrix}\\&=\frac{1}{16}\begin{pmatrix}1+\frac{15}{5^k} & 1-\frac{1}{5^k}\\15\left(1-\frac{1}{5^k}\right) & 15+\frac{15}{5^k}\end{pmatrix}\begin{pmatrix}\frac{1}{5}\\\frac{4}{5}\end{pmatrix}=\frac{1}{16}\begin{pmatrix}1+\frac{11}{5^{k+1}}\\15-\frac{11}{5^{k+1}}\end{pmatrix}.\end{aligned}$$

按此规律发展,多年之后该地从农工作和从事非农工作人员占全部劳动力的比例趋于

$$\frac{1}{16}\begin{pmatrix}1\\15\end{pmatrix}\approx\begin{pmatrix}6/100\\94/100\end{pmatrix},$$

即多年之后该地从农工作和从事非农工作人员各占全部劳动力的 6/100 和 94/100.

三、金融公司支付基金的流动模型讨论

例 3　金融机构为保证充分支付现金,设立一笔总额 5400 万元的基金,分开放置在位于 A 城和 B 城的两家公司,基金在平时可以使用,但每周末结算时必须确保总额仍然为 5400 万元. 经过相当长的一段时期的现金流动,金融机构发现每过一周,各公司的支付基金在流通过程中多数还留在自己的公司内,而 A 城公司有 10%支付基金流动到 B 城公司,B 城公司则有 12%支付基金流动到 A 城公司. 起初 A 城公司基金为 2600 万元,B 城公司基金为 2800 万元. 按此规律,两公司支付基金数额变化趋势如何? 如果金融专家认为每个公司的支付基金不能少于 2200 万元,那么是否需要在必要时调动基金?

解　设第 $k+1$ 周末结算时,A 城公司、B 城公司的支付基金数分别为 a_{k+1},b_{k+1}(单位:万

元),则有 $a_0=2600, b_0=2800$,且

$$\begin{cases} a_{k+1}=0.9a_k+0.12b_k, \\ b_{k+1}=0.1a_k+0.88b_k. \end{cases}$$

因此本题实质上是求解如下两个数学问题:

(1) 把 a_{k+1}, b_{k+1} 表示成 k 的函数,并确定 $\lim\limits_{k\to\infty}a_k$ 和 $\lim\limits_{k\to\infty}b_k$;

(2) 看 $\lim\limits_{k\to\infty}a_k, \lim\limits_{k\to\infty}b_k$ 是否小于 2200.

从题目已知条件和上述分析可得:

$$\begin{pmatrix} a_{k+1} \\ b_{k+1} \end{pmatrix} = \begin{pmatrix} 0.9 & 0.12 \\ 0.1 & 0.88 \end{pmatrix} \begin{pmatrix} a_k \\ b_k \end{pmatrix} = \begin{pmatrix} 0.9 & 0.12 \\ 0.1 & 0.88 \end{pmatrix}^2 \begin{pmatrix} a_{k-1} \\ b_{k-1} \end{pmatrix} = \cdots = \begin{pmatrix} 0.9 & 0.12 \\ 0.1 & 0.88 \end{pmatrix}^{k+1} \begin{pmatrix} a_0 \\ b_0 \end{pmatrix}.$$

令 $\boldsymbol{A}=\begin{pmatrix} 0.9 & 0.12 \\ 0.1 & 0.88 \end{pmatrix}$,则

$$\begin{pmatrix} a_{k+1} \\ b_{k+1} \end{pmatrix} = \boldsymbol{A}^{k+1} \begin{pmatrix} a_0 \\ b_0 \end{pmatrix} = \boldsymbol{A}^{k+1} \begin{pmatrix} 2600 \\ 2800 \end{pmatrix}.$$

设 $\boldsymbol{P}$ 为 $\boldsymbol{A}$ 的特征值对应的特征向量构成的矩阵,则 $\boldsymbol{P}^{-1}\boldsymbol{AP}=\boldsymbol{\Lambda}=\begin{pmatrix} 1 & 0 \\ 0 & 0.78 \end{pmatrix}$,于是有

$$\boldsymbol{A}=\boldsymbol{P\Lambda P}^{-1},$$

$$\boldsymbol{A}^{k+1}=(\boldsymbol{P\Lambda P}^{-1})^{k+1}=\boldsymbol{P\Lambda}^{k+1}\boldsymbol{P}^{-1}=\boldsymbol{P}\begin{pmatrix} 1 & 0 \\ 0 & 0.78^{k+1} \end{pmatrix}\boldsymbol{P}^{-1},$$

$$\begin{pmatrix} a_{k+1} \\ b_{k+1} \end{pmatrix} = \boldsymbol{A}^{k+1} \begin{pmatrix} 2600 \\ 2800 \end{pmatrix} = \boldsymbol{P}\begin{pmatrix} 1 & 0 \\ 0 & 0.78^{k+1} \end{pmatrix}\boldsymbol{P}^{-1}\begin{pmatrix} 2600 \\ 2800 \end{pmatrix}.$$

这就是说,$\begin{pmatrix} a_{k+1} \\ b_{k+1} \end{pmatrix} = \begin{pmatrix} \dfrac{32400}{11}-\dfrac{3800}{11}\cdot\left(\dfrac{39}{50}\right)^{k+1} \\ \dfrac{27000}{11}+\dfrac{3800}{11}\cdot\left(\dfrac{39}{50}\right)^{k+1} \end{pmatrix}$,其中 $\dfrac{39}{50}<1$.

可见 $\{a_k\}$ 单调递增,$\{b_k\}$ 单调递减,而且 $\lim\limits_{k\to\infty}a_k=\dfrac{32400}{11}$,$\lim\limits_{k\to\infty}b_k=\dfrac{27000}{11}$. 而 $\dfrac{32400}{11}\approx 2945.5$,$\dfrac{27000}{11}\approx 2454.5$. 两者都大于 2200 ,所以不需要调动基金.

实验六　基于 Python 语言的矩阵特征值与特征向量求解

实验目的

1. 掌握 Python 语言求解矩阵特征值与特征向量的方法.
2. 掌握 Python 语言分析矩阵可否对角化的方法.

实 验 内 容

一、求解矩阵特征值与特征向量

可以使用 NumPy 包中 linalg 模块中的 eigvals 函数和 eig 函数来求解矩阵的特征值，这两个函数的差别在于返回的值不一样：eigvals 函数返回的是矩阵的特征值；eig 函数返回的是矩阵的特征值和特征值对应的特征向量，且特征向量是向量单位化之后的值. 下面举例示范.

【示例 6.1】 求矩阵 $\boldsymbol{A}=\begin{pmatrix}-2&1&1\\0&2&0\\-4&1&3\end{pmatrix}$ 的特征值与特征向量.

解　在单元格中按如下操作：

In
```
#第一种方法:使用 Numpy 包中 linalg 模块中的 eigvals()函数求解
import numpy as np
A=np.matrix([[-2,1,1],[0,2,0],[-4,1,3]]) #创建矩阵 A
print('矩阵 A 的特征值为:',np.linalg.eigvals(A))
```

运行上述程序，命令窗口显示所得结果如下：

```
矩阵 A 的特征值为:array[-1.,2.,2.]
```

即 $\boldsymbol{A}$ 的特征值分别为 $-1,2,2$.

从上述结果可以判断该向量组线性无关.

或者，在单元格中按如下操作：

In
```
#第二种方法使用 Numpy 包中 linalg 模块中的 eig()函数求解
import numpy as np
A=np.matrix([[-2,1,1],[0,2,0],[-4,1,3]]) #创建矩阵 A
A1,A2=np.linalg.eig(A)
print('矩阵 A 的特征值为:',A1)
print('矩阵 A 的特征向量为:\n',A2)
```

运行上述程序，命令窗口显示所得结果如下：

```
矩阵 A 的特征值为: array[-1.,2.,2.]
矩阵 A 的特征向量为:
matrix  [[-0.70710678,-0.24253563,0.30151134],
         [ 0.         , 0.         ,0.90453403],
         [-0.70710678,-0.9701425 , 0.30151134]]
```

二、矩阵的对角化

【示例 6.2】 把矩阵 $\boldsymbol{A}$ 相似对角化，

$$\boldsymbol{A}=\begin{pmatrix} 0 & -2 & 2 \\ -2 & -3 & 4 \\ 2 & 4 & -3 \end{pmatrix},$$

即求可逆矩阵 $\boldsymbol{P}$,使得 $\boldsymbol{P}^{-1}\boldsymbol{AP}=\boldsymbol{D}$ 为对角矩阵.

解 在单元格中按如下操作：

In

```
from sympy import Matrix,diag
A=Matrix([[0,-2,2],[-2,-3,4],[2,4,-3]])
if A.is_diagonalizable():print('A的对角化矩阵为:\n',A.diagonalize())
else:print('A不能对角化')
```

运行上述程序,命令窗口显示所得结果如下：

```
A的对角化矩阵为:
(Matrix([
[-1, -2,2],
[-2, 1,0],
[ 2, 0,1]]),Matrix([
[-8,0,0],
[ 0,1,0],
[ 0,0,1]]))
```

【示例 6.3】 化方阵 $\boldsymbol{A}=\begin{pmatrix} 2 & 2 & -2 \\ 2 & 5 & -4 \\ -2 & -4 & 5 \end{pmatrix}$ 为对角矩阵.

解 在单元格中按如下操作：

In

```
#NumPy+SciPy方法
import numpy as np
from scipy import linalg
A=np.array([[2,2,-2],[2,5,-4],[-2,-4,5]])
D,P=linalg.eig(A) #P的列为标准特征向量
print('特征值为:\n',D)
print('相似变换矩阵为:\n',P)
print('相似对角化为:P^(-1)*A*P=\n',linalg.inv(P)@ A@ P)
```

运行上述程序，命令窗口显示所得结果如下：

```
特征值为：
array[ 1.+0.j, 10.+0.j, 1.+0.j]
相似变换矩阵为：
array [[-0.94280904,  0.33333333,  0.31202926],
       [ 0.23570226,  0.66666667,  0.58925105],
       [-0.23570226, -0.66666667,  0.74526568]]
相似对角化为：P^(-1)*A*P=
array [[ 1., 0., 0.]
       [ 0., 10., -0.]
       [ 0., 0., 1.]]
```

通常情况下，使用 linalg. eig()得到的特征向量形成的矩阵不是正交矩阵，从而对角化为相似对角化，即存在可逆矩阵 $\boldsymbol{P}$，使得 $\boldsymbol{P}^{-1}\boldsymbol{A}\boldsymbol{P}=\boldsymbol{\Lambda}$，其中 $\boldsymbol{\Lambda}$ 为对角矩阵，对角线上的元素为矩阵 $\boldsymbol{A}$ 的特征值. 我们可以对特征向量进行正交化，得到一个正交矩阵.

在单元格中按如下操作：

In

```
print('验证:P.T*P=\n',P.T@ P)
Q=linalg.orth(P)  #使矩阵 P 的列正交化
print('正交相似变换矩阵为:\n',Q)
np.set_printoptions (suppress=True)
print('验证:Q^(-1)*A*Q=\n',linalg.inv(Q)@ A@ Q)
```

运行上述程序，命令窗口显示所得结果如下：

```
验证:P.T*P=
array [[ 1.        , -0.        , -0.33095701],
       [ -0.       ,  1.        , -0.        ],
       [ -0.33095701, -0.       ,  1.        ]]
正交相似变换矩阵为：
array [[-0.76911407, -0.33333333,  0.54530032],
       [ -0.21669672, -0.66666667, -0.71316063],
       [ -0.60125376,  0.66666667, -0.44051047]]
验证:Q^(-1)*A*Q=
array [[ 1., -0., 0.],
      [-0., 10., -0.],
      [ 0., -0., 1.]]
```

利用 SymPy 包也可预先测试矩阵可否对角化. 在单元格中按如下操作:

In

```
import sympy as sy
A=sy. Matrix ([[2,2,-2],[2,5,-4],[-2,-4,5]])
A.is_diagonalizable()
```

运行上述程序,命令窗口显示所得结果如下:

```
True
```

利用 SymPy 包中的函数 diagonalize()也可使矩阵对角化. 在单元格中按如下操作:

In

```
import sympy as sy
A=sy.Matrix([[2,2,-2],[2,5,-4],[-2,-4,5]])
P,D=A.diagonalize() #方阵对角化
print('可逆矩阵 P 为:\n',P)
print('对角矩阵为:\n',D)
print('验证 P^(-1)*A*P=\n',P**(-1)*A*P)
```

运行上述程序,命令窗口显示所得结果如下:

```
可逆矩阵 P 为:
Matrix([
[-2,2,-1],
[1,0,-2],
[0,1,2]])
对角矩阵为:
Matrix([
[1,0,0],
[0,1,0],
[0,0,10]])
验证 P(-1)*A*P=
Matrix([
[1,0,0],
[0,1,0],
[0,0,10]])
```

实 验 训 练

1. 求矩阵 $\boldsymbol{A}=\begin{pmatrix}11 & 13 & 6\\ 2 & 4 & 7\\ 5 & 3 & 9\end{pmatrix}$ 的特征值与特征向量.

2. 求矩阵 $\boldsymbol{A}=\begin{pmatrix}18 & 25\\27 & 11\end{pmatrix}$ 的特征值与特征向量.

3. 化方阵 $\boldsymbol{A}=\begin{pmatrix}1 & 3 & 4\\2 & 1 & 1\\3 & -1 & 3\end{pmatrix}$ 为对角矩阵.

小　　结

本章内容主要包括：① 特征值和特征向量的概念及计算；② 矩阵的相似对角化；③ 实对称矩阵的正交相似对角化等. 本章给出矩阵的特征值与特征向量的有效计算方法和矩阵对角化的条件，介绍实对称矩阵对角化的方法. 本章是理论与应用相结合的重要一章，内容丰富，综合性强，难度较大.

本章介绍了矩阵（包括实对称矩阵）的特征值和特征向量的概念、性质与计算，矩阵（包括实对称矩阵）的对角化，矩阵的特征值和特征向量理论的应用. 特征值和特征向量之所以会得到人们高度重视，是因为其综合了线性代数中的大部分内容，既有行列式、矩阵理论，又有线性方程组和向量组的线性相关性理论，可谓牵一发而动全身.

特征值和特征向量的定义及计算方法，就是记牢一系列公式如 $\boldsymbol{Ax}=\lambda\boldsymbol{x}\,(\boldsymbol{x}\neq\boldsymbol{0})$、$(\lambda\boldsymbol{E}-\boldsymbol{A})\boldsymbol{x}=\boldsymbol{0}$ 和 $|\lambda\boldsymbol{E}-\boldsymbol{A}|=0$. 设 $\boldsymbol{A}=(a_{ij})_{n\times n}$ 为 n 阶矩阵，按下列步骤求 $\boldsymbol{A}$ 的特征值与特征向量.

(1) 计算 $\boldsymbol{A}$ 的特征多项式 $|\lambda\boldsymbol{E}-\boldsymbol{A}|$；

(2) 求出特征方程 $|\lambda\boldsymbol{E}-\boldsymbol{A}|=0$ 的全部根，即得到 A 的所有特征值；

(3) 对于每个特征值 λ，求解齐次线性方程组 $(\lambda\boldsymbol{E}-\boldsymbol{A})\boldsymbol{x}=\boldsymbol{0}$，即

$$\begin{cases}(\lambda-a_{11})x_1-a_{12}x_2-\cdots-a_{1n}x_n=0\\-a_{21}x_1+(\lambda-a_{22})x_2-\cdots-a_{2n}x_n=0\\\qquad\qquad\vdots\\-a_{n1}x_1-a_{n2}x_2-\cdots+(\lambda-a_{nn})x_n=0\end{cases}$$

若求得其基础解系为 $\boldsymbol{\alpha}_1,\boldsymbol{\alpha}_2,\cdots,\boldsymbol{\alpha}_n$，则 $k_1\boldsymbol{\alpha}_1+k_2\boldsymbol{\alpha}_2+\cdots+k_n\boldsymbol{\alpha}_n$（$k_1,k_2,\cdots k_n$ 不全为零）为 $\boldsymbol{A}$ 的属于特征值 λ 的所有特征向量.

设 n 阶矩阵 $\boldsymbol{A}$ 和 $\boldsymbol{B}$，如果存在可逆矩阵 $\boldsymbol{P}$，使得 $\boldsymbol{B}=\boldsymbol{P}^{-1}\boldsymbol{AP}$，则称 $\boldsymbol{A}$ 和 $\boldsymbol{B}$ 相似，记作 $\boldsymbol{A}\sim\boldsymbol{B}$.

矩阵 $\boldsymbol{A}$ 与矩阵 $\boldsymbol{B}$ 等价（$\boldsymbol{A}\cong\boldsymbol{B}$）的定义式是 $\boldsymbol{PAQ}=\boldsymbol{B}$，其中 $\boldsymbol{P}$、$\boldsymbol{Q}$ 为可逆矩阵，此时矩阵 $\boldsymbol{A}$ 可通过初等变换化为矩阵 $\boldsymbol{B}$，并有 $r(\boldsymbol{A})=r(\boldsymbol{B})$；当 $\boldsymbol{PAQ}=\boldsymbol{B}$ 中的 $\boldsymbol{P}$、$\boldsymbol{Q}$ 互逆时就变成了矩阵相似（$\boldsymbol{A}\sim\boldsymbol{B}$）的定义式，即 $\boldsymbol{B}=\boldsymbol{P}^{-1}\boldsymbol{AP}$，此时满足 $r(\boldsymbol{A})=r(\boldsymbol{B})$，$|\boldsymbol{A}|=|\boldsymbol{B}|$，$|\lambda\boldsymbol{E}-\boldsymbol{A}|=|\lambda\boldsymbol{E}-\boldsymbol{B}|$，并且 $\boldsymbol{A}$、$\boldsymbol{B}$ 有相同的特征值.

矩阵可相似对角化的条件包括两个充要条件和两个充分条件. 必要条件是：① n 阶矩阵 $\boldsymbol{A}$

有 n 个线性无关的特征向量；② $\boldsymbol{A}$ 的任意 k 重特征根对应有 k 个线性无关的特征向量. 充分条件是：① $\boldsymbol{A}$ 有 n 个互不相同的特征值；② $\boldsymbol{A}$ 为实对称矩阵. n 阶实对称矩阵 $\boldsymbol{A}$ 必可正交、相似于对角矩阵 $\boldsymbol{\Lambda}$，即有正交矩阵 $\boldsymbol{P}$ 使得 $\boldsymbol{P}^{-1}\boldsymbol{AP}=\boldsymbol{P}^{\mathrm{T}}\boldsymbol{AP}=\boldsymbol{\Lambda}$，而且正交矩阵 $\boldsymbol{P}$ 由 $\boldsymbol{A}$ 对应的几个正交的特征向量组成.

其实本章的内容中也可以找到类似于向量与线性方程组之间的那种前后印证、相互推导的关系：以求方阵的幂 $\boldsymbol{A}^k$ 作为思路的起点，直接来求 $\boldsymbol{A}^k$ 比较困难，但如果有矩阵 $\boldsymbol{P}$ 使得 $\boldsymbol{A}$ 满足 $\boldsymbol{P}^{-1}\boldsymbol{AP}=\boldsymbol{\Lambda}$（对角矩阵）的话就简单多了，因为此时

$$\boldsymbol{A}^k=\boldsymbol{P\Lambda P}^{-1}\cdot\boldsymbol{P\Lambda P}^{-1}\cdots\boldsymbol{P\Lambda P}^{-1}=\boldsymbol{P\Lambda}^k\boldsymbol{P}^{-1},$$

而对角矩阵 $\boldsymbol{\Lambda}=\begin{pmatrix}a & & & \\ & b & & \\ & & \ddots & \\ & & & c\end{pmatrix}$ 的幂 $\boldsymbol{\Lambda}^k$ 就等于 $\begin{pmatrix}a^k & & & \\ & b^k & & \\ & & \ddots & \\ & & & c^k\end{pmatrix}$，代入上式即得 $\boldsymbol{A}^k$. 而矩阵相似对角化的定义式正是 $\boldsymbol{P}^{-1}\boldsymbol{AP}=\boldsymbol{\Lambda}$.

可以认为讨论矩阵的相似对角化是为了方便求矩阵的幂，引入特征值和特征向量的概念是为了方便讨论矩阵的相似对角化，因为不但判断矩阵的相似对角化时要用到特征值和特征向量，而且 $\boldsymbol{P}^{-1}\boldsymbol{AP}=\boldsymbol{\Lambda}$ 中的 $\boldsymbol{P}$、$\boldsymbol{\Lambda}$ 也分别是由 $\boldsymbol{A}$ 的特征向量和特征值决定的.

重要术语及主题

矩阵特征值　矩阵特征向量　特征多项式　特征方程　相似矩阵　矩阵可对角化　实对称矩阵　向量内积　向量长度　正交向量组　施密特正交化　正交矩阵

习　题　四

习题四解答

(A)

1. 求下列矩阵的特征值及特征向量：

(1) $\begin{pmatrix}2 & -3\\ -3 & 1\end{pmatrix}$；　(2) $\begin{pmatrix}5 & 6 & -3\\ -1 & 0 & 1\\ 1 & 2 & 1\end{pmatrix}$；　(3) $\begin{pmatrix}6 & 2 & 4\\ 2 & 3 & 2\\ 4 & 2 & 6\end{pmatrix}$；

(4) $\begin{pmatrix}2 & -2 & 0\\ -2 & 1 & -2\\ 0 & -2 & 0\end{pmatrix}$；　(5) $\begin{pmatrix}2 & 3 & -1 & -4\\ 0 & -1 & -2 & 1\\ 0 & 1 & 2 & -2\\ 0 & 1 & 1 & 2\end{pmatrix}$.

2. 判断下列命题是否正确：

(1) 满足 $\boldsymbol{Ax}=\lambda\boldsymbol{x}$ 的 $\boldsymbol{x}$ 一定是 $\boldsymbol{A}$ 的特征向量；

(2) 如果 $\boldsymbol{x}_1,\boldsymbol{x}_2,\cdots,\boldsymbol{x}_r$ 是矩阵 $\boldsymbol{A}$ 对应于特征值 λ 的特征向量，则 $k_1\boldsymbol{x}_1+k_2\boldsymbol{x}_2+\cdots+k_r\boldsymbol{x}_r$($k_i$ 为常数，$i=1,2,\cdots,r$)也是 $\boldsymbol{A}$ 对应于 λ 的特征向量；

(3) 实矩阵的特征值一定是实数.

3. 若 $\boldsymbol{A}^2=\boldsymbol{E}$，则 $\boldsymbol{A}$ 的特征值只可能是 ± 1.

4. 设矩阵 $\boldsymbol{A}=\begin{pmatrix}-2&0&0\\2&x&2\\2&1&1\end{pmatrix}$ 与 $\boldsymbol{B}=\begin{pmatrix}-1&0&0\\0&2&0\\0&0&y\end{pmatrix}$ 相似，

(1) 求 x 与 y；

(2) 求可逆矩阵 $\boldsymbol{P}$，使 $\boldsymbol{P}^{-1}\boldsymbol{A}\boldsymbol{P}=\boldsymbol{B}$.

5. 设 $\boldsymbol{A}\sim\boldsymbol{B}$，$\boldsymbol{C}\sim\boldsymbol{D}$，证明

$$\begin{pmatrix}\boldsymbol{A}&\boldsymbol{O}\\\boldsymbol{O}&\boldsymbol{C}\end{pmatrix}\sim\begin{pmatrix}\boldsymbol{B}&\boldsymbol{O}\\\boldsymbol{O}&\boldsymbol{D}\end{pmatrix}.$$

6. 设 $\boldsymbol{A}=\begin{pmatrix}1&1&-1\\0&0&1\\0&-2&3\end{pmatrix}$，求 $\boldsymbol{A}^{100}$.

7. 计算向量 $\boldsymbol{\alpha}$ 与 $\boldsymbol{\beta}$ 的内积：

(1) $\boldsymbol{\alpha}=(-1,0,3,-5)$，$\boldsymbol{\beta}=(4,-2,0,1)$；

(2) $\boldsymbol{\alpha}=\left(\frac{\sqrt{3}}{2},-\frac{1}{3},\frac{\sqrt{3}}{4},-1\right)$，$\boldsymbol{\beta}=\left(-\frac{\sqrt{3}}{2},-2,\sqrt{3},\frac{2}{3}\right)$.

8. 把下列向量单位化：

(1) $\boldsymbol{\alpha}=(3,0,-1,4)^{\mathrm{T}}$；　　(2) $\boldsymbol{\alpha}=(5,1,-2,0)^{\mathrm{T}}$.

9. 将下列线性无关的向量组正交化：

(1) $\boldsymbol{\alpha}_1=(0,1,1)^{\mathrm{T}}$，$\boldsymbol{\alpha}_2=(1,1,0)^{\mathrm{T}}$，$\boldsymbol{\alpha}_3=(1,0,1)^{\mathrm{T}}$；

(2) $\boldsymbol{\alpha}_1=(1,0,-1,1)^{\mathrm{T}}$，$\boldsymbol{\alpha}_2=(1,-1,0,1)^{\mathrm{T}}$，$\boldsymbol{\alpha}_3=(-1,1,1,0)^{\mathrm{T}}$.

10. 判断下面的矩阵是否为正交矩阵：

(1) $\boldsymbol{Q}=\begin{pmatrix}1&-\frac{1}{2}&\frac{1}{3}\\-\frac{1}{2}&1&\frac{1}{2}\\\frac{1}{3}&\frac{1}{2}&-1\end{pmatrix}$；　　(2) $\boldsymbol{Q}=\frac{\sqrt{2}}{2}\begin{pmatrix}1&0&1&0\\1&0&-1&0\\0&1&0&1\\0&-1&0&1\end{pmatrix}$.

11. 设 $\boldsymbol{x}$ 为 n 维列向量，$\boldsymbol{x}^{\mathrm{T}}\boldsymbol{x}=1$，令 $\boldsymbol{H}=\boldsymbol{E}-2\boldsymbol{x}\boldsymbol{x}^{\mathrm{T}}$，求证 $\boldsymbol{H}$ 是对称的正交矩阵.

12. 设 $\boldsymbol{A}$ 与 $\boldsymbol{B}$ 都是 n 阶正交矩阵，证明 $\boldsymbol{AB}$ 也是正交矩阵.

13. 求正交矩阵 $\boldsymbol{Q}$，使 $\boldsymbol{Q}^{-1}\boldsymbol{A}\boldsymbol{Q}$ 为对角矩阵：

(1) $A=\begin{pmatrix}0&-2&2\\-2&-3&4\\2&4&-3\end{pmatrix}$;　　(2) $A=\begin{pmatrix}3&-2&0\\-2&2&-2\\0&-2&1\end{pmatrix}$.

(B)

1. λ_1,λ_2 都是 n 阶矩阵 $\boldsymbol{A}$ 的特征值,$\lambda_1\neq\lambda_2$,且 $\boldsymbol{x}_1$ 与 $\boldsymbol{x}_2$ 分别是对应于 λ_1 与 λ_2 的特征向量,当(　　)时,$\boldsymbol{x}=k_1\boldsymbol{x}_1+k_2\boldsymbol{x}_2$ 必是 $\boldsymbol{A}$ 的特征向量.

A. $k_1=0$ 且 $k_2=0$　　B. $k_1\neq0$ 且 $k_2\neq0$

C. $k_1\cdot k_2=0$　　D. $k_1\neq0$ 而 $k_2=0$

2. $\boldsymbol{A}$ 与 $\boldsymbol{B}$ 是两个相似的 n 阶矩阵,则(　　).

A. 存在非奇异矩阵 $\boldsymbol{P}$,使 $\boldsymbol{P}^{-1}\boldsymbol{AP}=\boldsymbol{B}$　　B. 存在对角矩阵 $\boldsymbol{D}$,使 $\boldsymbol{A}$ 与 $\boldsymbol{B}$ 都相似于 $\boldsymbol{D}$

C. $|\boldsymbol{A}|\neq|\boldsymbol{B}|$　　D. $\lambda I-\boldsymbol{A}=\lambda I-\boldsymbol{B}$

3. 如果(　　),则矩阵 $\boldsymbol{A}$ 与矩阵 $\boldsymbol{B}$ 相似.

A. $|\boldsymbol{A}|=|\boldsymbol{B}|$

B. $r(\boldsymbol{A})=r(\boldsymbol{B})$

C. $\boldsymbol{A}$ 与 $\boldsymbol{B}$ 有相同的特征多项式

D. n 阶矩阵 $\boldsymbol{A}$ 与 $\boldsymbol{B}$ 有相同的特征值且 n 个特征值各不相同

4. 矩阵 $\boldsymbol{A}=\begin{pmatrix}1&0&0\\0&1&0\\0&0&2\end{pmatrix}$ 与矩阵(　　)相似.

A. $\begin{pmatrix}1&0&0\\0&2&0\\0&0&1\end{pmatrix}$　　B. $\begin{pmatrix}1&1&0\\0&1&0\\0&0&2\end{pmatrix}$　　C. $\begin{pmatrix}1&0&0\\0&1&0\\1&0&2\end{pmatrix}$　　D. $\begin{pmatrix}1&0&1\\0&2&0\\0&0&1\end{pmatrix}$

5. 下述结论中,不正确的有(　　).

A. 若向量 $\boldsymbol{\alpha}$ 与 $\boldsymbol{\beta}$ 正交,则对任意实数 $a,b,a\boldsymbol{\alpha}$ 与 $b\boldsymbol{\beta}$ 也正交

B. 若向量 $\boldsymbol{\beta}$ 与向量 $\boldsymbol{\alpha}_1,\boldsymbol{\alpha}_2$ 都正交,则 $\boldsymbol{\beta}$ 与 $\boldsymbol{\alpha}_1,\boldsymbol{\alpha}_2$ 的任一线性组合也正交

C. 若向量 $\boldsymbol{\alpha}$ 与 $\boldsymbol{\beta}$ 正交,则 $\boldsymbol{\alpha},\boldsymbol{\beta}$ 中至少有一个是零向量

D. 若向量 $\boldsymbol{\alpha}$ 与任意同维向量正交,则 $\boldsymbol{\alpha}$ 是零向量

6. $\boldsymbol{A}$ 为三阶矩阵,$\lambda_1,\lambda_2,\lambda_3$ 为其特征值,当(　　)时,$\lim\limits_{n\to\infty}\boldsymbol{A}^n=0$.

A. $|\lambda_1|=1,|\lambda_2|<1,|\lambda_3|<1$　　B. $|\lambda_1|<1,|\lambda_2|=|\lambda_3|=1$

C. $|\lambda_1|<1,|\lambda_2|<1,|\lambda_3|<1$　　D. $|\lambda_1|=|\lambda_2|=|\lambda_3|=1$

【拓展阅读】

名人简介

一、卡米尔·约当(Camille Jordan)

约当,又译若尔当,法国数学家,1838 年 1 月 5 日生于法国里昂,1922 年 1 月 22 日卒于巴黎. 1855 年入巴黎综合工科学校,任工程师直至 1885 年. 从 1873 年起,同时在巴黎综合工科学校和法兰西学院执教,1881 年被选为法兰西科学院院士.

约当的著作涉及数学的很多分支. 他的主要工作是在分析和群论方面. 他的《分析教程》(1887)是 19 世纪后期分析的标准读本. 他研究了有限可解群. 他在置换群方面的工作收集在《置换论》(1870)一书中,这是此后 30 年间群论的权威著作.

约当出身于名门望族. 他的父亲毕业于巴黎综合工科学校,是一位工程师,他的母亲是画家夏凡纳(Chavannes)的妹妹. 作为一名卓越的学生,约当具有从柯西(Cauchy)到庞加莱(Poincarè)等法国数学家的共同经历:17 岁以优异成绩考入巴黎综合工科学校。1861 年,他的博士论文发表于《综合工科学校杂志》(*Journal de l'École－Polytechnique*,JEP). 直到 1885 年,他在名义上一直是一名工程师. 该职业为他提供了充足的时间用于数学研究,他发表的 120 篇论文中的大部分都是在他作为一名工程师而退休之前写出的. 从 1873 年到 1912 年退休,他同时在巴黎综合工科学校和法兰西学院任教. 1881 年被选为法兰西科学院院士,1895 年又被选聘为彼得堡科学院院士,1885 年至 1921 年一直担任法国《纯粹与应用数学杂志》(*Journal de Mathématiques Pures et Appli quées*)的主编及发行人.

一般认为,约当在法国数学界中的地位介于埃尔米特(Hermite)与庞加莱之间. 他与他们一样,是一位多才多艺的数学家. 他发表的论文几乎涉及他那个时代数学的所有分支. 他早期发表的一篇论文,用组合观点研究多面体的对称性,属于“组合拓扑学”范畴,这在当时还是非常独特的. 他作为代数学家,年仅 30 岁时就得以成名. 在其后的几十年中,他被公认为群论的领头人.

二、尼尔斯·亨利克·阿贝尔(Niels Henrik Abel)

阿贝尔于 1802 年 8 月 5 日出生在挪威一个名叫芬德的小村庄. 1817 年是阿贝尔一生的转折点. 当时一位比阿贝尔大七岁的年轻的教师霍尔姆伯将阿贝尔的研究手稿寄给丹麦当时最著名的数学家达根. 达根教授看不出阿贝尔的论证有什么错误的地方,但他知道这个许多大数学家都解决不出的问题不会这么简单地被解决,于是给了阿贝尔一些可贵的忠告,希望他再仔细演算自己的推导过程,就在这时,阿贝尔也发现了自己推理中的缺陷. 他于 1824 年发表了《一元五次方程没有代数一般解》的论文, 渴望为他的研究带来肯定. 阿贝尔满怀信心地把论文寄给外国的数学家，包括德国被称为数学王子的高斯，可惜高斯错过了这篇论文，也不知道这个著名的代数难题已被攻破.

阿贝尔的那篇论文《关于非常广泛的一类超越函数的一般性质的论文》是数学史上重要的工作，他长久地等待着消息，可是一点音讯也没有，最后只好失望地回到柏林. 阿贝尔从 1827 年 3 月到 5 月，靠霍尔姆伯的大约六十元借款生活和从事研究. 1827 年 5 月底，阿贝尔回到了克里斯蒂安尼亚. 那时他不仅身无分文，还欠了朋友一些钱. 这时，阿贝尔的身体越来越衰弱. 1829 年 4 月 6 日，阿贝尔去世，身边只有未婚妻克莱利 · 肯姆普.

阿贝尔在数学方面的成就是多方面的. 除了五次方程之外，他还研究了更广的一类代数方程. 后人发现这是具有交换群特征的伽罗瓦群方程. 为了纪念他，后人称交换群为阿贝尔群. 阿贝尔还研究过无穷级数，得到了一些判别准则以及关于幂级数求和的定理. 这些工作使他成为分析学严格化的推动者.

阿贝尔和雅可比是公认的椭圆函数论的奠基者. 阿贝尔发现了椭圆函数的加法定理、双周期性，并引进了椭圆积分的反演，为椭圆函数论的研究开拓了道路，并深刻地影响着其他数学分支. 埃尔米特曾说：阿贝尔留下的思想可供数学家们工作 150 年.

第5章 二 次 型

二次型的系统研究是从18世纪开始的，它起源于对二次曲线和二次曲面的分类问题的讨论. 本章主要讨论二次型化为只含有平方项的二次型的方法与一种重要的二次型——正定二次型以及与之相应的正定矩阵.

5.1 二次型及其矩阵表示

一、二次型的定义

定义 5.1 只含有二次项的 n 元多项式

$$\begin{aligned} f(x_1,x_2,\cdots,x_n)=&a_{11}x_1^2+2a_{12}x_1x_2+2a_{13}x_1x_3+\cdots+2a_{1n}x_1x_n\\ &+a_{22}x_2^2+2a_{23}x_2x_3+\cdots+2a_{2n}x_2x_n\\ &\vdots\\ &+a_{nn}x_n^2, \end{aligned} \tag{5.1}$$

称为 $x_1,x_2,\cdots,x_n$ 的一个 n 元二次齐次多项式，简称**二次型**，a_{ij} 为二次型的系数. 若 a_{ij} 为复数，则称二次型为**复二次型**；若 a_{ij} 为实数，则称二次型为**实二次型**. 本章中我们只讨论实二次型.

若二次型只含平方项，即

$$f(x_1,x_2,\cdots,x_n)=d_1x_1^2+d_2x_2^2+\cdots+d_nx_n^2,$$

则称此二次型为**二次型的标准形**. 若二次型的标准形中的系数 $d_1,d_2,\cdots,d_n$ 只在 $1,0,-1$ 中取值，如

$$f(x_1,x_2,\cdots,x_n)=x_1^2+\cdots+x_p^2-x_{p+1}^2-\cdots-x_r^2,$$

则称此二次型为**二次型的规范形**.

由于 $x_{ij}=x_{ji}$，具有对称性，若令

$$a_{ij}=a_{ji},i<j,$$

则 $2a_{ij}x_ix_j=a_{ij}x_ix_j+a_{ji}x_jx_i(i<j)$，于是式(5.1)可以写成

$$\begin{aligned} f(x_1,x_2,\cdots,x_n)=&a_{11}x_1^2+a_{12}x_1x_2+a_{13}x_1x_3+\cdots+a_{1n}x_1x_n+a_{21}x_2x_1+a_{22}x_2x_2+\cdots+a_{2n}x_2x_n\\ &+\cdots+a_{n1}x_nx_1+a_{n2}x_nx_2+a_{n3}x_nx_3+\cdots+a_{nn}x_nx_n\\ =&(x_1,x_2,\cdots,x_n)\begin{pmatrix} a_{11}x_1+a_{12}x_2+\cdots+a_{1n}x_n\\ a_{21}x_2+a_{22}x_2+\cdots+a_{2n}x_n\\ \vdots\\ a_{n1}x_n+a_{n2}x_n+\cdots+a_{nn}x_n \end{pmatrix} \end{aligned}$$

$$=(x_1,x_2,\cdots,x_n)\begin{pmatrix}a_{11}&a_{12}&\cdots&a_{1n}\\a_{21}&a_{22}&\cdots&a_{2n}\\\vdots&\vdots&&\vdots\\a_{n1}&a_{n2}&\cdots&a_{nn}\end{pmatrix}\begin{pmatrix}x_1\\x_2\\\vdots\\x_n\end{pmatrix}.$$

记

$$\boldsymbol{A}=\begin{pmatrix}a_{11}&a_{12}&\cdots&a_{1n}\\a_{21}&a_{22}&\cdots&a_{2n}\\\vdots&\vdots&&\vdots\\a_{n1}&a_{n2}&\cdots&a_{nn}\end{pmatrix},\quad \boldsymbol{x}=\begin{pmatrix}x_1\\x_2\\\vdots\\x_n\end{pmatrix},$$

则二次型可用矩阵表示为

$$f(x_1,x_2,\cdots,x_n)=\boldsymbol{x}^{\mathrm{T}}\boldsymbol{A}\boldsymbol{x}. \tag{5.2}$$

其中 $\boldsymbol{A}$ 是对称矩阵，即 $\boldsymbol{A}^{\mathrm{T}}=\boldsymbol{A}$.

二次型(5.2)也记作

$$f(\boldsymbol{x})=\boldsymbol{x}^{\mathrm{T}}\boldsymbol{A}\boldsymbol{x}. \tag{5.3}$$

易见，任意一个二次型，都唯一确定了对称矩阵 $\boldsymbol{A}$；反之，任给一个对称矩阵 $\boldsymbol{A}$，也唯一确定了一个二次型. 这样，二次型与对称矩阵之间存在一一对应的关系. 因此，称对称矩阵 $\boldsymbol{A}$ 为二次型 f 的矩阵，也称二次型 f 是对称矩阵 $\boldsymbol{A}$ 的二次型. 对称矩阵 $\boldsymbol{A}$ 的秩就称为二次型 f 的秩.

例如，二次型 $f_1=2x_1x_2-4x_1x_3+x_2^2-6x_2x_3$ 的矩阵为

$$\boldsymbol{A}_1=\begin{pmatrix}0&1&-2\\1&1&-3\\-2&-3&0\end{pmatrix};$$

二次型 $f_2=2x_1^2-3x_2^2+x_3^2$ 的矩阵为

$$\boldsymbol{A}_2=\begin{pmatrix}2&&\\&-3&\\&&1\end{pmatrix};$$

对称矩阵

$$\boldsymbol{A}_3=\begin{pmatrix}-2&0&2\\0&3&1\\2&1&4\end{pmatrix}$$

确定的二次型为

$$f_3=-2x_1^2+4x_1x_3+3x_2^2+2x_2x_3+4x_3^2.$$

二、线性变换与矩阵的合同

在解析几何中，为了确定二次方程

$$ax^2+2bxy+cy^2=d$$

所表示的曲线的形态，通常利用转轴公式

$$\begin{cases}x=x'\cos\theta-y'\sin\theta,\\ y=x'\sin\theta+y'\cos\theta,\end{cases}$$

选择适当的 θ，可使上式方程化为 $a'x'^2+b'y'^2=d'$.

在转轴公式中，θ 选定后，$\cos\theta,\sin\theta$ 是常数. x,y 由 x',y' 的线性表达式给出，这一线性表达式称为线性变换.

一般有下面的定义.

定义 5.2 关系式

$$\begin{cases}x_1=c_{11}y_1+c_{12}y_2+\cdots+c_{1n}y_n,\\ x_2=c_{21}y_1+c_{22}y_2+\cdots+c_{2n}y_n,\\ \quad\vdots\\ x_n=c_{n1}y_1+c_{n2}y_2+\cdots+c_{nn}y_n\end{cases}\tag{5.4}$$

称为由变量 $y_1,y_2,\cdots,y_n$ 到变量 $x_1,x_2,\cdots,x_n$ 的一个线性变量变换，简称**线性变换**. 矩阵

$$\boldsymbol{C}=\begin{pmatrix}c_{11} & c_{12} & \cdots & c_{1n}\\ c_{21} & c_{22} & \cdots & c_{2n}\\ \vdots & \vdots & & \vdots\\ c_{n1} & c_{n2} & \cdots & c_{nn}\end{pmatrix}$$

称为线性变换(5.4)的矩阵，如果 $|\boldsymbol{C}|\neq 0$，那么称线性变换(5.4)为非退化的线性变换.

如上例中，因为 $\begin{vmatrix}\cos\theta & -\sin\theta\\ \sin\theta & \cos\theta\end{vmatrix}=1\neq 0$，所以 $\begin{cases}x=x'\cos\theta-y'\sin\theta,\\ y=x'\sin\theta+y'\cos\theta\end{cases}$ 是一个非退化的线性变换.

设 $\boldsymbol{x}=\begin{pmatrix}x_1\\ x_2\\ \vdots\\ x_n\end{pmatrix}$，$\boldsymbol{y}=\begin{pmatrix}y_1\\ y_2\\ \vdots\\ y_n\end{pmatrix}$ 是两个 n 维向量，则(5.4)可以写成矩阵形式 $\boldsymbol{x}=\boldsymbol{C}\boldsymbol{y}$.

我们知道，二次型经过一个非退化的线性变换还是二次型，现在找出变换后的二次型的矩阵与原二次型的矩阵之间的关系.

把线性变换(5.4)代入二次型(5.3)得

$$\boldsymbol{x}^{\mathrm{T}}\boldsymbol{A}\boldsymbol{x}=(\boldsymbol{C}\boldsymbol{y})^{\mathrm{T}}\boldsymbol{A}(\boldsymbol{C}\boldsymbol{y})=\boldsymbol{y}^{\mathrm{T}}\boldsymbol{C}^{\mathrm{T}}\boldsymbol{A}\boldsymbol{C}\boldsymbol{y}=\boldsymbol{y}^{\mathrm{T}}(\boldsymbol{C}^{\mathrm{T}}\boldsymbol{A}\boldsymbol{C})\boldsymbol{y}=\boldsymbol{y}^{\mathrm{T}}\boldsymbol{B}\boldsymbol{y}.$$

易知，矩阵 $\boldsymbol{C}^{\mathrm{T}}\boldsymbol{A}\boldsymbol{C}$ 也是对称矩阵. 事实上，

$$(\boldsymbol{C}^{\mathrm{T}}\boldsymbol{A}\boldsymbol{C})^{\mathrm{T}}=\boldsymbol{C}^{\mathrm{T}}\boldsymbol{A}^{\mathrm{T}}(\boldsymbol{C}^{\mathrm{T}})^{\mathrm{T}}=\boldsymbol{C}^{\mathrm{T}}\boldsymbol{A}\boldsymbol{C}.$$

而

$$\boldsymbol{C}^{\mathrm{T}}\boldsymbol{A}\boldsymbol{C}=\boldsymbol{B}.$$

这就是二次型经过线性变换后两个矩阵之间的关系，于是引入如下定义.

定义 5.3 设 $\boldsymbol{A},\boldsymbol{B}$ 为两个 n 阶矩阵，如果存在 n 阶非奇异矩阵 $\boldsymbol{C}$，使得

$$\boldsymbol{B}=\boldsymbol{C}^{\mathrm{T}}\boldsymbol{A}\boldsymbol{C},$$

则称矩阵 $\boldsymbol{A}$ 合同于矩阵 $\boldsymbol{B}$，或 $\boldsymbol{A}$ 与 $\boldsymbol{B}$ 合同，记为

$$\boldsymbol{A}\simeq\boldsymbol{B}.$$

容易验证，合同关系具有以下性质：

(1) 反身性：$\boldsymbol{A}\simeq\boldsymbol{A}$；

(2) 对称性：如果 $\boldsymbol{A}\simeq\boldsymbol{B}$，则 $\boldsymbol{B}\simeq\boldsymbol{A}$；

(3) 传递性：如果 $\boldsymbol{A}\simeq\boldsymbol{B}$ 且 $\boldsymbol{B}\simeq\boldsymbol{C}$，则 $\boldsymbol{A}\simeq\boldsymbol{C}$.

5.2 化二次型为标准形

一、用配方法化二次型为标准形

定理 5.1 任何一个二次型都可以通过非退化线性变换化为标准形.

推论 对任意一个对称矩阵 $\boldsymbol{A}$，存在一个非奇异矩阵 $\boldsymbol{C}$，使 $\boldsymbol{C}^{\mathrm{T}}\boldsymbol{A}\boldsymbol{C}$ 为对角矩阵，即任何一个对称矩阵都与一个对角矩阵合同.

例 1 将下列二次型化为标准形，并且写出所作的非退化线性变换.

(1) $f(x_1,x_2,x_3)=x_1^2+2x_3^2+2x_1x_3+2x_2x_3$；

(2) $f(x_1,x_2,x_3)=2x_1x_2+2x_1x_3-4x_2x_3$.

解 (1)

$$\begin{aligned}f(x_1,x_2,x_3)&=x_1^2+2x_3^2+2x_1x_3+2x_2x_3\\&=(x_1+x_3)^2+x_3^2+2x_2x_3\\&=(x_1+x_3)^2+(x_2+x_3)^2-x_2^2,\end{aligned}$$

令

$$\begin{cases}y_1=x_1+x_3,\\y_2=x_2,\\y_3=x_2+x_3,\end{cases}$$

于是得到的标准形为 $f(x_1,x_2,x_3)=y_1^2-y_2^2+y_3^2$，所作的线性变换为

$$\begin{cases}x_1=y_1+y_2-y_3,\\x_2=\qquad y_2,\\x_3=\quad -y_2+y_3,\end{cases}$$

其系数矩阵的行列式

$$\begin{vmatrix}1 & 1 & -1\\0 & 1 & 0\\0 & -1 & 1\end{vmatrix}=1\neq 0,$$

因此这个线性变换是非退化的.

(2) 令

$$\begin{cases}x_1=y_1,\\x_2=y_1+y_2,\\x_3=\qquad\quad y_3,\end{cases}$$

其矩阵 $\boldsymbol{C}_1=\begin{pmatrix}1 & 0 & 0\\1 & 1 & 0\\0 & 0 & 1\end{pmatrix}$,则

$$\begin{aligned}f(x_1,x_2,x_3)&=2y_1^2+2y_1y_2-2y_1y_3-4y_2y_3\\&=2\left(y_1+\frac{1}{2}y_2-\frac{1}{2}y_3\right)^2-\frac{1}{2}(y_2-y_3)^2-4y_2y_3\\&=2\left(y_1+\frac{1}{2}y_2-\frac{1}{2}y_3\right)^2-\frac{1}{2}y_2^2-3y_2y_3-\frac{1}{2}y_3^2\\&=2\left(y_1+\frac{1}{2}y_2-\frac{1}{2}y_3\right)^2-\frac{1}{2}(y_2+3y_3)^2+4y_3^2.\end{aligned}$$

令

$$\begin{cases}y_1=z_1-\frac{1}{2}z_2+2z_3,\\y_2=\qquad z_2-3z_3,\\y_3=\qquad\qquad z_3,\end{cases}$$

其矩阵

$$\boldsymbol{C}_2=\begin{pmatrix}1 & -\frac{1}{2} & 2\\0 & 1 & -3\\0 & 0 & 1\end{pmatrix},$$

于是可知标准形为 $f(x_1,x_2,x_3)=2z_1^2-\frac{1}{2}z_2^2+4z_3^2$,所作的线性变换为

$$\begin{pmatrix}x_1\\x_2\\x_3\end{pmatrix}=\boldsymbol{C}_1\boldsymbol{C}_2\begin{pmatrix}z_1\\z_2\\z_3\end{pmatrix}=\begin{pmatrix}1 & 0 & 0\\1 & 1 & 0\\0 & 0 & 1\end{pmatrix}\begin{pmatrix}1 & -\frac{1}{2} & 2\\0 & 1 & -3\\0 & 0 & 1\end{pmatrix}\begin{pmatrix}z_1\\z_2\\z_3\end{pmatrix}=\begin{pmatrix}1 & -\frac{1}{2} & 2\\1 & \frac{1}{2} & -1\\0 & 0 & 1\end{pmatrix}\begin{pmatrix}z_1\\z_2\\z_3\end{pmatrix},$$

其系数矩阵的行列式

$$\begin{vmatrix} 1 & -\frac{1}{2} & 2 \\ 1 & \frac{1}{2} & -1 \\ 0 & 0 & 1 \end{vmatrix}=1\neq 0,$$

因此这个线性变换是非退化的.

二、用正交变换法化二次型为标准形

如果线性变换的系数矩阵是正交矩阵,则称该线性变换为**正交变换**.

由于二次型的矩阵是一个实对称矩阵,利用定理 4.11 可得如下定理.

定理 5.2 对于二次型 $f(\boldsymbol{x})=\boldsymbol{x}^{\mathrm{T}}\boldsymbol{A}\boldsymbol{x}$,一定存在正交矩阵 $\boldsymbol{P}$,使其经过正交变换

$$\boldsymbol{x}=\boldsymbol{P}\boldsymbol{y},$$

可化为标准形

$$\lambda_1 y_1^2+\lambda_2 y_2^2+\cdots+\lambda_n y_n^2,$$

其中 $\lambda_1,\lambda_2,\cdots,\lambda_n$ 是二次型 $f(\boldsymbol{x})$ 的矩阵 $\boldsymbol{A}$ 的全部特征值.

证明 因为 $\boldsymbol{A}$ 是实对称矩阵,由定理 4.11 可知,一定存在正交矩阵 $\boldsymbol{P}$,使得

$$\boldsymbol{P}^{\mathrm{T}}\boldsymbol{A}\boldsymbol{P}=\begin{pmatrix} \lambda_1 & 0 & \cdots & 0 \\ 0 & \lambda_2 & \cdots & 0 \\ \vdots & \vdots & & \vdots \\ 0 & 0 & \cdots & \lambda_n \end{pmatrix},$$

其中 $\lambda_1,\lambda_2,\cdots,\lambda_n$ 是矩阵 $\boldsymbol{A}$ 的全部特征值.

做正交变换 $\boldsymbol{x}=\boldsymbol{P}\boldsymbol{y}$,所得到的新二次型的矩阵为 $\boldsymbol{P}^{\mathrm{T}}\boldsymbol{A}\boldsymbol{P}$,因此新二次型为

$$\boldsymbol{y}^{\mathrm{T}}(\boldsymbol{P}^{\mathrm{T}}\boldsymbol{A}\boldsymbol{P})\boldsymbol{y}=\lambda_1 y_1^2+\lambda_2 y_2^2+\cdots+\lambda_n y_n^2.$$

例 2 用正交变换把下面的二次型化为标准形,并写出所做的正交变换.

$$f(x_1,x_2,x_3)=2x_1^2+4x_1x_2-4x_1x_3+5x_2^2-8x_2x_3+5x_3^2.$$

解 二次型的矩阵为

$$\boldsymbol{A}=\begin{pmatrix} 2 & 2 & -2 \\ 2 & 5 & -4 \\ -2 & -4 & 5 \end{pmatrix}.$$

通过 $\boldsymbol{A}$ 的特征方程 $|\lambda\boldsymbol{E}-\boldsymbol{A}|=(\lambda-1)^2(\lambda-10)=0$ 得特征值 $\lambda_1=\lambda_2=1,\lambda_3=10$. 求出使 $\boldsymbol{A}$ 相似于对角矩阵的正交矩阵

$$P=\begin{pmatrix} -\frac{2}{5}\sqrt{5} & \frac{2}{15}\sqrt{5} & \frac{1}{3} \\ \frac{1}{5}\sqrt{5} & \frac{4}{15}\sqrt{5} & \frac{2}{3} \\ 0 & \frac{1}{3}\sqrt{5} & -\frac{2}{3} \end{pmatrix},$$

因此，作正交变换 $\boldsymbol{x}=\boldsymbol{P}\boldsymbol{y}$，就可以使二次型化为标准形

$$y_1^2+y_2^2+10y_3^2.$$

用正交变换把二次型化为标准形的方法，在理论研究和实际应用方面都十分重要.

5.3 惯性定理与正定二次型

一、惯性定理

二次型的标准形是不唯一的，但在同一个二次型的不同标准形中，系数不为零的平方项的个数是相同的，不仅如此，正平方项的个数与负平方项的个数是不变的. 这就是下面的惯性定理.

定理 5.3 任何实二次型都可以通过非退化线性变换化为规范形，且规范形是唯一的.

上述定理称为惯性定理，这里不给予证明.

由惯性定理可知，二次型的标准形中，系数为正的平方项的个数及系数为负的平方项的个数由二次型唯一确定，与化二次型为标准形的非退化线性变换无关.

二次型的标准形中正系数的个数称为二次型的**正惯性指数**，负系数的个数称为二次型的**负惯性指数**. 若二次型 f 的正惯性指数为 p，秩为 r，则二次型 f 的规范形为

$$f(y_1,y_2,\cdots,y_n)=y_1^2+\cdots+y_p^2-y_{p+1}^2-\cdots-y_r^2.$$

二、正定二次型

定义 5.4 设二次型 $f(\boldsymbol{x})=\boldsymbol{x}^{\mathrm{T}}\boldsymbol{A}\boldsymbol{x}$，如果对于任何 $\boldsymbol{x}\neq\boldsymbol{0}$，都有 $f(\boldsymbol{x})>0$，则称 f 为正定二次型，并称对称矩阵 $\boldsymbol{A}$ 为正定矩阵；如果对于任何 $\boldsymbol{x}\neq\boldsymbol{0}$，都有 $f(\boldsymbol{x})<0$，则称 f 为负定二次型，并称对称矩阵 $\boldsymbol{A}$ 为负定矩阵.

例如，二次型 $f_1(x_1,x_2,x_3)=x_1^2+x_2^2+x_3^2$ 是正定的. 又如二次型 $f_2(x_1,x_2,x_3)=x_1^2+x_2^2$ 与二次型 $f_3(x_1,x_2,x_3)=x_1^2+x_2^2-x_3^2$ 不是正定的，因为 $f_2(0,0,1)=0$，$f_3(0,0,1)=-1<0$.

受上述示例的启发，自然有如下结论.

定理 5.4 二次型

$$f(x_1,x_2,\cdots,x_n)=d_1x_1^2+d_2x_2^2+\cdots+d_nx_n^2$$

是正定的充分必要条件为 $d_i>0(i=1,2,\cdots,n)$.

证明　充分性：

由于 $f(x_1,x_2,\cdots,x_n)$ 是正定的，故取 $\boldsymbol{x}=\boldsymbol{e}_i=(0,\cdots,1,\cdots,0)^{\mathrm{T}}$，有

$$f(\boldsymbol{e}_i)=d_i>0,\quad i=1,2,\cdots,n,$$

其中 $\boldsymbol{e}_i$ 为单位列向量，即第 i 个分量为 1，其他分量都为 0.

必要性：

对任意非零向量 $\boldsymbol{x}=(x_1,x_2,\cdots,x_n)^{\mathrm{T}}$，由 $d_i>0(i=1,2,\cdots,n)$ 有

$$f(x_1,x_2,\cdots,x_n)=d_1x_1^2+d_2x_2^2+\cdots+d_nx_n^2>0,$$

故二次型 $f(x_1,x_2,\cdots,x_n)$ 为正定的.

由定理可知，二次型的标准形的正定性容易判别，而任意一个二次型都可经过非退化的线性变换化为标准形，但变换后正定性是否改变呢？

定理 5.5　非退化的线性变换不改变二次型的正定性.

证明　设二次型 $f(x_1,x_2,\cdots,x_n)=\boldsymbol{x}^{\mathrm{T}}\boldsymbol{A}\boldsymbol{x}$ 为正定的，且经过非退化的线性变换 $\boldsymbol{x}=\boldsymbol{C}\boldsymbol{y}$ 化为 $g(y_1,y_2,\cdots,y_n)=\boldsymbol{y}^{\mathrm{T}}\boldsymbol{B}\boldsymbol{y}$，其中 $\boldsymbol{B}=\boldsymbol{C}^{\mathrm{T}}\boldsymbol{A}\boldsymbol{C}$.

对任意的 $\boldsymbol{y}=(y_1,y_2,\cdots,y_n)^{\mathrm{T}}\neq\boldsymbol{0}$，由矩阵 $\boldsymbol{C}$ 可逆，有 $\boldsymbol{x}=\boldsymbol{C}\boldsymbol{y}\neq\boldsymbol{0}$，于是

$$g(y_1,y_2,\cdots,y_n)=\boldsymbol{y}^{\mathrm{T}}\boldsymbol{B}\boldsymbol{y}=\boldsymbol{y}^{\mathrm{T}}\boldsymbol{C}^{\mathrm{T}}\boldsymbol{A}\boldsymbol{C}\boldsymbol{y}=(\boldsymbol{C}\boldsymbol{y})^{\mathrm{T}}\boldsymbol{A}(\boldsymbol{C}\boldsymbol{y})=\boldsymbol{x}^{\mathrm{T}}\boldsymbol{A}\boldsymbol{x}>0.$$

因此 $g(y_1,y_2,\cdots,y_n)=\boldsymbol{y}^{\mathrm{T}}\boldsymbol{B}\boldsymbol{y}$ 为正定的. 反之，若 $g(y_1,y_2,\cdots,y_n)=\boldsymbol{y}^{\mathrm{T}}\boldsymbol{B}\boldsymbol{y}$ 为正定的，同理可得二次型 $f(x_1,x_2,\cdots,x_n)=\boldsymbol{x}^{\mathrm{T}}\boldsymbol{A}\boldsymbol{x}$ 为正定的.

由定理 5.4 与定理 5.5 立即得出如下定理.

定理 5.6　设矩阵 $\boldsymbol{A}$ 为实对称矩阵，则下述命题等价：

(1) $\boldsymbol{A}$ 为正定矩阵；

(2) $\boldsymbol{A}$ 的特征值都大于零；

(3) $\boldsymbol{A}$ 合同于单位矩阵；

(4) 存在可逆矩阵 $\boldsymbol{P}$，使得 $\boldsymbol{A}=\boldsymbol{P}^{\mathrm{T}}\boldsymbol{P}$.

推论　如果 $\boldsymbol{A}$ 为正定矩阵，则 $|\boldsymbol{A}|>0$.

注：反之不成立.

如 $\boldsymbol{A}=\begin{pmatrix}1&0&0\\0&-1&0\\0&0&-1\end{pmatrix}$，$|\boldsymbol{A}|>0$，但 $\boldsymbol{A}$ 为非正定矩阵.

定义 5.5　设 n 阶矩阵

$$\boldsymbol{A}=\begin{pmatrix}a_{11}&a_{12}&\cdots&a_{1n}\\a_{21}&a_{22}&\cdots&a_{2n}\\\vdots&\vdots&&\vdots\\a_{n1}&a_{n2}&\cdots&a_{nn}\end{pmatrix},$$

A 的一个行标和列标相同的子式

$$\begin{vmatrix} a_{i_1 i_1} & a_{i_1 i_2} & \cdots & a_{i_1 i_k} \\ a_{i_2 i_1} & a_{i_2 i_2} & \cdots & a_{i_2 i_k} \\ \vdots & \vdots & & \vdots \\ a_{i_k i_1} & a_{i_k i_2} & \cdots & a_{i_k i_k} \end{vmatrix} \quad (1 \leqslant i_1 < i_2 < \cdots < i_k \leqslant n)$$

称为 **A** 的 k 阶主子式，而子式

$$|\boldsymbol{A}_k| = \begin{vmatrix} a_{11} & a_{12} & \cdots & a_{1k} \\ a_{21} & a_{22} & \cdots & a_{2k} \\ \vdots & \vdots & & \vdots \\ a_{k1} & a_{k2} & \cdots & a_{kk} \end{vmatrix} \quad (k=1,2,\cdots,n)$$

称为 **A** 的顺序 k 阶主子式，即

$$|\boldsymbol{A}_1| = a_{11}, \quad |\boldsymbol{A}_2| = \begin{vmatrix} a_{11} & a_{12} \\ a_{21} & a_{22} \end{vmatrix}, \quad |\boldsymbol{A}_3| = \begin{vmatrix} a_{11} & a_{12} & a_{13} \\ a_{21} & a_{22} & a_{23} \\ a_{31} & a_{32} & a_{33} \end{vmatrix}, \cdots, |\boldsymbol{A}_n| = |\boldsymbol{A}|.$$

例如，$\boldsymbol{A} = \begin{pmatrix} 1 & 2 & 3 \\ 2 & 0 & 1 \\ 0 & 0 & 2 \end{pmatrix}$ 的顺序主子式为 $|\boldsymbol{A}_1| = 1$，$|\boldsymbol{A}_2| = \begin{vmatrix} 1 & 2 \\ 2 & 0 \end{vmatrix} = -4$，$|\boldsymbol{A}_3| = |\boldsymbol{A}| = -8$.

定理 5.7 对称矩阵 $\boldsymbol{A} = (a_{ij})_{n \times n}$ 为正定矩阵的充分必要条件是 $|\boldsymbol{A}_k| > 0 \ (k=1,2,\cdots,n)$.

此定理称为赫尔维茨定理，这里不给予证明.

例 1 判定二次型 $f(x_1, x_2, x_3) = 3x_1^2 + 6x_1x_3 + x_2^2 - 4x_2x_3 + 8x_3^2$ 的正定性.

解 二次型的矩阵为

$$\boldsymbol{A} = \begin{pmatrix} 3 & 0 & 3 \\ 0 & 1 & -2 \\ 3 & -2 & 8 \end{pmatrix},$$

其中

$$|\boldsymbol{A}_1| = 3 > 0, \quad |\boldsymbol{A}_2| = \begin{vmatrix} 3 & 0 \\ 0 & 1 \end{vmatrix} = 3 > 0, \quad |\boldsymbol{A}_3| = |\boldsymbol{A}| = 3 > 0,$$

因此 $f(x_1, x_2, x_3)$ 正定.

例 2 当 λ 取何值时，二次型

$$f(x_1, x_2, x_3) = x_1^2 + 2x_1x_2 + 4x_1x_3 + 2x_2^2 + 6x_2x_3 + \lambda x_3^2$$

是正定的？

解 $\boldsymbol{A} = \begin{pmatrix} 1 & 1 & 2 \\ 1 & 2 & 3 \\ 2 & 3 & \lambda \end{pmatrix}$，$|\boldsymbol{A}_1| = 1 > 0$，$|\boldsymbol{A}_2| = \begin{vmatrix} 1 & 1 \\ 1 & 2 \end{vmatrix} = 1 > 0$，$|\boldsymbol{A}_3| = |\boldsymbol{A}| = \lambda - 5 > 0$，故 $\lambda > 5$

时，$f(x_1,x_2,x_3)$是正定的.

例 3 证明：如果 $\boldsymbol{A}$ 为正定矩阵，则 $\boldsymbol{A}^{-1}$也是正定矩阵.

证明 $\boldsymbol{A}$ 为正定矩阵，则存在非奇异矩阵 $\boldsymbol{C}$，使 $\boldsymbol{C}^{\mathrm{T}}\boldsymbol{A}\boldsymbol{C}=\boldsymbol{E}_n$. 两边取逆得 $\boldsymbol{C}^{-1}\boldsymbol{A}^{-1}(\boldsymbol{C}^{\mathrm{T}})^{-1}=\boldsymbol{E}_n$. 又因$(\boldsymbol{C}^{\mathrm{T}})^{-1}=(\boldsymbol{C}^{-1})^{\mathrm{T}}$，$((\boldsymbol{C}^{-1})^{\mathrm{T}})^{\mathrm{T}}=\boldsymbol{C}^{-1}$，因此$((\boldsymbol{C}^{-1})^{\mathrm{T}})^{\mathrm{T}}\boldsymbol{A}^{-1}(\boldsymbol{C}^{-1})^{\mathrm{T}}=\boldsymbol{E}_n$，$|(\boldsymbol{C}^{-1})^{\mathrm{T}}|=|\boldsymbol{C}|^{-1}\neq 0$，故 $\boldsymbol{A}^{-1}\simeq\boldsymbol{E}_n$，即 $\boldsymbol{A}^{-1}$为正定矩阵.

实验七　基于 Python 语言的二次型正交标准化与正定性判定

实 验 目 的

1. 掌握利用 Python 进行二次型正交标准化的方法.
2. 掌握利用 Python 判断正定二次型的方法.

实 验 内 容

一、用正交变换化二次型为标准形

首先写出二次型矩阵，然后对二次型矩阵进行正交对角化. 这一操作可以使用 SciPy 包中 linalg 模块中的 eigh()函数，也可以使用 SymPy 包中的 diagonalize()函数.

【示例 7.1】 用正交变换 $\boldsymbol{x}=\boldsymbol{P}\boldsymbol{y}$ 将下列二次型化为标准形：

(1) $f(x_1,x_2,x_3)=2x_1^2+2x_1x_2+2x_1x_3+2x_2^2+2x_2x_3+2x_3^2$；

(2) $f(x_1,x_2,x_3)=x_1^2-4x_1x_2-8x_1x_3+4x_2^2-4x_2x_3$.

解 (1) 在单元格中按如下操作：

In
```
#第一种方法:使用 SciPy 包中 linalg 模块中的 eigh()函数
import numpy as np
from scipy import linalg
A=np.array([[2,1,1],[1,2,1],[1,1,2]])
D,P=linalg. eigh (A)
print('正交矩阵为:\n',P)
print('正交变换得到的对角矩阵为:\n',P.T@ A@ P)
```

运行上述程序，命令窗口显示所得结果如下：

```
正交矩阵为:
array[[-0.81649658, 0.57735027, -0.23513651]
      [ 0.40824829, 0.57735027, -0.55958248]
      [ 0.40824829, 0.57735027, 0.79471899]]
```

```
正交变换得到的对角矩阵为:
array[[1.00000000e+00, 3.60822483e-16, 2.87982239e-01]
     [3.33066907e-16, 4.00000000e+00, 2.22044605e-16]
     [2.87982239e-01, 5.55111512e-16, 1.00000000e+00]]
```

因此,可知正交变换 $\boldsymbol{x}=\boldsymbol{P}\boldsymbol{y}$ 化二次型为标准形

$$f(y_1,y_2,y_3)=y_1^2+4y_2^2+y_3^2.$$

或者,在单元格中按如下操作:

In
```
#第二种方法使用 SymPy 求解
import sympy as sy
A=sy.Matrix([[2,1,1],[1,2,1],[1,1,2]])
P,D=A. diagonalize ()
GS=sy. GramSchmidt([P[:,0],P[:,1],P[:,2]],orthonormal=True)
Q=sy. Matrix ([GS])
print('对角矩阵为:\n',D)
print('正交矩阵为:\n',Q)
```

运行上述程序,命令窗口显示所得结果如下:

```
对角矩阵为:
Matrix([
[1,0,0],
[0,1,0],
[0,0,4]])
正交矩阵为:
Matrix([
[-sqrt(2)/2, -sqrt(6)/6, sqrt(3)/3],
[sqrt(2)/2, -sqrt(6)/6, sqrt(3)/3],
[0,sqrt(6)/3,sqrt(3)/3]])
```

(2) 在单元格中按如下操作:

In
```
import numpy as np
from scipy import linalg
A=np.array([[1, -2, -4],[-2, 4, -2],[-4, -2, 0]])
D,P=linalg. eigh (A)
print('正交矩阵为:\n',P)
print('正交变换得到的对角矩阵为:\n',P.T@ A@ P)
```

运行上述程序,命令窗口显示所得结果如下：

```
正交矩阵为：
array [[-6.98059565e-01, 4.47213595e-01, -5.59207335e-01]
       [-3.49029782e-01, -8.94427191e-01, -2.79603668e-01]
       [-6.25212808e-01, 4.77668518e-16, 7.80454320e-01]]
正交变换得到的对角矩阵为：
array [[-3.58257569e+00, 4.03782623e-16, -8.84656718e-16]
       [ 1.79678156e-16, 5.00000000e+00, 1.06511971e-16]
       [-2.89444465e-16, 3.04818771e-16, 5.58257569e+00]]
```

因此,可知正交变换 $\boldsymbol{x}=\boldsymbol{P}\boldsymbol{y}$ 化二次型为标准形

$$f(y_1,y_2,y_3)=-3.58257569y_1^2+5y_2^2+5.58257569y_3^2.$$

二、判断二次型类型

可以由 SymPy 包中矩阵类的属性判断二次型是正定二次型、半正定二次型,还是负定二次型.

【示例 7.2】 针对示例 7.1,判断(1)式二次型类型.

解　判断二次型是否为正定的,在单元格中按如下操作：

In

```
import sympy as sy
A=sy.Matrix([[2, 1, 1], [1, 2, 1], [1, 1, 2]])
A.is_positive_definite   #判断是否为正定二次型
```

运行上述程序,命令窗口显示所得结果如下：

```
True
```

判断二次型是否为半正定的,在单元格中按如下操作：

In

```
import sympy as sy
A=sy.Matrix([[2, 1, 1], [1, 2, 1], [1, 1, 2]])
A.is_positive_semidefinite# 判断是否为半正定二次型
```

运行上述程序,命令窗口显示所得结果如下：

```
True
```

判断二次型是否为负定的,在单元格中按如下操作：

In

```
import sympy as sy
A=sy.Matrix([[2, 1, 1], [1, 2, 1], [1, 1, 2]])
A.is_negative_definite #判断是否为负定二次型
```

运行上述程序,命令窗口显示所得结果如下:

```
False
```

实验训练

1. 用正交变换 $\boldsymbol{x}=\boldsymbol{P}\boldsymbol{y}$ 将下列二次型化为标准形:

(1) $f(x_1,x_2,x_3)=2x_1^2+3x_2^2+4x_2x_3+3x_3^2$;

(2) $f(x_1,x_2,x_3)=-2x_1x_2+2x_1x_3+2x_2x_3$.

2. 判定二次型 $f(x_1,x_2,x_3)=-5x_1^2+4x_1x_2+4x_1x_3-6x_2^2-4x_3^2$ 的正定性.

小 结

n 个变量的二次齐次多项式 $f(x_1,x_2,\cdots,x_n)=\sum_{i=1}^{n}\sum_{j=1}^{n}a_{ij}x_ix_j$ 称为 n 元二次型. 二次型有 3 种表达形式:

(1) 完全展开式

$$f(x_1,x_2,\cdots,x_n)=a_{11}x_1^2+a_{12}x_1x_2+\cdots+a_{1n}x_1x_n+a_{21}x_2x_1+a_{22}x_2^2+\cdots+a_{2n}x_2x_n+\cdots+a_{n1}x_nx_1+a_{n2}x_nx_2+\cdots+a_{nn}x_n^2.$$

(2) 和式

$$f(x_1,x_2,\cdots,x_n)=\sum_{i=1}^{n}\sum_{j=1}^{n}a_{ij}x_ix_j.$$

(3) 矩阵表达式

令

$$\boldsymbol{x}=(x_1,x_2,\cdots,x_n)^{\mathrm{T}},\quad \boldsymbol{A}=(a_{ij})_{n\times n},\quad a_{ij}=a_{ji},$$

$$f(x_1,x_2,\cdots,x_n)=(x_1,x_2,\cdots,x_n)\begin{pmatrix}a_{11}&a_{12}&\cdots&a_{1n}\\a_{21}&a_{22}&\cdots&a_{2n}\\\vdots&\vdots&&\vdots\\a_{n1}&a_{n2}&\cdots&a_{nn}\end{pmatrix}\begin{pmatrix}x_1\\x_2\\\vdots\\x_n\end{pmatrix}=\boldsymbol{x}^{\mathrm{T}}\boldsymbol{A}\boldsymbol{x}.$$

二次型的矩阵表达式 $f(x_1,x_2,\cdots,x_n)=\boldsymbol{x}^{\mathrm{T}}\boldsymbol{A}\boldsymbol{x}$ 中,矩阵 $\boldsymbol{A}$ 叫作二次型的矩阵. $\boldsymbol{A}$ 是一个对称矩阵,其中 $a_{ij}=a_{ji}$,即 $\boldsymbol{A}^{\mathrm{T}}=\boldsymbol{A}$. 二次型矩阵 $\boldsymbol{A}$ 的秩称为二次型的秩.

矩阵的等价是对于两个同型的矩阵 $\boldsymbol{A}$ 和 $\boldsymbol{B}$ 而言的,如果存在可逆矩阵 $\boldsymbol{P}$ 和可逆矩阵 $\boldsymbol{Q}$,使得 $\boldsymbol{B}=\boldsymbol{PAQ}$,则 $\boldsymbol{A}$ 和 $\boldsymbol{B}$ 等价. 而矩阵的相似是对于方阵而言的,两个同阶的矩阵 $\boldsymbol{A}$ 和 $\boldsymbol{B}$,如果存在可逆矩阵 $\boldsymbol{P}$,使得 $\boldsymbol{B}=\boldsymbol{P}^{-1}\boldsymbol{AP}$,则 $\boldsymbol{A}$ 和 $\boldsymbol{B}$ 相似. 矩阵的合同也是对于方阵而言的,两个同阶的矩阵 $\boldsymbol{A}$ 和 $\boldsymbol{B}$,如果存在可逆矩阵 $\boldsymbol{P}$,使得 $\boldsymbol{B}=\boldsymbol{P}^{\mathrm{T}}\boldsymbol{AP}$,则 $\boldsymbol{A}$ 和 $\boldsymbol{B}$ 合同. 由此可见,相似的矩阵

一定等价，合同的矩阵也一定等价. 等价的矩阵的一个主要特征是有相同的秩，因此，相似的矩阵及合同的矩阵也有相同的秩. 显然，等价的矩阵不一定相似，也不一定合同.

矩阵的相似及矩阵的合同在定义的形式上很类似，一个是可逆矩阵的逆，一个是可逆矩阵的转置，这是两个不同的概念，千万不要混淆. 相似的矩阵不一定合同，合同的矩阵也不一定相似. 只有当满足条件的可逆矩阵是正交矩阵时，才有 $\boldsymbol{B}=\boldsymbol{P}^{-1}\boldsymbol{AP}=\boldsymbol{P}^{\mathrm{T}}\boldsymbol{AP}$，这时 $\boldsymbol{A}$ 和 $\boldsymbol{B}$ 既相似又合同. 实对称矩阵就有这个性质，因此对任意实对称矩阵，都存在正交矩阵和对角矩阵既相似又合同.

从变量$(x_1,x_2,\cdots,x_n)$到变量$(y_1,y_2,\cdots,y_n)$的线性变换可以将二次型化为标准形. 二次型的标准形的特征就是只有变量的平方项，没有变量的交叉乘积项. 在二次型化为标准形的过程中，关键是求出一个非奇异矩阵 $\boldsymbol{C}$ 使得 $\boldsymbol{C}^{\mathrm{T}}\boldsymbol{AC}$ 是对角矩阵. 求解非奇异矩阵 $\boldsymbol{C}$ 的方法主要包括配方法、正交变换法等.

正交变换法只能用于实二次型，不能用于复二次型. 由于常见的题目都是实二次型，所以正交变换法是一种常用的方法. 配方法既可以用于实二次型，也可以用于复二次型. 配方法尤其适用于简单的题目.

由惯性定理可知，任意一个实系数二次型总可以经过一个适当的可逆线性变换化为规范形，规范形是唯一的. 正定二次型的矩阵称为正定矩阵，这里讲的正定矩阵是指实二次型的矩阵，因此其必定是实对称矩阵. 在处理有关正定矩阵的问题时，首先要检验矩阵是否为实对称. 正是由于一个二次型经过可逆线性变换变为另一个二次型时，其正定性不会改变，因此可以通过二次型的标准形以及规范形来讨论其正定性.

从实二次型的规范形 $f=z_1^2+z_2^2+\cdots+z_p^2-z_{p+1}^2-\cdots-z_r^2$ 容易看出，只有当 $p=r=n$ 时，才会对任意非零的向量都有函数值为正. 只要 $r<n$ 或 $p<r$，就能取到非零的向量，使函数值为零或负值. 因此有如下结论：

(1) n 元实二次型 $\boldsymbol{A}$ 是正定矩阵$\Leftrightarrow\boldsymbol{A}$ 的正惯性指数 $p=n$.

(2) 实对称矩阵 $\boldsymbol{A}$ 是正定矩阵$\Leftrightarrow\boldsymbol{A}$ 和单位矩阵合同.

(3) 实对称矩阵 $\boldsymbol{A}$ 是正定矩阵$\Leftrightarrow$存在可逆矩阵 $\boldsymbol{C}$，使得 $\boldsymbol{A}=\boldsymbol{C}^{\mathrm{T}}\boldsymbol{C}$.

(4) 实对称矩阵 $\boldsymbol{A}$ 是正定矩阵$\Leftrightarrow\boldsymbol{A}$ 的所有特征值全为正数.

(5) 实对称矩阵 $\boldsymbol{A}$ 是正定矩阵$\Leftrightarrow\boldsymbol{A}$ 的各级顺序主子式全部大于零.

重要术语及主题

二次型　二次型的矩阵　二次型的秩　矩阵的等价　同型矩阵　可逆矩阵　同阶的矩阵　矩阵的合同　矩阵的相似　正交矩阵　实对称矩阵　线性变换　标准形　非奇异矩阵　配方法　初等变换　正交变换　惯性定理　规范形　正定矩阵　正定性　正惯性指数　顺序主子式

习 题 五

习题五解答

(A)

1. 写出下列各二次型的矩阵.

(1) $x_1^2-2x_1x_2+3x_1x_3-2x_2^2+8x_2x_3+3x_3^2$；

(2) $x_1x_2-x_1x_3+2x_2x_3+x_4^2$.

2. 写出下列各对称矩阵所对应的二次型.

(1) $\boldsymbol{A}=\begin{pmatrix} 1 & -1 & -3 & 1 \\ -1 & 0 & -2 & \frac{1}{2} \\ -3 & -2 & \frac{1}{3} & -\frac{3}{2} \\ 1 & \frac{1}{2} & -\frac{3}{2} & 0 \end{pmatrix}$；

(2) $\boldsymbol{A}=\begin{pmatrix} 0 & 1 & \frac{1}{2} & -\frac{3}{2} \\ 1 & 0 & -1 & -1 \\ \frac{1}{2} & -1 & 0 & 3 \\ -\frac{3}{2} & -1 & 3 & 0 \end{pmatrix}$.

3. 对于对称矩阵 $\boldsymbol{A}$ 与 $\boldsymbol{B}$，求出非奇异矩阵 $\boldsymbol{C}$，使 $\boldsymbol{C}^{\mathrm{T}}\boldsymbol{A}\boldsymbol{C}=\boldsymbol{B}$.

(1) $\boldsymbol{A}=\begin{pmatrix} 0 & 1 & 1 \\ 1 & 2 & 1 \\ 1 & 1 & 0 \end{pmatrix}$，$\boldsymbol{B}=\begin{pmatrix} 2 & 1 & 1 \\ 1 & 0 & 1 \\ 1 & 1 & 0 \end{pmatrix}$；

(2) $\boldsymbol{A}=\begin{pmatrix} 0 & \frac{1}{2} & -\frac{1}{2} \\ \frac{1}{2} & 0 & -1 \\ -\frac{1}{2} & -1 & 0 \end{pmatrix}$，$\boldsymbol{B}=\begin{pmatrix} 1 & \frac{1}{2} & -\frac{3}{2} \\ \frac{1}{2} & 0 & -1 \\ -\frac{3}{2} & -1 & 0 \end{pmatrix}$.

4. 分别用配方法化下列二次型为规范形.

(1) $x_1^2+5x_2^2-4x_3^2+2x_1x_2-4x_1x_3$；

(2) $x_1x_2-4x_1x_3+6x_2x_3$.

5. 求一非奇异矩阵 $\boldsymbol{C}$，使 $\boldsymbol{C}^{\mathrm{T}}\boldsymbol{A}\boldsymbol{C}$ 为对角矩阵.

$$(1)\ \boldsymbol{A}=\begin{pmatrix} 1 & 2 & 0 \\ 2 & 0 & 1 \\ 0 & 1 & 3 \end{pmatrix};\qquad\qquad (2)\ \boldsymbol{A}=\begin{pmatrix} 0 & 1 & -2 \\ 1 & 0 & -1 \\ -2 & -1 & 0 \end{pmatrix}.$$

6. 用正交变换法把下列二次型化为标准形,并写出所做的变换.

(1) $2x_1x_2-2x_3x_4$;

(2) $x_1^2+2x_2^2+3x_3^2-4x_1x_2-4x_2x_3$.

7. 求 a 的值,使二次型为正定的.

(1) $x_1^2+2x_2^2+5x_3^2+2ax_1x_2-2x_1x_3+4x_2x_3$;

(2) $5x_1^2+2x_2^2+ax_3^2+4x_1x_2-2x_1x_3-2x_2x_3$.

8. 设 $\boldsymbol{A}$ 为 n 阶正定矩阵,$\boldsymbol{B}$ 为 n 阶半定矩阵.试证:$\boldsymbol{A}+\boldsymbol{B}$ 为正定矩阵.

9. 设 $\boldsymbol{A}$,$\boldsymbol{B}$ 分别为 m,n 阶正定矩阵.试证:分块矩阵 $\boldsymbol{C}=\begin{bmatrix} \boldsymbol{A} & \boldsymbol{O} \\ \boldsymbol{O} & \boldsymbol{B} \end{bmatrix}$ 是正定矩阵.

(B)

1. 下列各式中(　　)等于 $x_1^2+6x_1x_2+3x_3^2$.

A. $(x_1,x_2)\begin{bmatrix} 1 & 2 \\ 4 & 3 \end{bmatrix}\begin{bmatrix} x_1 \\ x_2 \end{bmatrix}$　　　　　　　B. $(x_1,x_2)\begin{bmatrix} 1 & 3 \\ 3 & 2 \end{bmatrix}\begin{bmatrix} x_1 \\ x_2 \end{bmatrix}$

C. $(x_1,x_2)\begin{bmatrix} 1 & -1 \\ -5 & 3 \end{bmatrix}\begin{bmatrix} x_1 \\ x_2 \end{bmatrix}$　　　　　D. $(x_1,x_2)\begin{bmatrix} 1 & 1 \\ 7 & 3 \end{bmatrix}\begin{bmatrix} x_1 \\ x_2 \end{bmatrix}$

2. 矩阵(　　)是二次型 $x_1^2+6x_1x_2+3x_3^2$ 的矩阵.

A. $\begin{bmatrix} 1 & -1 \\ -1 & 3 \end{bmatrix}$　　　　B. $\begin{bmatrix} 1 & 2 \\ 4 & 3 \end{bmatrix}$　　　　C. $\begin{bmatrix} 1 & 3 \\ 1 & 3 \end{bmatrix}$　　　　D. $\begin{bmatrix} 1 & 5 \\ 1 & 3 \end{bmatrix}$

3. 设 $\boldsymbol{A}$,$\boldsymbol{B}$ 为同阶方阵,$\boldsymbol{x}=\begin{bmatrix} x_1 \\ x_2 \\ \vdots \\ x_n \end{bmatrix}$ 且 $\boldsymbol{x}^{\mathrm{T}}\boldsymbol{A}\boldsymbol{x}=\boldsymbol{x}^{\mathrm{T}}\boldsymbol{B}\boldsymbol{x}$,当(　　)时,$\boldsymbol{A}=\boldsymbol{B}$.

A. $r(\boldsymbol{A})=r(\boldsymbol{B})$　　　　B. $\boldsymbol{A}^{\mathrm{T}}=\boldsymbol{A}$　　　　C. $\boldsymbol{B}^{\mathrm{T}}=\boldsymbol{B}$　　　　D. $\boldsymbol{A}^{\mathrm{T}}=\boldsymbol{A}$ 且 $\boldsymbol{B}^{\mathrm{T}}=\boldsymbol{B}$.

4. $\boldsymbol{A}$ 是 n 阶正定矩阵的充分必要条件是(　　).

A. $|\boldsymbol{A}|>0$　　　　　　　　　　B. 存在 n 阶矩阵 $\boldsymbol{C}$,使 $\boldsymbol{A}=\boldsymbol{C}^{\mathrm{T}}\boldsymbol{C}$

C. 负惯性指数为零　　　　　　　D. 各阶顺序主子式均为正数

5. 矩阵(　　)合同于 $\begin{bmatrix} -2 & 0 & 0 \\ 0 & \dfrac{1}{2} & 0 \\ 0 & 0 & 5 \end{bmatrix}$.

A. $\begin{pmatrix} 2 & 0 & 0 \\ 0 & 1 & 0 \\ 0 & 0 & -1 \end{pmatrix}$　　B. $\begin{pmatrix} 3 & 0 & 0 \\ 0 & 2 & 0 \\ 0 & 0 & -5 \end{pmatrix}$

C. $\begin{pmatrix} -1 & 0 & 0 \\ 0 & -1 & 0 \\ 0 & 0 & 1 \end{pmatrix}$　　D. $\begin{pmatrix} 2 & 0 & 0 \\ 0 & 2 & 0 \\ 0 & 0 & 1 \end{pmatrix}$.

6. $f(x_1,x_2,\cdots,x_n)=\dfrac{(x_1-a)^2+(x_2-a)^2+\cdots+(x_n-a)^2}{n-1}$ $(n>1)$ 是(　　)的.

A. 负定　　B. 正定　　C. 半正定　　D. 不定

【拓展阅读】

二次型理论发展简史

二次型是线性代数的重要内容之一,它起源于对几何学中二次曲线方程和二次曲面方程化为标准形问题的研究.

1748 年,瑞士数学家欧拉讨论了三元二次型的化简问题.

1801 年,高斯在《算术研究》中引进了二次型的正定、负定、半正定和半负定等术语.

1826 年,数学家柯西开始研究化三元二次型为标准形的问题.他利用特征根概念解决了 n 元二次型化简问题,并且证明了两个 n 元二次型 $f(x_1,x_2,\cdots,x_n)=\boldsymbol{x}^{\mathrm{T}}\boldsymbol{A}\boldsymbol{x}$,$g(x_1,x_2,\cdots,x_n)=\boldsymbol{x}^{\mathrm{T}}\boldsymbol{B}\boldsymbol{x}$ 可用非退化线性变换 $\boldsymbol{x}=\boldsymbol{C}\boldsymbol{y}$ 同时化为标准形.柯西在其著作中提到:当方程式为标准形时,二次曲面用二次型的符号来进行分类,然而却不清楚为何在化简成标准形时,总是得到同样数目的正项和负项.西尔维斯特回答了这个问题,他给出了 n 个变数的二次型的惯性定理,但没有证明.这个定理后来被雅可比重新发现和证明.

拉格朗日在其关于线性微分方程组的著作中首先明确地给出了特征方程这个概念.柯西在他人著作的基础上,着手研究二次型的化简问题,并证明了特征方程在直角坐标系的任何变换下具有不变性.后来,他又证明了 n 个变量的两个二次型能用同一个线性变换同时化成平方和的形式.

1852 年,西尔维斯特提出了惯性定理,即任何 n 元二次型经过非退化线性变换总可以化为规范形 $y_1^2+\cdots+y_p^2-y_{p-1}^2-\cdots-y_r^2$,并且 p,r 是不变量.1857 年,雅可比证明了这个结果.

1858 年,魏尔斯特拉斯给出了同时化两个二次型为平方和的形式的一般方法,并证明,如果二次型之一是正定的,那么即使某些特征根相等,这个化简也是可能的.魏尔斯特拉斯比较系统地完成了二次型的理论并将其推广到双线性型.

1657 年,费马指出方程 $\boldsymbol{x}^2-A\boldsymbol{y}^2=1$($A$ 为非平方正整数)有无穷多个整数解.后来,布龙克等人给出了求解的试验性方法,但对费马的断言没有给出证明.1765 年,欧拉通过把 $\sqrt{A}$ 表示成连分数，改进了求解方法，但仍没有给出证明.

1766 年至 1769 年，拉格朗日证明了费马的结论，并给出了一个求解方法，据此方法可得到方程的所有整数解，并通过建立二元二次型的一般理论，得出了方程 $ax^2+2bxy+cy^2+2dx+2ey+f=0$ 的解.

二次型的理论在物理学、几何学、概率论等学科中都得到了广泛的应用. 对二次型的研究已由域上二次型的算术理论发展到环上二次型的算术理论，它们与代数数论、数的几何等都有密切的联系. 此外，在多重线性代数中使用二次型还可定义比外代数更广的克利福德代数.

参考文献

[1] 同济大学数学系. 线性代数[M]. 6 版. 北京：高等教育出版社，2014.

[2] 张学奇，赵梅春. 线性代数[M]. 3 版. 北京：中国人民大学出版社，2021.

[3] 周保平. 线性代数[M]. 北京：北京邮电大学出版社，2011.

[4] STRANG G. 线性代数[M]. 5 版. 北京：清华大学出版社，2019.

[5] 司守奎，孙玺菁. Python 数学实验与建模[M]. 北京：科学出版社，2020.